Translating the Chef's Craft for Every Kitchen

The Elements of Cooking

完美廚藝全書

一看就懂的 *1000* 個料理關鍵字

邁可‧魯曼 著
Michael Ruhlman

潘昱均　　譯

獻給

麥可‧帕德斯 *&* 湯瑪斯‧凱勒
Michael Pardus   *Thomas Keller*

你們不僅是偉大的名廚，
還是很棒的老師。

CONTENTS

每家冰箱上都該放一本

安東尼・波登[1]

這些日子，似乎人人都可對食物之事評長論短，但要說得頭頭是道，則要心下清楚自己到底說了什麼。如果打算把烹飪認真當一回事，我則在此誠心建議，雖然只是建議而非強制，但仍誠心奉勸各位應該知道你在做什麼。況且飲食之學充斥爆炸，料理專有名詞堆積如山（其中被誤用的項目超乎尋常），以致解讀菜單實屬困難，但在用利刃火舌和好意解決食材前，完全了解食譜則更增必要。往鍋裡丟把青菜和糙米，胡攪一通成了爛米糊，就以為可以邀請朋友來造訪品嘗，還期待他們會心存感激，這般作為讓人無法接受，殊不知朋友懂的可比你還多。

如果哪天你心血來潮想要好好烤一隻雞，再淋點醬汁大快朵頤，要如何讓你「精準到位地」達成任務，這可要好好討論一下。你的雞可不會變魔法似地在鍋裡瞬間變成焦黃誘人，而把各種配料調成你的獨門醬料，也該有個道理可循。在你之前已不知有多少人——犯下類似的錯，在做好之前，把一窩子雞和一缸子醬料給毀了。成功的機會就在錯誤中學習，不管是明白清楚過錯，還是直覺地察覺不對。每當你拿起刀開始做菜，都是宇宙神奇的物理力量和人類的歷史傳統加上料理的基本要素，三者互相結合的協力作為，它們才是該考慮的基礎法則。

《完美廚藝全書》是作者陳述個人觀點的食物術語辭典。邁可・魯曼身為廚師，他的料理知識比大多數胡言亂語的人知之更詳。他與名廚湯瑪斯・凱勒（Thomas Keller）[2]合著《法國洗衣店餐廳食譜》（The French Laundry Cookbook），與大廚艾力克・里佩爾（Eric Ripert）[3]合著《回歸烹飪》（A Return To Cooking），還寫出一系列精妙好書，上從討

論廚藝訓練，下至調味之法，外加探討主廚獨有的靈魂。當少數人只會依其廚師天性下廚，卻莫名烹飪奧祕時，邁可·魯曼卻了解箇中奧妙，不只是食材，而是料理無以名之的神妙——還加上，觸發下廚的動機，以及似乎只要是料理人都必定具備的某種形式的瘋狂。如果冀求某人在廚房握住你的手，挺身相助，你會發現此人非魯曼莫屬。

而魯曼之法全在此，它就如康乃爾大學英文教授史崔克（William Strunk, Jr）和《紐約客》專欄作家懷特（E. B. White）的經典著作《英文寫作風格的要素》（The Elements of Style）一般，成為每位作者及新聞從業人員桌上不可缺少的參考依據時，《完美廚藝全書》也該在每台冰箱上安踞其位，而每位張著明亮眼睛和綁著蓬亂馬尾的料理學生也都該人手一冊——他們真該如此——揣著此書

與菜刀齊揮。

本書前有八篇記事，寫著料理的重要基本概念，包括高湯、醬汁、鹽的知識、蛋的法則、用火之法和烹飪器具等基礎必備之法，種種皆是各代大廚在專業廚房工作數年後，仍須緊要對待的大事。而你現在可以輕鬆簡潔學得——再不需把自己燙著、切傷，或在烹煮過程中挨上一記悶棍——該做的只是翻開本書查查找找。每位料理人，只要在乎自己在做什麼，且好奇為何如此做，無論是專業廚師或業餘人士都該擁有此書。道理就是這麼簡單。

[1] 安東尼·波登（Anthony Bourdain），廚師、美食作家及節目主持人，在「名廚吃四方」及「波登不設限」節目中嘗遍各地美食。

[2] 湯瑪斯·凱勒（Thomas Keller），美國最早拿到三星榮譽的主廚，經營的餐廳「法國洗衣店」（The French Lauduray）被《餐廳》雜誌評選為 2003 年及 2004 年的世界第一。

[3] 艾力克·里佩爾（Eric Ripert），紐約知名法式海鮮餐廳貝納當（Le Bernardin）的主廚。

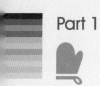

Part 1

Notes on Cooking :
from Stock to Finesse

料理八要事

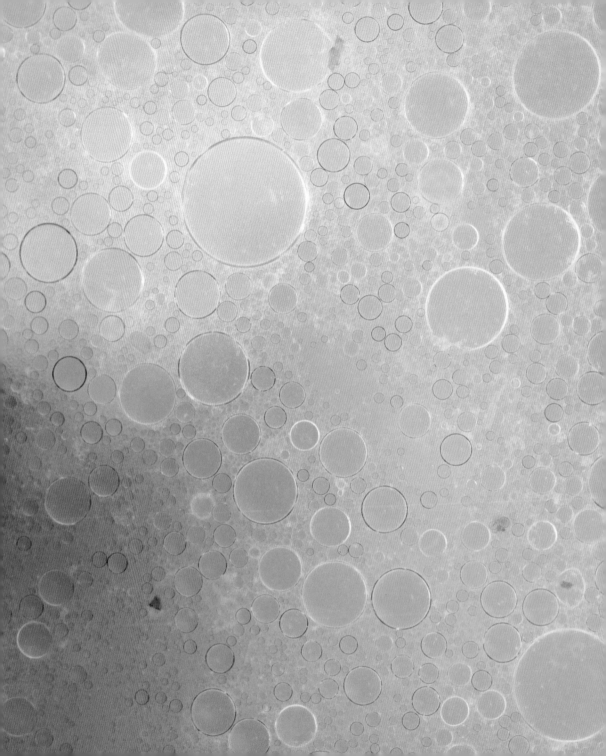

01

高湯

STOCK

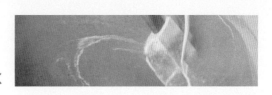

　　要創造美食，任何準備都無法與新鮮高湯的力量相比。在法式廚房中，它被稱為 le fond，意指「基礎」，因為高湯是料理的基底工程，支撐後來的大部分結構。最佳餐飲學校的廚房中，總將高湯視為入門第一課也是為此。國內龍頭餐廳的高湯全屬自做，而且持續如此；如若不然，他們就無法自恃為全國最佳餐廳。

　　總而言之，製作精良的高湯是區分家常與專業的料理素材，此處沒有迂迴的空間。即使你買回的罐頭高湯是市面最貴，且又加上個人的香料提味，但終究無法達到新鮮高湯呈現的清澄色澤與清爽口味。

　　雖然了解好高湯與好廚房的共生關係實屬關鍵，但很少人能做到隨時熬一鍋高湯備在手邊，對此倒也無須將慘字掛在嘴上。每隔一天就該熬湯的說法並不實際。

有兩個因素可以緩解此種狀況：其一，高湯可妥善冷藏；其二，高湯可以成為你飲食養生的一部分，將吃剩和切下來不要的食物當作半正規的湯底，以此建構高湯的模式。即使你不利用冰箱，也不固定製作，但只要三不五時，讓製作高湯成為日常生活的例行公事，時時刻刻將製作高湯的大要銘記在心，無論用來做湯、調醬汁、煮流質食物，或者只是為了煮湯的樂趣，熬湯這事都極為重要。

然後才須考慮下面的問題：第一，什麼是準備一鍋好湯的基礎；第二，高湯主要的性質為何：是雞高湯、牛肉高湯、魚湯，還是蔬菜湯？（而最萬用的小牛肉高湯，稍後將特別提出討論）。

熬湯的基本概念不多又容易，原則只有：新鮮的食材和低溫。

高湯是味道的提煉，是食材內精華之水的萃取。如果食材放得久了，或是蒼白無力，這些品質也會反應在高湯的味道中。

熬湯前得先問問自己，這些食材是否看來可口，如果我把它們煮了，入口滋味是否如現在一般美味？如果答案是肯定的，它們就適合作為高湯的材料；其中，肉、骨頭與關節的完美平衡有助於肉湯的美味（肉使湯頭有味道，而骨頭和關節則提供了湯頭濃度）。

低溫是另一個要項。高湯不可大火燒滾的原則說再多也不夠——理想的狀況甚至是連初沸起泡都不該有。170°F到180°F（約77℃到82℃）的溫度最能提煉出食材的精華。沸水一滾動，湯中的油脂和雜質也隨之攪動，如此則降低了高湯品質，尤其會使湯色混濁，也減低風味。再者，用滾沸的溫度煮肉或蔬菜，食材的表面會較老，在高湯完成前就會開始崩裂，碎裂組織會吸收寶貴的湯汁，等到過濾雜質時，湯汁也隨之流失。沸騰的溫度還會使氧化作用的過程延長，而高湯經此蠻橫對待後，風味則雜濁不純。低溫烹煮高湯就需要較長的時間熬煮，此規則雖有例外，但是用低

溫慢火熬煮高湯的好處絕對顯著。

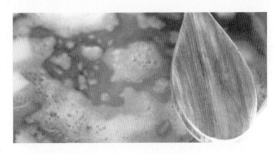

高湯的清澄度與兩種特性相關，第一是湯色。湯是透明的或混濁的？在大多數情況下，湯色越清澈，風味越迷人。你可以用一支湯匙伸進白湯，從表面就應該看到下面的湯匙，湯匙看得越清楚，高湯越乾淨。若將湯匙伸進褐色高湯中，湯匙底部也該清晰可見，如果不行，高湯必定混濁。第二，高湯的清澄度也與味道有關。就拿雞高湯來說，雞高湯的風味十分獨特，湯中可以嘗出番茄的味道與其他蔬菜的甜味，甚或像百里香或是胡椒等複雜的香味也可分辨。如果在上顎處嘗出湯頭清爽，味道不厚重也不黏濁，此高湯必有清澈乾淨的味道。

還有一相關議題需要牢記在心，就是食材必須在入水前先調理過。生洋蔥入水熬煮，和出水後的洋蔥[1]放在水裡熬煮，和烤過的洋蔥放在水裡熬煮，三者味道都不同。以肉為湯底的褐色高湯，香味多半來自烤過的骨頭，當你從烤箱拉出大骨，焦香味撲鼻而來，這就是褐色肉湯的香味來源。大致而言，在加水熬煮前，先將食材料理過會加深風味，使高湯較有層次。但這項說法也不是必然，有時候，比起複雜細緻的焦香味，你可能只需要蘿蔔和洋蔥的清甜。

熬煮肉湯，最好先放肉和骨頭，加入的水需蓋過食材（蔬菜和其他提香料在快煮好之前再加）。溫度需慢慢調升，當達到180˚F（約77℃）的最佳熬煮溫度時，就要開始撈浮沫。如果你的湯料都是生的，就會有很多凝固的血水和蛋白質浮在湯上，這些浮沫雜質都必須撇油撈掉。如果你的食材事先

[1] 出水Sweat的方式多有不同，一般醃白菜、黃瓜時加入大量的鹽或糖是使蔬菜出水的方式之一，而西式菜餚多以慢火煎炒使蔬菜出水。見後面對出水Sweat的說明。

經過料理（如要煮白湯，就要把大骨先汆燙過；若煮褐色高湯，則需將大骨烤過），上面的蛋白質會先凝結，要撈去的東西會比較少，但仍有殘留的血水和多餘的油脂要撈掉。這個動作要盡早做，在湯汁還清淡，幾乎都是水的時候就要把浮沫快快撈起。

撈浮沫通常會用到長柄勺或大湯匙，一般不可能撈得太乾淨，但也不想將湯汁白白丟掉。

提香料和香草十分關鍵。要增添湯的甜味，用洋蔥、胡蘿蔔等富含甜味的蔬菜很普遍，也可用芹菜、月桂葉、百里香、巴西里、胡椒和大蒜增添風味，但別隨手拿到什麼蔬菜就往湯裡放——就像你不會把蕪菁和青椒當成提香料來用。不管增味用的蔬菜，還是香草和辛香料，都要在高湯熬到最後階段時才加。這些食材一加進湯裡，會使湯的溫度降低，但只要高湯回到原來的溫度，它們會在一小時內釋放風味。如果蔬菜煮太久，就會起渣反而害到

高湯。而蔬菜高湯只要煮一小時左右就可以了。

通常雞湯要煮1到4個小時，牛肉高湯要煮上4到6小時，而小牛肉高湯則要熬上8到12小時，魚湯不可煮超過一小時，蔬菜湯只要煮一個小時。當高湯煮好，第一步先用篩子或漏斗形濾網過篩過濾，然後再用紗布過濾一遍，一定要盡量去除雜質。

如此，高湯即準備就緒可開始料理，不然就需放涼貯藏。高湯放涼的速度越快越好（就像食物煮好要盡速放涼一樣）。油脂浮到表面後，可以直接撈掉，或是等它凝結成塊，也較好清除。將鍋子隔水放涼也是讓高湯快速冷卻的法子，只是需要大量冰塊且有點多此一舉。若在家自製高湯，步驟是讓高湯降到室溫，然後放進冰箱冷藏，再取出除油，蓋上蓋子。還有另一種可能，如果你一整個星期都會在家用到高湯，可以把高湯過濾後，直接留在鍋裡放在爐子上，此時就不需要蓋蓋子了；熬煮

的過程已經殺死大多數會造成腐敗的微生物，且高湯隨時待命要用，也就不須密封了。另外，事先清理甜味蔬菜及刮除肉和骨頭上的美味碎渣，也有助高湯不容易變壞。這就是高湯經濟實惠的好處。

如果放在冰箱保存，高湯可以完好保存好幾天；如果放入冷凍，可以長達兩個月都不會壞（超過兩個月，它們就會吸收冰箱裡其他東西的味道，變成湯裡的「怪味」，就不能用了）。

煮湯的祕訣總歸就是──好的湯底材料，再以適當時間溫火慢熬，最後才加美味的提香料，浮沫要撈得勤快，再加上過濾，如此高湯就大功告成。沒有比新鮮高湯更能使食物豐富美味的東西了。

常用高湯的絕對關鍵

雞高湯：是最常用的高湯，因為雞並不貴，取得也容易，所以是絕佳的萬能湯料。不管是生的或烤過的雞骨雞肉都可作為高湯的材料，尤其烤雞剩下的雞骨殘骸最能做

出上好高湯。

牛肉高湯：牛骨會產生難聞的骨頭腥羶味，所以要加入大量的牛肉以達到適當的骨肉比例，這就是熬煮牛肉高湯的關鍵。最好是用帶著很多結締組織的肉骨頭熬煮，或是用碎牛肉也行。比雞大的陸生動物在熬湯之前最好先料理過，先除去不要的雜質（像是血水和油脂），然後才可加水。大骨要先汆燙──也就是先用大滾的沸水煮過，撈起過濾後再用冷水全部沖洗乾淨。不然也可用烤的，燒烤也會造成類似的「清淨」效果，還會替高湯增加複雜的焦香味，這點卻是汆燙無法做到的效果。

魚高湯：即法文的fumet（此字暗示此湯需用白酒，且反映了成品的細緻滋味），要做fumet，需用最新鮮的白肉魚，並小心取下魚骨。先將用來提香的蔬菜炒軟出水，再加入魚骨以慢火續炒出水，然後才加酒，最後才

是水。比起其他高湯，魚高湯更是不可煮到大滾。整個熬煮時間不可超過一小時，一完成，就該立刻過濾放涼。

蔬菜高湯：就像魚高湯，蔬菜高湯的製作要點在於小心明快。熬煮蔬菜高湯的手法，每位大廚各有不同，有些大廚喜歡在加水前先將蔬菜打成泥，以求快速萃取；另些大廚則先將蔬菜炒軟出水，先得精華後再做其他。沒有比在家做蔬菜高湯更容易的事了——準備幾種甘甜好蔬菜，再加上蘑菇，以求湯無肉卻有肉味的鮮美效果，這是你不會出錯的湯頭。但蔬菜高湯不穩定易腐壞，所以更該掌握分量要多少做多少，或者趕快放涼冰起來。

小牛高湯——私藏配方
居家料理達人的萬用之寶

小牛高湯[2]的中性風味和膠質是它有別於其他高湯的特點。肉和骨頭本身並沒有

強烈的味道，因此能夠突顯與其搭配的食材風味。因為骨頭取自幼畜，富含膠原蛋白，熬成明膠可帶給湯頭絕佳的濃度。

如此簡單的材料，非但是廚房中的萬用之寶，還可說是某種自然奇觀或是藝術極致。不過很少人會將小牛高湯與《郭德堡變奏曲》[3]和柏拉圖的洞穴寓言[4]放在同一範疇，如此認識不明使我震驚。小牛高湯之所以稱為「西方世界精緻料理傳統的精髓」有其原因，此物若出自高明廚師之手，小牛高湯可說是真正的藝術極品。

雖說如此，小牛高湯卻幾乎未曾用在居家廚房中，要說不幸倒不如說是不需要。雖然它的製作方式並不比雞高湯難上多

---

[2] 小牛，此指犢牛，出生六月以下的小牛。

[3] 郭德堡變奏曲（Goldberg Variations），巴哈受學生郭德堡的請託所寫的催眠曲，有一個主題及三十段變奏，極盡巧妙之能事。

[4] 出自柏拉圖的《理想國》，以洞穴中的火光倒影比喻真實的本質。

少，卻是專業廚房中最有用的利器，是專業大廚十八般武器中最大的槍，但對居家料理而言，幾乎聞所未聞。如果在廚師領域中，只容許一項配方傳入尋常百姓家，我想就是小牛高湯了。

在家庭廚房看不到小牛高湯的蹤影也許只有一個理由，大概是多數針對居家廚人的料理書籍並沒有提供小牛高湯的食譜，或者它們僅提供肉湯的做法，也懶得區分牛肉、豬肉、雞肉或是犢牛的差別。而極佳的全方位料理書《料理之樂》（*Joy of Cooking*）[5]與美國食評家克萊彭[6]所寫的《紐約時報美食譜》（*The New York Times Cookbook*），就有把小牛高湯納入，卻沒說明此物為何必要，好像它和雞高湯是可替換的材料。《新好持家食譜》（*The New Good Housekeeping Cookbook*）[7]沒有收錄此道食譜，德高望重的美食作家和料理老師詹姆斯‧彼得森[8]所著的《料理精華》（*The Essentials of Cooking*）也沒有納入小牛高湯的做法。我不

知為何如此，雞高湯的做法在各食譜中所在多有，似乎順理成章無須解釋，而小牛高湯比起其他高湯的做法並不太難，卻比其他高湯有用百倍千倍，更遑論它是人間極品，卻甚少收錄。

小牛高湯是必要的。如果你在一本料理大全中只能得到一項配方，那就是小牛高湯了。而在記載多項烹飪絕學的書裡，將小牛高湯列為首要食譜絕對是唯一的合理選擇。

然而，諸位料理書作者並未提及它，而烹飪節目也沒有對任何高湯多說什麼（有六萬道食譜放在「美食頻道」（Food Channel）的資料庫中，我竟只找到一道小牛高湯的食譜——是道傳統的褐色小牛高湯，就像在廚藝學校做的一樣。這道食譜由艾默爾‧拉加賽[9]提供，願上帝保佑他。）還有各位名廚似乎將此湯頭納為私藏，意圖將其掩埋在精美著作之後。

以致必須回溯到1970年，找尋能夠適當闡述小牛高湯要點的美食作家。旅居法國

---

[5] 美國最暢銷的食譜，1931年發行初版後，已賣出1,800萬本。

[6] 克萊彭（Craig Claiborne, 1920-2000），著名美食評論者和大胃王，長期擔任《紐約時報》美食版的編輯，作品編為《紐約時報美食譜》（*The New York Times Cookbook*）。

[7] 《新好持家食譜》，由Good Housekeeping雜誌在1986年出版的料理經典，內含2000道食譜。

[8] 詹姆斯‧彼得森（James Peterson），知名料理達人，目前出有15本食譜與美食書，其中7本得到James Bread協會最佳食譜或國際烹飪專業協會最佳美食著作的提名與獎項。

[9] 艾默爾‧拉加賽（Emeril Lagasse），美國人氣名廚，也是食物頻道美食節目主持人及美食作家，目前全美有12家餐廳。

的美國人李察・歐尼[10]是當時最有影響力的美食作家，就在自己的著作《法國料理食譜》(The French Menu Cookbook)中寫道：「小牛高湯，可比作未完成的畫，雖然背景已鋪陳好，基本的體積及調性也確定，而在抽象架構上加諸特定角色的細節前……它是其他滋味的完美媒介與載體，給予支持而不改其原始本色。」

法國烹飪名師暨美食作家瑪德蓮・卡曼[11]將小牛高湯的食譜納入她的鉅作《廚師的養成新篇》(The New Making of a Cook)，在1971年的修訂版中，她說道：「可將它當成獨門手法用於製作所有醬料，此事甚為重要，無論這些醬料是傳統傳下，還是老醬新作，或是現代新創造……」

而今日，小牛高湯卻難以置信地被所有媒體忽視，而這些媒體的走向卻以針對家庭料理為託辭，在所謂美國的「料理革命」時代，實在是太諷刺了。

表面看來我就像「小牛高湯狂熱份子」，而我必須在此稍加平衡這種印象。世界上大多數的美食都不需要小牛高湯，就像素食料理根本不需要小牛高湯也能完美呈現，亞洲以肉為湯底的高湯多靠雞與豬熬製，義大利菜則偶爾用小牛高湯，但整體而言似乎可有可無。在美國以創新贏得讚譽的名廚馮格里奇頓[12]，身為受過正統廚藝訓練的法國人，在他的餐廳Vong中卻避用以小牛高湯為基底的醬汁，此事在主廚圈中眾所皆知。而茱蒂・羅傑斯(Judy Rodgers)這位接受法式訓練成為親法份子的道地美國人，在舊金山開了家特異十足的餐廳Zuni Cafe，在她所寫的《祖尼咖啡料理書》(Zuni Café Cookbook)也沒有收錄小牛高湯的做法，這本食譜可是堅持每一道菜絕對取自餐廳，且一直是她餐廳大廚日常工作的參考依據。她表示，不用小牛高湯只是因為她在餐廳附近找不到好的犢牛供應來源。

當然，馮格里奇頓和羅傑斯就算只用白

[10] 李察・歐尼(Richard Olney，1927-1999)，美裔畫家、廚師、美食作家，23歲旅居法國，以撰寫法國鄉村美食聞名。
[11] 瑪德蓮・卡曼(Madeleine Kamman)，1960年移居美國後開始教授廚藝，至今已近50年，寫過七本食譜，長期主持烹飪節目，更是「美國主廚學校」(School for American Chefs)的創辦人。
[12] 馮格里奇頓(Jean-Georges Vongerichten)，米其林三星大廚，師承法國名廚路易・屋提耶(Louis Outhier)，被譽為90年代的料理幻象大師。餐廳遍及紐約、賭城與上海，而Vong開在香港文華酒店。

開水也能創造奇蹟，反而是家庭料理，最該得到小牛高湯好處的人應該是那些非專業的料理人才對。只要得到此湯祕方，能為你的廚房所用，就有如你把四汽缸的三菱汽車換上了渦輪增壓引擎，外加渦輪之後，引擎不但更快，且更省油耗。再說一次，小牛高湯，不只能使菜餚美味突飛猛進一日千里，更能事半功倍。

小牛高湯的用法實在簡單。把蘑菇切塊，紅蔥頭切末，準備好1/4杯美味白酒，再加上一杯小牛高湯。用大火平將底鍋預熱到高溫，加少許油晃動潤鍋直到稍稍起煙，丟入蘑菇，先煎一下，然後再炒，蘑菇煎到越接近焦褐色，風味越好，這過程要一分鐘左右。之後加入紅蔥頭翻炒，再來是白酒，炒到每樣食材軟爛之後，倒入小牛高湯煨煮，最後加鹽和胡椒，再加上幾大匙奶油攪拌。這時候，醬汁就做好了，剛好可配四份味道不重的肉魚，像是大比目魚或鱸魚，也可搭著幾片牛柳，配

上香煎小牛肉更是完美(記得擠上一點檸檬)，還有豬排(這時就要放上一匙芥末)。如果你把肉醃得剛好也燒得不錯，這盤菜會比你在外面喜歡的法式餐廳吃到的美味多了，絕不是那些虛有其表的菜餚能比得上的——層次豐富，彌漫著蘑菇香還透著肉香，醬汁濃度正好，黏稠度來自奶油，帶著滑順質地和柔軟口感——不但新鮮且「現點現做」(à la minute，參後解釋)，更因為出自自家廚房。還有另一種做法，你可以在烤完雞之後，在盤中倒入小牛高湯洗鍋底收汁[13]，令人驚嘆的醬汁立刻出現眼前，或者簡單加點香菜提味，像是羅勒、番茄和橄欖，不然加點龍蒿和韭菜也行。

當然，你可以換成雞高湯來做，甚至用清水也成，但是風味絕對不一樣。

世上萬物莫若小牛高湯，它是極品。

以上所說對餐廳大廚一點不是新鮮事，任何稱職的餐廳大廚都沉溺小牛高湯的好處而熬製使用，因為他們是主廚，有大量

---

[13] 洗鍋底收汁(deglaze)，用酒或高湯嗆下黏在鍋邊及鍋底的焦香殘渣，收汁後可成醬汁。

工具和技術可加以利用。

　　但是對於居家料理人來說，時間受限制，荷包要看好，就連烹飪知識也不足，叫他如何絞盡腦汁上窮碧落只為做個小牛高湯，天地良心，這就像天方夜譚，想飛，又何處得來翅膀。

在家做小牛高湯

　　除了熬煮的時間，小牛高湯與其他高湯的做法並無不同，也不會太費事。骨頭要事先烤好，再加水用180°F的溫度（約77℃）熬煮8到12小時，接著再加提味的蔬菜煮一小時，然後過濾。

RECIPE	基礎褐色小牛高湯

以下材料約可做成2.3公升的小牛高湯：

○ 帶肉小牛骨和關節（牛股、胸骨、牛腱皆可）
　 4.5公斤，切成8到10公分的塊狀
○ 大胡蘿蔔4根，去皮
○ 大洋蔥2個，去皮
○ 大蒜5瓣，去皮
○ 巴西里5根
○ 月桂葉2片
○ 百里香5根
○ 芹菜4根
○ 胡椒粒2匙，敲碎
○ 番茄糊1/4杯
○ 蔬菜油1/4杯

　　將烤箱預熱到450°F（約232℃），在烤盤或兩大張烘焙紙上塗少許油，放進烤箱中烤熱後取出，再將肉和骨頭放在預熱的烤盤中。請注意，每塊材料盡可能攤開放，以

使上色均勻。約烤30分鐘後，翻面再烤15分鐘，直到表面金黃且焦香四溢。

烤好的骨頭移到深口鍋中。將原來烤盤上的油脂撇掉，加入幾杯水後用高溫加熱，刮下附在烤盤上的餘渣後收汁。請先試試湯汁味道，有時候骨頭烤剩下的湯會帶苦味，如果有苦味，湯汁就不要用。如果滋味不錯（通常湯汁顏色會較深，但是味道會比顏色看來溫和許多），請將湯汁加入深口鍋中，不夠再加冷水，直到水量高過骨頭幾公分，這時鍋裡的水可能約有10升。開始以慢火熬煮，湯的表面一起油脂浮沫就要立刻撈掉。然後將這鍋湯放進烤箱，以180°F到200°F的（約82℃到93℃）烤8到12小時。

此時，把蔬菜大致洗好切好。當牛骨湯熬了8到10個小時後，就可以從烤箱中拿出來。放入其餘食材（想熬製更有深度更濃郁的湯頭，可將蔬菜和番茄糊先烤到表面稍微焦黃，再加入高湯中），再次慢火熬煮，如果還有浮沫一樣要撈掉，再把深口鍋移到烤箱中烤1到1.5小時。

高湯一從烤箱拿出來就要用濾鍋或網篩過濾，再用紗布過濾第二次。放入冰箱冷藏，而後除去凝結在高湯上的油脂，一個禮拜內用完，否則就冷凍起來。

廚師追求的極致之美及變化

小牛高湯讓人驚豔的不只是湯頭，真正讓人大開眼界的是它如同一套基礎模式，允許每位廚師各自施展變化，拓展湯頭的彈性及可能的細微差別。

就像之前提過的艾默爾，他的小牛高湯看來就如上面所載一般基本，就像在廚藝學校學到的那種，說明艾默爾所學出自Johnson & Wales大學一派，使用正統方法將蔬菜烤出焦香，以帶出湯頭的複雜深度與甜味。

而茱蒂・羅傑斯在自己餐廳不做小牛高湯，因為她無法在當地掌握品質良好的小

---

[14] 涂華高兄弟（Pierre and Jean Troisgros），為法國料理宗師，1968年晉登米其林三星大廚，帶動「新料理」（Nouvelle Cuisine）風潮。

牛來源（她喜歡使用當地食材）。她無限懷念地回憶起初次接觸小牛高湯的時候，那是在法國小鎮盧昂（Roanne），正是涂華高兄弟[14]掌管的廚房，而她就在西方美食中心的料理巨人身旁。那是1973年，茱蒂還只有16歲，剛從美國聖路易斯到法國。一早清晨四點，尚・涂華高親自為她做了一個火腿三明治。「我們在他的廚房站著吃，」她在《祖尼咖啡料理書》的前言中寫道：「廚房又暗又安靜，一丁點都嗅不出其傳奇地位，除了小牛高湯漫出濃郁香氣，它正在爐上慢慢收成半釉汁[15]。」

至今她的筆記上仍然收著那道小牛高湯的食譜，那是她待在涂華高家族身旁，費盡千辛萬苦得來的。「在涂華高的廚房裡，」她說：「小牛肉是高湯的主要支柱，」16歲學徒用整齊圓圓的法文筆跡寫著涂華高的配方：此湯需要20公斤、大約45磅的小牛骨頭，外加一公斤豬皮，豬皮有豐富的膠質，可增添湯頭濃度。青蒜是另一項主要食材，但沒有放番茄。茱蒂寫著："pas grillé, innovation de la maison"（不必烤，自家創新配方），大骨竟然沒有經過燒烤；然後在筆記下方記著，涂華高的廚房多半會用烤過的大骨，但偶爾也用沒烤過的骨頭，卻意外地讓高湯帶有自然風味。

有趣的是，湯瑪斯・凱勒的小牛高湯也不用烤過的大骨，反而將骨頭和肉上的油脂刮得乾乾淨淨，再放進滾水汆燙，接著沖洗乾淨，再加水淹過，以文火慢熬。

凱勒的廚房向來以作風扎實聞名，他的小牛高湯也不例外。就像涂華高兄弟，凱勒也替湯頭另外加了膠質來源，這回他用小牛蹄子。湯裡也用青蒜，但不用芹菜，他覺得芹菜會讓湯頭帶苦味。此外他用上大量番茄糊，讓高湯嘗來極甜，還可不用燒烤就讓湯頭帶褐色。他先將牛骨和提香料以文火熬上6小時，過濾後快速冷卻。而後牛骨再次加水以文火再煮6小時，一樣過濾冷卻（有時這個過程叫做「雙吊高湯」[16]）。兩

---

[15] 半釉汁（demi-glace），高湯經火慢煮，會濃縮成釉汁（glace de viande），即黃褐色的肉汁；還沒有熬成，仍是半湯半釉的湯品叫做半釉汁。

段高湯（在凱勒的餐廳會以「小牛湯1號」和「小牛湯2號」稱呼）合併在一起，再以慢火濃縮，要從16到20升的容量收到只剩2升。

也許最奇怪的材料變化是卡曼的版本，她會加上牛肉高湯塊。

「妳在湯裡加康寶高湯塊？！」當她透過電話告訴我時，我不禁驚叫出聲。

「沒錯，我會這樣做！」她說。

「居然是妳？！」

「對，就是我！」然後還補上一句大廚皆有的謙虛態度：「說老實話，我還沒嘗過有人的醬汁跟我一樣。」

她解釋高湯塊增加湯中的鹽分和味精，會使湯頭嘗來更有深度。此舉有點奇怪也不需要，但廚師們向來都是我行我素的。

無論你的變化是什麼，也許是年輕充滿膠質的骨頭，搭配最甘甜的蔬菜，去創造出廚房中最奇特的神仙水，搞不好還成為廚師隨手可用的萬靈丹。

16 雙吊（remouillage），指精練過兩次的高湯，料理術語中的熬、煨、吊皆有不同，「吊湯」是指將湯中食材的精隨給「提吊」出來，故也可另加食材再吊，成為「三吊高湯」。

02

醬汁

SAUCE

　　我們總以為所謂「醬汁」，就是你在上菜前倒在某個東西上的東西，但實際上，醬汁可以是任何調味的油脂、帶酸味的汁、煮過的液體、果汁、菜泥，或是以上各物的混合，凡是加進主要食材增加風味的都屬於醬汁，而料理人都該如此思考醬汁的基本用法才有助益。

　　是的，就像義大利麵有番茄醬汁，香煎鱒魚上淋焦黃奶油醬（beurre noisette），或是擠在漢堡上的番茄醬，泡芙上的巧克力。讓鮪魚沙拉增添濃郁口感又能結合各層風味的美乃滋也是醬汁，香烤鴨胸上面放的那一丸橄欖醬（tapenade）也是醬汁，油醋是沙拉的既定醬汁，燉煮東西也會自然產生醬汁。水波蛋如果沒有醬汁實難下嚥，因為蛋只是蛋，但如果加上一匙白醬（beurre blanc），白水煮蛋就變成了高雅料理。傳

統的法式水晶雞（chicken chaud-froid）[1]，放在上面的醬汁就是一匙煮過再放涼的雞肉凍，所以醬汁可以完全覆蓋而凝結在雞塊上──真是無奇不有的調味法。醬汁種類千百種，多是湯醬而作主要食材的少，但仍有法式烤布蕾，就效果而言，它不過是醬汁煮到蛋白質固定的調味甜點。

醬汁可以讓菜餚或餐點從「不錯吃」變成「好好吃」，卻絕不強出風頭──永遠以服務他人為目的，如此構成醬汁自成一格的食物特色，這也是為什麼把廚師分門別類的法國廚房分工會把醬汁師傅視為廚房中最有才能的人，妙手生花一如魔術師與巫師。從一餐之始（如熟食店拼盤附的芥末）到餐後點心（放在派上的冰淇淋，或是配著巧克力塔的覆盆子泥），沒有一道菜餚不是因為某種形式的醬汁而更加美味。

但就廚師的觀點而言，醬汁是種概念也是一種功能，其好處是不可或缺且與搭配物密不可分。雖然它們可依不同方式分類，但通常依醬底分為三大類，包括：醬底為高湯的醬汁、醬底為油脂的醬汁，以及醬底為蔬果的醬汁。

以高湯提煉而成

製作頂尖醬汁在於醬底高湯，除了美味出眾，也因為製作費工，需要很多獨特的技巧，以致頂尖醬汁並不多見。在以高湯為底的醬汁中，又以褐醬為最佳。

褐醬是以小牛高湯為底的醬汁；雖說任何肉骨經過燒烤，再配上焦香的蔬果，都可做成很好的褐醬，但在醬汁的萬神殿裡，正牌的褐色醬料還是以小牛高湯為首。

就如，小牛高湯加上褐色油糊（brown roux）[2]稠化，再加入烤到金黃的調味蔬菜增添風味，就可成為「西班牙醬汁」（espagnole）。如果再加入更多小牛高湯混合再濃縮，就可精煉成正統的半釉汁。不管是傳統再傳統的醬汁之母[3]，或是經典半釉汁，兩種褐醬都可轉化為各種現點現做的

---

[1] Chaud-froid的意思為「先熱再冷」（hot-cold），又稱「熱冷凍」，是先將肉類煮熟後放涼，成為膠凍後再應用的烹飪方法，參後解釋。

[2] 褐色油糊，加奶油炒成紅褐色的麵糊，參後對油糊的解釋。

[3] 指西班牙醬汁，據傳是在1660年由西班牙公主嫁給法王路易十四時傳來。

好菜，因為它們都帶著濃郁肉香和蔬菜甜味。無論加入任何果汁或提味蔬菜，都可調製成有醬汁濃度的絕佳醬料。

即使是最膽小的廚師，只要西班牙醬汁在手，都會讓家人朋友認為他是天才調醬師，因為只要加上一點，任何鍋子都會瞬間變成神奇魔法鍋──鍋裡加點切碎的紅蔥頭、芥末、新鮮香草和蘑菇，再加上一點以小牛高湯為底的醬汁之母，一轉眼，平凡的烤雞、麻木的豬排、無聊又昂貴的菲力牛排，都會瞬間變成驚人美味。（老實說，西班牙醬汁本身嘗起來並不特別吸引人，而這就是魔法）。

任何高湯都可用油糊先濃縮再加味而成醬汁，如果用在白色高湯（以雞或魚為底），可稱為「天鵝絨醬」（velouté）。當醬汁濃縮時，建議要花點時間撈去表面凝固的膜，還有麵粉一定要煮化，才會得到完美結果。

連牛奶都可以用這種方法濃縮成醬，就是所謂的「白醬」（béchamel），是種令人吃

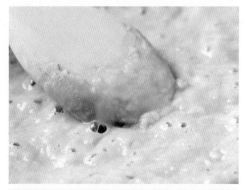

驚的多功能醬汁。這裡的牛奶就像現成高湯，只要調味濃縮，就可成為各種美味奶醬的基礎醬料，不管搭配義大利麵，或是佐魚或配蔬菜都十分簡單。

以油糊濃縮的醬汁向來名聲不佳，因為口感過於濃重過時，或許也在於法國食物過度烹調之故。而這實在太不應該了，因為加油糊也許是將醬汁收得高雅細緻的最好濃縮法了。如果單靠熬煮來收汁，高湯會變得黏稠；如果用像玉米粉這類的純澱粉勾芡，高湯的味道不但會被澱粉稀釋，還會產生澱粉糊狀的質感。但若把油糊加在事先煮過也好好撈過浮沫的醬底中濃縮，醬汁則會呈現濃郁的風味和華麗的稠度，甚至在上顎留下一抹清淡。

但用油糊濃縮醬汁的唯一問題就是——費工。做小牛高湯要花上一整天，讓高湯變成褐醬又要花去隔天的大半光陰。牛奶卻是隨時準備好用的，所以在家烹飪時白醬也許是最實用的油糊濃醬。而對盡忠職守的廚師，母醬及其衍生醬汁絕對值得去做，一來製作過程包含了許多廚師必修的課程，更別說美味醬汁入口時的喜悅。況且，把母醬冷藏好，一大鍋份量可以分裝成小份，以備不時之需。

實際上，任何高湯都可成為醬汁，只要加入料理素材濃縮增味即可，像是加入提味的蔬菜、切下的肉和骨頭，或加上香草或調味料，如此就能完成以湯為底的上好醬汁。小牛高湯是最容易也最多用途的高湯食材，可以原貌上場，也可加玉米粉和水勾芡。

請別忽略「水」也是基本的高湯和醬底。不，水本身並沒有味道或濃度，卻是快速吸收滋味的好材料，所以即使手邊沒有高湯，東西起鍋後加水收汁就是又快又簡單的醬汁。水絕對比罐頭高湯好用，比方說，用烤盤烤了一隻雞，美味醬汁正可一起備好，只要烤好後加水，就是基礎的高湯和醬料。做法是先把烤雞移到砧版

上，烤盤裡多餘的油倒掉，但黏在盤上的雞皮、雞翅、脖子、雞胗和雞心等等都留著，烤盤高溫加熱，加入一杯切塊的胡蘿蔔和洋蔥，快速翻炒。再用白酒洗鍋底收汁直到盤子快乾了，然後再倒水滿過蔬菜和雞剩料，高溫再煮，最後只要加一點鹽和胡椒提味就可以了。只要幾分鐘，你就擁有一道香味四溢的肉汁，正好可配烤雞。

如果時間充裕，可把洗鍋的湯汁煮到完全收乾，讓蔬菜裡的甜分完全釋放到水裡，再煮成焦香渣子，然後再加水煮到收汁。

把收下的湯汁濾到小鍋裡，拌入一些奶油，加上一些新鮮香草或芥末增添風味，就是一道更精緻的醬汁。

如果不加水，而改用上好的雞湯或小牛高湯會使醬汁更有深度更加濃郁嗎？答案無庸置疑。但你可以不用高湯而迅速完成不錯的醬汁嗎？絕對可以，而且用水的成效絕對比用店裡買來的現成湯頭或罐頭清湯成果來得好。

最後提醒一句，由其他母醬再製產生的醬料和以肉為底的醬汁兩者品質較不穩定，只能現點現做是有原因的。如果先做好放著，醬料的風味很快走味，只有在上菜前完成，才能保持最活潑有生氣的滋味。而剩下的醬汁在冰過後可以再利用，但需再加高湯再度過濾以重新提味。

油脂大改造：乳化醬汁

到目前為止，油脂可說是最容易做醬汁的材料，因為它幾乎就已經是醬了，開始就具備豐富濃厚的口感，廚師該做的只是調味和調整濃稠度。濃稠度對油底醬汁格外重要，就如芥花油（canola oil）這材料，只有芥花油一點也不吸引人，但若拌點美乃滋進去，單憑濃稠度就很誘人。而油醬滋味來自酸味、提味蔬菜，還有辛香料及鹽，而這就是使油醬充滿獨特性且讓人心滿意足的由來。

它也是最早出現在菜餚中的醬料。在雞塊或牛排上放點奶油,光是如此就已經夠棒了,要是去花園摘下酸酸甜甜的番茄再拌點上好的橄欖油,那滋味就更不在話下。

奶油在醬汁的範疇裡自成一類,稱為「調和奶油」(compound butter),是用新鮮香草、提香料加上酸性物質調和而成的加味奶油,可以直接用在食物上。奶油遇熱時,固狀物會從清澈油脂和褐色奶油中分離,風味轉濃成堅果香,再加上香草和酸味潤飾,則成為美味的全能醬汁。

在乳化的技巧上,主廚莫不大費周章千方百計,只為使醬汁獨一無二。所謂的乳化(emulsify),就是將物質由液態轉化成濃厚奶油狀的過程[4],相對於其他類型的醬汁,也許乳化醬汁更能讓人心滿意足。

乳化醬汁以兩種基本油脂為基底,即油和奶油。用油乳化的醬汁有美乃滋或是美乃滋的變型;至於奶油,則會做出乳狀的奶油醬,如荷蘭醬(hollandaise)。兩者都用蛋黃做乳化劑,使大量油脂乳化進少量水中。要做美乃滋一類的醬汁,需把油打入生蛋黃(再加上幾滴水,而柑橘汁可用可不用,然後再調味)。而乳化奶油醬,所用蛋黃混和液則需先經過烹調,然後才打入奶油(清澄奶油〔無水奶油〕或是全奶油)。

雖然乳化醬汁可依照個人口味與食用形態變化,但油與蛋的使用比例已十分固定。要做美乃滋,每一杯油需配一個蛋黃;要做奶油醬,三個蛋黃配上八盎斯奶油則是標準比例(雖然在乳化過程中,加入越多雞蛋可使醬汁更有口感,質地更豐厚)。

原則大致相同。美乃滋的做法是先將液體混和(包括檸檬汁和水),然後再加入鹽,等鹽融化了,再加入蛋黃,打入油。一開始先一滴一滴加入乳化,持續迅速攪打就會形成薄薄凝固的乳化液。而做奶油醬汁則需先調製濃縮醬汁調味,混和提香料、蔬菜、辛香料、鹽和酸性物質(如醋,酒可加可不加),熬煮後過濾,在鍋子或碗中加入

---

[4] 所謂乳化,在於使密度不同無法相容的液體互相混合,就如水與油,此時就需要乳化劑的幫忙分離油分子,可作乳化劑的材料如蛋白質及卵磷脂,所以油底醬汁的乳化可用蛋。

蛋黃以高溫烹煮（基本上隔水加熱，避免蛋黃過熟），一邊煮一邊攪，直到產生泡沫狀後，慢慢拌入奶油，再加入新鮮香草和提味料就完成了。

乳狀奶油醬和美乃滋配上各色肉類、魚類、貝類、蔬菜、蛋，滋味都十分迷人。就如蒜味美乃滋（olive oil aïoli，或稱蒜味蛋黃醬），它和肉類、貝類和冷盤蔬菜特別合。

還有一種無蛋的乳化奶油醬，那是因為加入的全奶油已經先成為水、固體和油脂的乳化液了。這類醬汁需先用酒將紅蔥頭或洋蔥等提香料煮到收汁，然後加入一片片奶油攪拌。再看後續加入何種酒，加白酒則是白酒奶油醬（beurre blanc），加紅酒則是紅酒奶油醬（beurre rouge），兩者皆輕鬆簡單。

同樣，也有無蛋的油底醬汁，而這類乳化油醋醬多靠酸在作用。一份醋以鹽和芥末調味，然後拌進三份油。因為芥末提供一些乳化力量，口感雖比美乃滋鬆散，但

一樣可達穩定的乳化。而油醋醬也是乳化醬汁，除了要靠攪拌器的力量較易成功外，其他做法皆如美乃滋。

當代醬汁

過去十年間，美國烹飪界有著戲劇性的轉變，我們對食物的認知也是如此。醬汁的定義不再貶抑成就是那匙加在肉或菜上的調味醬，取而代之的描述則是醬汁是風味與口感的持續，範圍可從固體（如調和奶油）到水狀（如海鮮水中游的湯汁，見Nage詞條），端看要突顯的是何食物。料理過的番茄泥長久以來就是主要醬汁，是種基礎母醬，但任何蔬菜泥都可做成醬汁。

在白肉魚上放點蘆筍醬（蘆筍煮熟，攪拌成泥，以鹽和檸檬調味，再次開火加入奶油增添風味即成），每一口咬下都讓人心滿意足，滋味就如奶油醬般迷人。而它還可更精緻化，將其過濾成為細緻湯汁，或者就以實在的厚實感端上桌。

你所做的，只是轉變食材的密實度而成醬汁。其實，蘆筍隨你想怎麼吃都行，如果你想享受自然原味，只要放一點鹽，再加點奶油和檸檬汁就可上桌。其他蔬菜的

做法也是如此。同樣地，大多數水果也可烹煮做成水果泥，過濾之後就是美味的甜點醬汁。

這類醬汁還可變更多花樣，如做成湯。現代烹飪中，通常湯與醬之間的界線已全然模糊難辨。就以肉與魚來說，肉魚湯汁可做醬汁用；油醋醬則是經典佐醬，而蔬菜汁又可轉做醬汁。所以醬汁的定義已無限延伸。

隨著美國人周遊四方，美國的餐廳文化越漸各異其趣，也開始熟悉其他文化的多種醬汁，像是亞洲人用的沾醬（以發酵的黃豆和魚煉製而成，這類醬汁代表全新的範疇）、南美洲的香辣醬（chimichurri，加入香草的油醋醬），還有墨西哥的摩爾醬（mole）[5]和亞洲的咖哩醬（將不同辣椒、種子和堅果搗成泥，以增風味濃度）。這些醬汁都不再陌生。

雖然醬汁的世界無止境，但是當你盤算著今天晚上的菜要配哪道醬汁時，心中可是清清楚楚的。事實上，醬汁不過就是風味與調味之事。你只要在菜餚裡加上醬汁，就是調味了，再沒更複雜之事。就像你在料理中加入鹽調味，不是為了吃到鹽的味道，而是為了替食物增香添味。請將醬汁視為鹽的更精緻形式，而鹽這個字，也就順理成章成為醬汁的本意及詞源。

[5]mole在墨西哥就是醬汁之意，材料有數十種辛香料，但多會加上巧克力。

03

鹽

SALT

　　這件事我到現在還印象深刻——一個晴朗的星期六下午，我坐在老家桌前，從電話裡聽到這個說法，新聞真相如尖刺襲來。當時我正和湯瑪斯‧凱勒一起工作，共同策畫《法國洗衣店餐廳食譜》一書的內容，對於烹飪專業還只是個菜鳥。我問他：「什麼是你廚房廚師得掌握的要緊大事？」

　　他停了一下，說：「調味。」

　　「你所謂的調味是？」

　　「鹽和胡椒。」他又停了一下。「真正說來只有鹽。」

　　「對廚師來說，最重要的事竟然是如何用鹽？」

　　「沒錯。」他說。

　　當我持續探索料理技藝，這真相只會讓事情更加深奧。但是此說法不只在專業廚房是真理，對於天下所有在廚房工作的料

理人來說，學習以鹽入菜是廚藝到深處的最高技巧。

不出所料，後來我在廚藝學校學到的第一件事也是用鹽的技巧。有一次我的指導老師覺得我的湯很單調，要我先舀掉一大匙的量，再加鹽，兩相比較後，我了解他所謂的「鹽的效果」。他說，你不會喜歡在菜裡吃到鹽味——如果是，那就是鹽加太多了。你只要菜有味道——意思是，這道菜要有適當的口味深度及平衡感，不會平淡無味。這就像煮義大利麵要用的水。進廚藝學校前，我總是煮一大鍋水只放一小撮鹽，這就是我煮麵水的用鹽量了。我不知道我這麼做時腦袋在想什麼——只消花兩秒鐘想想，就會立刻明白鹽在這鍋湯裡根本沒有作用。我的老師說，煮麵水嘗起來就該如味道恰好的湯，如此才能確保義大利麵也有完美滋味。同理可證，米飯也是一樣。

我們學到「邊做邊調味」的祕訣——從開始做菜到結束，全程步驟都要用到鹽，因為鹽加在料理一開始，加在過程中，或加在上桌前，味道嘗起來都不一樣。鹽先加，使食物入味；鹽後加，食物才有鹹味。

才剛入門學習正確廚藝，就發現我連「加鹽」這種廚房最普通的動作都做不對。凱勒表示，新廚師一到「法國洗衣店」餐廳，首要大事就是教他們如何用鹽。我很少注意此事—鹽用得後知後覺。所以才需要桌上的鹽罐子，不是嗎？

錯了！如何用鹽，是你應有的最重要技巧。

十年前與凱勒一談後，我費了好一番功夫研究鹽，也注意人們用鹽的情形。吃鹽過量影響健康的警告無所不在，如此說法我也聽從，甚至寫了一本涵蓋大多數鹽漬食物的書：《熟食店：有關用鹽、煙燻及醃製的技巧》（*Charcuterie: The Craft of Salting, Smoking and Curing*）。

就我所知，茱蒂・羅傑斯是第一個在自

己的《祖尼咖啡料理書》中開宗明義揭露用鹽之法的主廚。一般認知中，鹽用得早，會使食物乾柴。請看以下實例，用鹽醃牛排幾個小時後，會看到牛排浸在一攤血水中。事實上，鹽對牛排有持續的滲透作用，藉著細胞結構改變，反使汁液增多，以致牛排更多汁。而鹽完全滲透肉質，因此也增加了肉的風味。它會溶解「肌球蛋白」（protein myosin），所以在漢堡香腸等絞肉食品中，鹽能使肉聚在一起。

茱蒂鼓勵廚師食物可用鹽先處理，且食材越大，需要的鹽越多，醃的時間也要更久。此法對於肉類都很重要，而魚類則較少如此。有些魚用鹽保存後仍然美味（如鮭魚和鱈魚），但有些魚因為質地細緻，太早用鹽，會破壞肉質。這方法對蔬菜也適用，如洋蔥、茄子、青椒等細胞含有大量水分的蔬菜，用鹽可增加風味。

茱蒂的用鹽之法得自法國料理宗師，鹽對他們來說，不只是調味那麼簡單，而是「讓你不會挨餓的東西。」茱蒂寫道。的確，鹽的角色就如人類全方位的食物保存者——因為鹽，食物得以剩餘無慮，得以在經濟拮据時，仍有基本溫飽，也使長途探險的船員有東西餵飽肚子——以致成為地球上最具影響力的物質。

對於鹽，我們萬萬不可後知後覺。

鹽與健康

鹽對人體健康十分關鍵，我們因而發展出某種特殊功能，可嘗到鹽的存在——以管制鹽的攝取。我們吃天然食物時，無論吃下肚的是未經加工的食物，或是僅以少量添加成分做成的加工食品，鹽用多用少，只是為了好吃，不會成為健康考量。而此時此地，鹽已成為問題的原因在於我們過度依賴加工食品（食物不是裝在盒子裡，就是包在塑膠袋裡），食物添加了我們無須測知的鹽分，所以很容易身體就負擔過多。

有些人罹患高血壓，需要管制鹽分攝

取，但一般而言，鹽對人並無害。不過如果你吃進大量加工食物，再合併其他健康因素，鹽可能就是問題了。而對身體健康、攝取好食物的人來說，用鹽只是增添美味，無須瞻前顧後。

微生物生長。

諷刺的是，對於住在鹽水裡的生物，用鹽反而要小心。有些海鮮十分細緻，本想使鹽分均勻分布，沒想到卻使鹽分結晶「燒了」肉質（扇貝是最好的例子，只要在入鍋前簡單快速調味即可）。

如何用鹽

正確用鹽只有幾個重點。首先，用鹽要用猶太鹽（kosher salt）[1]，這種鹽經濟實惠又隨處可得。或用海鹽，如果你喜歡，也可用其他特殊的鹽類，但千萬不要用碘化鹽（iodized salt，現在缺碘也已不是問題了）。其次，無論調味的對象是肉類或湯品，烹煮過程中要及早用鹽。全程不斷嘗味道，一邊做一邊就該適當調味。

鹽水

鹽水可分兩種程度：一是加重鹽的水，可用來燙青菜或任何不會吸收大量水分的食物；二是適度加鹽的水，只經簡單調味，可用來煮會糊化的食物，如義大利麵、米飯或是豆類。有關建議用鹽量，請看後續詞條鹽水 Salted water 的說明。

用鹽醃肉

一拿到肉品就該用鹽醃著，無須顧慮下鍋時間。盡早用鹽不但可讓鹽分均勻散布在肉品中，也可保持肉的新鮮，因為食物敗壞多是微生物作用，而鹽分正可以防止

濃鹽水

濃鹽水（brine）是鹽分分布非常稠密的介質，是傳送鹽分十分有效的系統。食物均勻注入鹽水，不出所料，很快就有效果。濃鹽水的適當比例是一加侖的水加入八盎司的鹽，濃度越高，作用越快。濃鹽水也

---

[1] 猶太鹽（kosher salt），是猶太教徒用來撒在肉上洗淨血水的鹽，因為含碘量低，不易受潮，甚受廚師歡迎。

可用於淨泡提味蔬菜、香草或辛香料；浸泡肉類時，鹽分也會增加肉的風味。泡過鹽水的食物在料理前，必須先自鹽水中拿開，放一段時間，此時食物中鹽的濃度大於外部，會在肉中均勻分布（就像出爐後的肉也要放一下）。

用鹽保存食物

不論是肉、魚、蔬菜和水果，幾乎所有東西都可以用鹽保存，但視食物質地及烹飪用途而有不同結果。豬是最常做成鹽漬品的肉類，因為入鹽之後十分美味。你也可以將牛里肌醃漬保存，但何必如此？倒不如把牛胸肉拿來醃（即罐裝鹹牛肉〔corned beef〕或是經過煙燻調味的煙燻牛肉〔pastrami〕）

食物可以用乾燥的鹽醃漬，培根、醃鱈魚和鹽漬鴨胸就是如此。當然也可以浸泡鹽水，加拿大培根（豬里肌肉）、牛腩和蔬菜則屬此類。有些食物先抹乾鹽，讓它大量出水後，鹽水就形成了—醃鮭魚和醃泡甘藍菜（如德國酸菜）就是這麼做的。

即使像調味食物般只灑——小撮鹽，這樣也具醃漬效果。肉類可以抓點鹽塗抹，然後靜置醃漬，效果就像每侖水加一杯鹽的鹽水一樣好。至於天然醃黃瓜，小黃瓜因為發酵作用會自然產生酸，每1公升的水配上50克鹽的鹽水（鹽略少於2盎司，大約是1.2公升的水要放1/4杯的Morton's猶太鹽），這就是醃料的完美配方。

每種食物在鹽中的表現都略有不同，最終還是得時時注意。試個味道，記住狀況，然後用鹽調味，再試個味道，記住狀況……料理過程中要學習自己用鹽的分量。在小碗中放一點湯汁或高湯，然後用鹽調味，與沒有用鹽調味的兩相比較。吃一點沒有加鹽的番茄試試，再嘗嘗加了鹽的番茄。邊做邊學鹽的效果吧。

04

蛋

THE EGG

　　我以宗教般的熱忱向蛋的國度致上最高敬意。它的包裝雖不起眼，卻營養豐富口味精緻，準備起來簡單容易，卻在廚房發揮無比的功能，堪稱完美食物。沒錯，蛋就只是蛋，但也是食材、工具，還是個觀賞對象，有著近乎神祕比例的自然構造。

　　蛋營養又不貴，就算只端出蛋上桌，就已美味滿點，再搭配其他食材，效果更是加倍。無數配方備料因蛋而增味豐郁，而對其他食材，蛋則提供口感及濃度。在轉變食材濃稠度方面，蛋是萬用工具，能使液體絲般柔滑，讓油轉為華麗醬汁，令蛋白霜緊實而滑順，使巧克力鬆軟，使奶油融化，還可讓麵糊由液體變成輕軟的固態海綿。全蛋有用，分開的蛋也好用，蛋白和蛋黃各有獨特有力的屬性，無論是生是熟，或是煮成不同的熟度，就連蛋殼也有

用處。而且看看蛋的流線造型，除了很容易滾下料理台的特性，極富藝術美感。

每個時間每一餐，都是享用蛋的大好時機。蛋可作為主食，或裝飾，可粗茶淡飯簡單上桌，也可與四星料理搭配且平分秋色，沒有其他食材如此全能多藝，蛋是天降奇蹟。

有志烹飪的人，掌握蛋的技巧是值得下功夫的成就，而對有抱負的專業廚師，用蛋技巧更是必備技能。若要選一樣素材當作專攻技能，對它通盤了解，所有用法和變化都瞭如指掌，蛋就是你的首選：修練用蛋技巧可提升你身為廚師的功力，這比增進其他食材烹調技法都來得更有用。

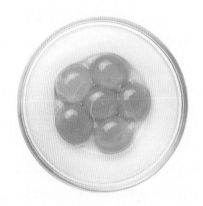

破解用蛋技巧

整顆蛋的料理方式

蛋一般多是一整顆來料理，不論是在三餐當作正食，還是在上午、下午或午夜當點心，全蛋料理都是桌上佳餚。對應不同火候，全蛋可做成許多料理，下面列出各種有用的操作手法。

水波蛋（Poached）：煮水波蛋時，水的作用就像蒸籠，堪稱是煮全蛋的最佳方式了。水溫溫和，故能保持蛋的軟嫩（我們是否想過，何其幸運，首先定型的不是蛋黃而是蛋白，我們視為理所當然，但如果蛋黃蛋白同時固定，現今的料理世界將會是全然不同的局面）。水這種烹煮媒介並不會介入蛋本身的口味，水溫也不會讓蛋白質產生褐變[1]而帶進新味道，所以水波蛋的風味十分純粹且高雅。

蛋白有兩種濃稠度：一是較稀，呈水狀；另一則較濃，呈黏稠狀。敲個蛋打在盤中，就可以看到兩種不同質地。煮水波

[1] 褐變（brown），要使食物產生香氣，必須以高溫使食物產生焦化，此過程稱為褐變。詳見「褐變」詞條解釋。

蛋時蛋要輕柔地放進水中，此時稀蛋白會凝結成無用的散沫，而濃蛋白則會緊緊包著蛋黃。很多食譜都建議在水裡加些醋，認為有助於蛋在成型時蛋白不會四散分開。但我卻不覺得在酸刺的環境裡煮水波蛋和在白水裡煮有什麼不同，而醋水煮的蛋還要再沖去酸水，所以並不建議在水中加醋。煮水波蛋用新鮮的蛋比工廠大量生產的蛋要好，因為新鮮蛋的濃蛋白比例較高，以致蛋的形狀大小也截然不同。

美國食品科學家哈洛德・馬基[2]在留意蛋白的差異後，提供煮好水波蛋的絕佳建議（如果操作得當，完成後會看起來會非常美麗，這就是做菜與享用的樂趣）。馬基建議，把蛋先打進小烤盅，再倒進有大型孔洞的漏勺，讓稀蛋白快速流走，再把蛋倒回小烤盅開始水煮的程序，如此就可大大減少稀蛋白產生的碎裂浮渣。

蛋白定型了，不多久水波蛋也煮好了。用漏勺撈起水波蛋，篩去多餘的水後立刻享用。或者，從鍋裡移到冷水裡泡，直到完全涼透，如此一天內無論什麼時候要享用，只要簡單再回溫一下就可以了（當要供應眾多賓客時，這是極好的做法。）

煎蛋（Fried）：煎蛋美味誘人，某種程度上這香味來自高溫讓部分蛋白產生褐變作用，因此格外焦香。此外，煎蛋的油也可改變蛋的香氣，例如可用橄欖油、全牛油或是

---

[2] 哈洛德・馬基（Harold McGee），在《紐約時報》等各大報撰寫文章，以化學及科學角度分析食物及飲食歷史，著有《食物與廚藝》（On food and cooking: The Science and Lore of the Kitchen）。

清澄奶油，都比用中性的蔬菜油好。

　　但要煎好蛋也不容易。如果用平底鍋煎，鍋面必須乾淨沒有刮痕，還得加上大量的油，鍋子必須非常非常熱才行——以上要求有一項沒做到，蛋就會黏鍋。使用不沾鍋就很方便，可讓你在低溫下煎蛋，翻面也比較容易。如果不想翻面，就要先確定蛋白已經定型，然後蓋上鍋蓋，離火後才算完成。用把養鍋養得很好的鑄鐵鍋[3]就是煎蛋的最佳選擇了。

水煮蛋（Hard-cooked 或 Hard-boiled）：水煮蛋在料理上的運用千變萬化，可做成方便營養的點心，還可以切碎後和乳化醬汁拌在一起（又名蛋沙拉），或者當作裝飾。還有精巧費工的魔鬼蛋（deviled egg），做法是先將蛋煮熟，把蛋黃蛋白分開，拌入更多味道再修個高雅形狀後，再把蛋放回去重組。煮水煮蛋最要緊的是煮好了就該停下，以免蛋黃煮太老，產生硫磺味道的綠色物質。完美水煮蛋的蛋黃應該是完整的，看來金黃明亮的。要達到這樣的效果得這麼做：鍋裡只放一層蛋，倒進冷水蓋過蛋5公分；把水煮開，立刻離火，蓋上鍋蓋，定時器設定12分鐘（有些書建議更短時間，也有一些食譜認為悶煮時間還要拉長，但時間長短多半要看蛋的大小和數量，12分鐘算是不錯的起點；請觀察蛋的狀況再視情況調整）。之後，立刻將蛋移進冷水裡，浸泡直到完全冷卻。有些人喜歡一面泡冷水，一面剝蛋殼，這樣去殼很方便有效，也減少蛋黃變色的機會。如果你是立即去殼的那一派，建議就這樣做吧！

烘蛋及烤蛋（Baked）：烘烤蛋可用下面兩種較稱心的方法處理，一是將蛋放入烤皿中直接烤，另一種是隔水烘烤。烤蛋要單獨上桌，做盤飾就不適合。要做烤蛋，先將蛋（一顆多顆皆可）打進抹過油的小烤盤，蛋用中低溫燒到底部定型，再放進350°F（約

---

[3] 鑄鐵鍋在製造時會有一些雜質滲入毛細孔，故需開鍋養鍋，方式多以高溫燒鍋後刷去表層雜質，再用油潤鍋，也有泡在菜油裡再用烤箱烤的方法。

177˚C)的烤箱烤數分鐘。一般都會在蛋上倒一點奶油(也可以放一些帕馬森乾酪或全牛油),替菜餚增味也緩和熱度。

有人認為隔水烘蛋的效果就如帶殼的蛋稍煮個幾分鐘後的半熟口感。它的做法就如卡士達醬,蛋先用小烤盤或容器過火煮一下,蓋上蓋子後泡在熱水裡,再用風味迷人的油脂調味,如奶油或是上好的橄欖油。

有種特別的全蛋調理方式需要附加說明,就是醃蛋。蛋可以用鹽或醋醃製,但必須是水煮蛋,才方便浸泡在酸性汁液裡。亞洲某些傳統料理即可見用鹽醃製的蛋,比方皮蛋。

另外,除了蛋本身就是很好的食材外,煮熟的全蛋也是妝點菜餚的最佳方式。把切碎或切片的水煮蛋放在沙拉上是大部分人都熟悉的沙拉裝飾,但是改放煎蛋也很讚;沙拉上放個水波蛋是法國料理的經典菜色。還有無人能敵的蛋火腿起司三明治,

煎蛋可說是最棒的三明治備料了,與各種三明治都很速配。事實上,在滾燙的湯中打顆蛋進去是絕佳的點子,蒸蘆筍多會加顆水波蛋作裝飾(再配上美味的白醬),這就是一套高雅前菜或是清淡午餐。如果在廚房不知如何是好,看看蛋吧!它很少會讓你失望的。

蛋打散的料理方式
散狀可做炒蛋,塑型就是蛋捲

繼雞胸肉後,炒蛋可能榮登「美國最易炒老料理」冠軍寶座(豬排緊追在後)。也許是因為炒蛋的汁多細緻又閃閃發亮,甚至還有汁液流動,就好像稍稍裹著一層醬汁。

炒蛋一開始就要把蛋完全混合,用打蛋器或是叉子打蛋,直到看不見清楚的蛋白,蛋汁的顏色和質地完全一樣。

依照老規矩,炒蛋用小火效果較好,大火會使蛋吃起來又老又乾。如果你用的是不沾鍋,蛋可以用奶油以小火炒,攪得越

起勁，蛋塊越細，蛋塊的大小也會影響口感。

如果你沒有不沾鍋，也沒有養得很好的鐵鍋，就得用較大的火力炒蛋，這樣才不會沾鍋或是焦掉。這種情形下，一開始就要用大火，只要蛋沒有起鍋，鍋子就要不停搖，手也要不停攪，直到完成離火，攪動還是不能停。

至於蛋捲，一樣先炒蛋，不停攪動，直到蛋的外層開始凝結成型，才可以在鍋子裡把蛋捲起來。如果這時候有養過的鍋子或是不沾鍋是很有幫助的，用乾淨的平底鋼鍋做蛋捲情況就會有點麻煩，就像用鋼鍋炒蛋的狀況一樣。蛋捲的顏色應該是一致的明亮淡黃色，而不是焦褐色，要非常濕潤，絕不可老。雖然蛋捲不該塞太多東西，還是可以用來包起司或煮熟的蔬菜；如果要放菜，得確定菜已經很燙了，所以當蛋捲完，菜也就熟了。煎蛋捲做好可以加上一點柔軟的奶油放在上面，如此會給蛋捲增添一些可愛的光澤。

完全打散的蛋也可以用水煮，既有趣也具味覺效果。就簡單地把蛋倒入快要沸騰的水中讓它煮熟，然後撈起過濾，再用鹽、胡椒和奶油調味即可。

蛋分開運用

蛋白和蛋黃很少分開來各自烹煮，但也有以下的做法：蛋白有時候可油炸成像發泡保麗龍的小碎花，還有些人的蛋捲只用蛋白做（為什麼會有人這麼做，我到現在都還弄不明白）；加糖打發的蛋白可以放在檸檬派上（許多餐點也如此）；基本上蛋白霜只是蛋白在烤箱裡很快上個顏色，蛋白其實仍然未熟。

生蛋有各種不同的效用。以蛋酒而言，蛋黃帶來濃郁，蓋著香甜輕軟的蛋白泡泡。生蛋也增加奶昔的風味和營養價值。但光吃生蛋白並不美味，而蛋黃卻很美味，幾乎所有料理只要加上一點蛋黃裝飾就很好吃。蛋黃就像是已經完成的醬汁，

可放在漢堡、烤牛排或韃靼牛肉上。

吃生蛋有個小提醒：養殖場的雞都是數萬隻一起關在長條籠子裡飼養，很容易感染沙門氏菌或其他寄生蟲，所以不建議生吃雞蛋，甚至只把生雞蛋用水煮一下也不好，如果吃的人是小孩或老人家，得小心注意。如果想要品嘗汁液橫流的生蛋黃或水波蛋，或是料理中要用到生雞蛋，如做美乃滋，建議使用有機蛋或是放山雞生的蛋。從健康、滋味和雞的觀點來考量，多花點錢是值得的。

蛋作為工具

蛋的風味溫柔細緻，搭配肉類、蔬菜、穀類都是最佳拍檔。就像卡士達醬（蛋加上牛奶或奶油），單獨吃很棒，但也可以加入其他材料，如法式鹹派（quiche Lorraine），柔滑調醬稍微烹煮就能細緻定型，而培根洋蔥掛在醬裡；而義式蛋餅（frittata）、舒芙蕾、蛋沙拉、法式吐司等料理，莫不稱頌蛋與

食材的配合是如此天衣無縫，更別提其他用蛋添香增美的菜餚了。

研究蛋的最重要課題也許莫過於將蛋視為工具。蛋可以使食物口感豐郁，讓液體變稠，使醬汁乳化，還產生發酵作用和淨化效果，甚至連上色都用得到它。

就像在糕點麵團上刷上蛋汁，一經火烤就會出現垂涎欲滴的濃豔金黃色。在混濁的冷湯中加入蛋白，等湯熱起來，蛋白就會像張網似地吸附雜質，凝固後浮上表面，高湯就會乾淨許多。蛋殼也是經常用

來淨化的材料,雖然大部分會用這項技巧的廚師很少明白原因,只能歸功於主廚的魔法;事實上,食品科學家相信高湯再加了蛋殼後,湯頭的鹼性會增加,因而讓蛋白更能發揮清淨效果。

而蛋黃在攪打過程中會產生些許熱度,使蛋液變稠,當然也使加入蛋黃的汁液有同樣效果,所以產生了薩巴里安尼(zabaglone)[4]、檸檬酪(lemon curd)、鹹醬(savory sauce)、布丁、卡士達和冰淇淋等種種原則相同的配方。

蛋黃的技巧還可用於「打芡」(liaison)——將奶油和蛋黃混合,多半是加在湯裡,湯就變得濃稠(但此做法只帶些微稠度)。

而蛋作為工具最戲劇化的用法在於乳化和發酵。而蛋黃和蛋白的效果各擅勝場,互爭王位寶座。

蛋黃的能耐在使清澈的油轉成不透明的固態奶油,結果就是目前所知最可口的醬汁,如荷蘭醬(hollandaise)、貝亞奈斯醬(béarnaise)、美乃滋和蒜味美乃滋,關鍵都在蛋黃。有了這些醬汁(多半會搶戲),搭配的肉或蔬菜就能脫胎換骨轉石成金。

乳化作用發生於當油持續被一大片液體分開,便會機械性地分裂成無數小球體,一方面油滴無法動作,一方面繫絆越生越多,所以油會變硬且不透明。當油滴打破水相,混合為一個巨大質團包在湯裡,醬汁就打成了。負責阻止不讓細小球體結合在一起的分子叫做卵磷脂,它一半可溶於油,一半可溶於水,自己一半嵌在油滴裡,另一半仍維持乳化液的水相,以防止其他微小球體連結、相合、堆積並破壞醬汁。

醬汁是否經過適當乳化,結果在於質地的力量,在於風味與快樂的傳達,這是要學習的課程。美味荷蘭醬或新鮮美乃滋可視為「尤物」,而不美味的荷蘭醬又如何?做壞的美乃滋甚至無法端上桌。乳化醬汁的首要要求在於混著絕妙滋味的質地口

---

[4] 薩巴里安尼(zabaglone),義大利蛋黃發泡酒,酒加入蛋黃、糖、肉桂後打成濃厚奶泡,是沙巴雍醬的前身。

感，滋味可能只是簡單來自檸檬汁、大蒜和羅勒、龍蒿、紅蔥頭，或者單純如醋。乳化醬汁的美味怎是其他醬汁可比，事實上，大多數食物都無法與之匹敵。

傳統上，乳化奶油類醬汁要用清澈奶油，的確會帶來非常高雅的風味，但全牛油（自己就是乳化液）也是很好的乳化材料。若要做像美乃滋一類中性口味的醬汁，則要用鹽和檸檬汁調味，不然用新鮮蔬菜或芥花油也行。而蒜味美乃滋則要加一些橄欖油。油醋醬的狀態已經非常固定，但如果你還想加一些乳化效果，只要用一點點蛋黃即可。油脂的新鮮度十分關鍵，如果使用放了很久的油或是臭掉的橄欖油，油耗味會被放大。請盡量用最新鮮、風味最好的油，而所用油脂也不需只限定上述三者。蛋黃可使任何清澈油脂變成滿嘴滑潤的享樂，蛋黃加入少許切碎紅蔥頭和油醋混合，再倒進一些培根熱油攪拌，搖身一變就是放在水波蛋上的培根紅蔥頭醬汁。

乳化醬汁的濃稠度必須和美乃滋一樣硬，此原則適用於貝亞奈斯醬汁或是蒜味美乃滋。除非你不想要這麼硬，再加水或奶油都可輕易使醬汁變稀薄。如果再拌入發泡鮮奶油，就會變成慕斯林[5]。

蛋白的作用在於能發成無數微形氣泡（對照蛋黃的功用，則在分離油相，使油成為無數微形油滴），氣泡可使很多備料發酵，以生料而言，就如慕斯；若是熟料，則像鹹甜舒芙蕾變出的任何衍生物，或是海綿蛋糕。比起用蛋黃當作乳化液，這種以蛋作為發酵物的用法甚至更有用，也流傳更廣。

* * *

無蛋的廚房令人難以想像。蛋在料理中以各種形式存在。學習了解蛋的力量極為重要。之前我說過，蛋很少讓你失望，而這句話更完整的說法是：蛋雖不會讓你失望，但你多會讓它失敗；用蛋的功力越好，你越有可能成為廚藝高強的廚師。

---

[5] 慕斯林（mousseline），因有奶泡，質地比慕斯更輕薄細滑，常做為法式甜點的夾心餡料。

05

控溫

HEAT

　　要評斷廚師功力是否高段，端看他控制食物溫度的能力，這項技能與整套烹飪技巧相關，也在於廚師對料理知識的見解，比什麼都重要。火候控制的專家雖無法將青菜蘿蔔變成高檔食材，但火候控制卻會決定一旦高檔食材出現在你家廚房，它的下場會是如何。溫度對食物影響甚鉅，唯一可與之相提並論的，則是用鹽技巧（請見「03 鹽」）。

　　食物要煮，但溫度控制的概念不該只局限在煮字上──就如煎要高溫，水煮用低溫──而所謂「控溫」，始於食物儲藏時的溫度，以致烹煮時食物是什麼溫度，放置的容器又是何種溫度，食物離火時又該是何種溫度，煮後又該放多久，放到什麼溫度時才可端上桌享用，以上種種都是溫度控制的重要概念。

雖然在控溫下，火候的運用是最多變複雜的一項，但料理之前、離火之後也是需要了解的項目。就像，我們為什麼把食物冰起來？冷凍食物為何可以保存較長時間？仔細思索這問題是很有幫助的。有些食物和許多飲料冰的味道比較好，但也有很多食物不是如此。我們把食物冰起來的主要原因是低溫延緩細菌生長的效果顯著，而細菌是使食物敗壞的元兇。還有，為什麼食物解凍的時候，放在冰箱冷藏室比放在室溫下好？那是因為如果把食物放在室溫中數小時，冰凍食物的外層會比冰箱的溫度高，而食物中間的溫度仍是冰的，這種環境會加速微生物生長。如果你把食物放在冰箱解凍，全部食物就會在低於40˚F（4˚C）的環境下一起解凍。這是多麼重要的健康議題，攸關食品種類，也關係到你需要食物多快解凍（將食物放在冰箱外解凍，一般餐廳的做法是把食物放在密封罐裡，再用小股冷水沖，水流會加速解凍，但仍可保持低

溫）。有些食物在低溫下會受損，如番茄，就不該放進冰箱。

另一個與爐火無關的重要溫度議題是食物下鍋前的溫度。如果下鍋的肉不是從冰箱拿出來冷冰冰直接下鍋，肉的受熱狀況會比較平均，所以在料理一整塊肉時，不該一小時兩小時費時去燒，而該依據肉的大小，先回溫一下，料理塊肉才會事半功倍。塊肉越大，回溫越重要，片薄的肉片反而不會因為冰凍或室溫而有差別。去骨羊腿一從冰箱拿出來就直接送進烤箱，勢必烤成外面太老裡面不熟，恐怖結果宛如「牛眼效應」——粉紅色中心圍著灰灰白白一圈肉。

換句話說，如果你在下鍋料理之前沒有適當處理肉，在開火之前就註定了悲慘結局。

另一方面，烹煮之後的控溫方式更需仔細思量。你可曾把羊腿（或烤雞）烤好後靜置一會兒，讓溫度由裡到外平均散發，汁液也平均分布到肌肉間？可曾將綠色蔬菜冰鎮在冰水裡，好讓新鮮口味和生動顏色得以保存？用來放熱食的盤子是否總是冷冰冰？是否曾在酷熱的日子端上熱滾滾的菜？這些問題都與溫度相關，攸關飲食的最終效果，影響人體健康、風味呈現與吃的樂趣。

效果最好的溫度控制在於「火候」。在廚藝學校和烹飪教材裡，「烹煮」的意思即是「用火之法」，分為三大類：煎炸烤類、蒸燉煮類、兩者皆用。事實上，這種分類方式將烹煮一詞由相對意義改為絕對意義——也就是由水的沸點來定義。所以，若要以其他方式說明此三種類別，可用「高於212˚F（100˚C）的用火方式」、「低於212˚F（100˚C）的用火方式」，以及「溫度在中間的用火方式」說明。

以「高於水沸點」、「低於水沸點」為區分標準的原因在於，第一，在兩種狀態

下，食物表現極端不同，而食物的成分決定了你要用的火候。若食物本質柔嫩，不需要用長時間的溫度破壞結締組織，這種食物用高溫較好。食物中所含的醣類及蛋白質可因高溫作用而起褐變，增加風味和口感。質地較硬的肉類則經過長時間烹煮較好，為免煮太老，肉質乾癟無汁，需將肉放在有味的汁液中燉煮，就像浸在湯裡燉，或是放在盤中蒸，如此可確保食物在溫度較低且平均的環境下烹煮。不需要褐變的柔嫩食物同樣可放在有水的環境裡蒸燉，如魚、菜、蛋等細緻食物，蒸燉是溫和的料理方式。有時候會用到兩種溫度，例如，一開始先把肉或小牛腿用高溫褐變，先上色增添風味，再放進湯汁以小火慢燉使其軟化。

煎烤炸的烹煮方式要用高溫，分成兩種不同狀況，包括用油的，如煎、炒、炸；和不用油的，如烤、炙、烘，但我不知道這樣分類是否絕對合理。而另外需說明的重點是熱度，料理油約在450°F（232°C）時開始冒煙變質，有時後做菜也需要這種溫度，如此高溫會脫去食物表層的水分，糖分和蛋白質會很快褐變，變成又脆又有味。（但請記得，鍋裡有水或肉是溼的，水會降低油脂溫度，所以褐變不會立刻發生，要等到鍋裡的水全部蒸發了才會作用。）要如何確保烤雞外皮金黃香脆？烤箱的溫度要極高。但如此高溫烘烤對於軟化肉質沒有多大效果，所以只有軟嫩的肉可以如此，且只能用在一開始。另一方面，培根片需要時間把油逼出來才會變軟，最好用小火慢煎。如果你不希望把菜炒到焦褐變色，這項技巧就是炒到「出水」，那就需以低溫烹調。最適合油炸的溫度在350°F（約177°C），算是中溫，溫度已經夠高可使外皮金黃酥脆，但也沒有高到內層食物煮透前就把外層給燒焦了。總之，油炸溫度有不同層次，要選何種溫度，端看你想讓食物產生何種效果。

同樣的，爐烤和架烤同樣可以低溫、中溫、高溫進行，廚師多半基於下面三種狀況選擇燒烤溫度，包括食物有多大，肉要多柔軟，還有烤完後食物內層的溫度要多高。

蒸燉類的烹煮溫度多在水的沸點或沸點以下，就像煎烤類一樣，蒸燉類下還可細分為水波深煮（deep-poaching）、水波淺煮（shallow poaching）、燉、蒸、煮等，各類重點需作區別。

水波深煮是讓食物完全浸在某種高湯裡用小火慢燉，此時高湯多是海鮮料湯，是種用提香蔬菜和酸味食材快速提煉出風味的高湯。要做水波煮，水溫不可沸騰，最理想的溫度通常在190℉（87℃）上下，是水快要煮開前的溫度。鮭魚多半用這種方法料理，還可用在牛肉（如陶鍋燉肉）、全雞（如甕中雞）及水波蛋。

水波淺煮多用在料理扁平的白肉魚，除

了火候溫和，主要好處是煮剩的湯汁就是醬汁。

這些烹調法看不見褐變，雖然褐變有助增加肉類細緻的風味。就像你會把豬里肌拿來水波煮嗎？應該不會，因為肉會變成灰白一片，不但倒人胃口，也缺乏褐變後的溫和甜香。

水波煮可快速調理好質地軟嫩的食物。事實上，燉就是長時間的水波煮，用在需要慢火煨煮的品項上，如某些質地堅硬的肉類、或是又老又乾的豆類，在有味的湯中慢燉，直到質地柔軟。這程序可在爐上完成，但大多會移入烤箱以300˚F（約149˚C）左右的低溫持續完成。汆燙過的牛肉塊肉質堅硬，有時會放在牛肉高湯中燉煮，成品就是白醬燉小牛肉（blanquette de veau），肉質老硬的禽類也會用燉的。使用燉煮法的食物多不經褐變，但如果食材一開始就先過火上色，然後再經慢燉，這種方法就是燜燒（也是用火之法的第三大類）。但也有些廚師以主菜的切口大小區別燉煮與燜燒，就如鍋燒肉要用燜燒的，但如果把肉切成小方丁，就變成燉牛肉了。

蒸是最充滿水氣的料理方法了。當你不想讓烹煮媒介影響食物，就像蔬菜和魚料理，此時蒸就是最佳方法。蒸氣比沸水溫度高，但兩者密度卻不相同，所以蒸氣不像滾水有迅速的烹煮效果，這反而是優點；對於特別細緻的品項（如包子），用蒸的要比用水滾的更加溫和。它是讓食物回溫的最好方法，且不用浸濕，食物就充滿水分。

大火滾煮多用在蔬菜這類需要以高溫水氣快速烹煮的食材上（它和水波煮最大的不同在於溫度，再次強調，水波煮的溫度低於沸點）。而滾煮這個技巧，除了應用在綠色蔬菜或是義大利麵外，基本上不會用到。滾水攪動幾乎對所有料理都沒好處，會使柔嫩食物捲曲變形，而高湯、濃湯或醬汁用大火滾時則會將浮渣乳化回湯汁裡。

第三種用火之法是蒸燉和煎炸的結合，最常用到的狀況就是先煎後燉的燜燒法。質地較硬的肉塊要經過褐變才得美味，所以要先過火上色，再放進湯鍋中慢火燉到軟爛，而剩下的湯汁去油之後就可就地利用，當醬汁或是醬汁的基底。

經典的燜燒菜包括勃艮地燉牛肉[1]或米蘭燉牛膝[2]。牛的肩胛肉或是切成厚片的牛腱經過調味後裹粉，在熱吱吱的熱油裡先過火上色，讓外層先褐變成美味芳香的脆皮，再加入高湯，湯汁要剛好蓋住材料，然後以細火慢燉，再放入低溫的烤箱直到完全軟爛用叉子就能分開，也就是肉對叉子的齒尖完全沒有抵抗能力。肉要在湯汁裡放涼，如此才會再吸收一些湯汁，凝結在表層的油脂要去除，肉和湯可再回溫。

蔬菜也可用燜燒的。就如茴香，先將一球茴香對切一半，沾粉後下鍋煎，增添誘人色澤和香氣後，放進高湯煮到軟爛。而魚通常不會過火再燜燒。燜燒雖可以小火

慢燉使食物軟爛，但不是每項食材都需先過火再入湯燒，比如香腸，它會放在德式酸菜或啤酒裡泡，或是雞胸肉，雖先經過褐變，卻在醬汁裡完成，這種做法也可叫做燜燒。

燜燒是烹飪法中最有效的終極法寶，就算是便宜的肉塊也行，放在湯裡燉煮，連帶湯的味道也豐美起來，而湯再成醬汁。藉由控溫技術——以高溫過火添香，以低溫燉煮求其軟嫩——便宜普通的肉轉眼即成精緻料裡，這就是燜煮之妙。

在煎炸、蒸燉和兩者皆用的方法之外，還有一些特殊料理方法。

油泡法（在油中水波煮）可算一種，因為油和風味幾乎無異，這是主廚最喜歡的烹飪方式。此法須用密度很高的油，多半是有味的動物脂肪，放入食物後用極慢極溫的火候泡，食物泡熟後會帶有濃郁的風味。相對而言，鱈魚和大比目魚等白肉魚料理

---

[1] 勃艮地燉牛肉（bourguignonne），勃艮地（bourgogne）位於法國里昂與巴黎間，是著名的紅酒產地，而勃艮地式的燜燒菜多以紅酒為底，再放入不同的提香料，此做法稱為勃艮地式。
2 米蘭燉牛膝（osso bucco），原意是有孔的骨頭，是將牛膝燒到連骨髓都流動可食，再加入義式調味醬 gremolata 及番紅花後食用。

起來相對較快，但若要油泡數小時，那就是「油封」（confit）了。油封使用的肉（通常是鴨或豬）要先用鹽及調味料醃製一天，然後放在油裡慢泡直到軟爛，也浸在油裡放涼。油封不只帶來絕佳風味及濃郁口感，也是保存肉類的方法——油封肉可放在油裡達數月之久。奶油浸（以奶油水煮）也是煮肉和魚的常用手法。總之在油泡法中，油的稠密度主導了火候，油泡的溫度則確保溫和烹煮。

某些肉質細嫩的魚，如比目魚和鯛魚，用酸醋料理也是常見的手法。像是將可生食的魚泡在酸醋汁裡（多是酸橙汁），魚的外層就像煮過般有風味（這是一種蛋白質變性，經酸泡過後肉會變成不透明），這種技巧稱為「醋泡」（seviche）。

另一種料理新法，相對而言可說是料理的新發展，是以明火烹調或是將食物放在密閉加熱箱中料理，稱為「真空烹調法」（sous vide，法文意指「在真空中」）。食物密封在塑膠袋裡，用低溫約130°F（54°C）的水長時間調理，有時長達數天。此法源自法國，目的為了將食物配料用於商業買賣，因為提供嶄新風味及豐潤口感，已被餐廳廚師廣泛接受。它同樣是極有效率的料理方法，特別用在餐廳上菜前保持食物，但在家中也照樣可以使用。以技巧言，真空調理法模擬燜燒效果，但不用太多高湯；類似油封技術，卻不用如此多油。它可應用在魚肉較瘦的部分，若應用在蔬菜水果則有真空料理的獨特口感。

最後一項特殊料理法，也可說是最古老的烹調法，就是以鹽風乾取代火，也就是所謂的醃製。以此法料理的火腿香腸或醃魚在上桌前很多幾乎沒碰過火，溫度從未高於室溫，如此下肚依然安全，且很美味。火腿也許要以鹽醃過數星期，然後吊掛風乾——鹽和風乾作用不但會改變風

味及肉質，同時會使肉的內部造成腐敗的微生物不易生存。臘腸在填料後也要經過吊掛風乾的程序，以糖為食的活菌和衍生的酸類會保護臘腸不受微生物破壞，同時也帶來迷人風味。有些魚的肉質很適合醃製，如鮭魚，上過鹽後至少醃過一天，食用時沖去鹽分再切片而食。

以上種種皆是由食材質地及所用火候區分出的用火之法，重點在於讓我們思考食物與料理的關係。定義用火之法使我們思索食物成分，好比雞胸肉本身食來無味，所以要盡可能地增香提味，首先可用高溫（入鍋煎到上色焦香，或用炙燒，風味則取自焰火燻煙），雞胸肉的質地軟一開始用高溫十分合適。又如小羊肩，因肉質硬，需先經高溫過火上色，有了香味口感後，再用小火慢燉柔軟肉質。你打算在食物上施加何種火候，在在對應於你對食物的認知。

06

器具

TOOLS

　　如果你正閱讀此章，想必你一定買了一大堆廚房工具，但我寧願把廚房想成光禿禿的大白箱子，除了爐子、冰箱、料理台和水槽外什麼都沒有，沒有其他用來料理的東西，然後拋出一個假設性的問題：如果你被要求裝備廚房，所用物件越少越好，標準是僅可應付的最低限度，而且還能烹煮大多數東西，請問會是哪些器具？好好回答這個問題，你就會發現什麼才是真正基本的料理工具；而且按照邏輯推演，這些東西才是你應該花大錢砸重本的地方，要買就買最好的，至於那些隨隨便便順手買下的小道具小玩意，就算了吧！

　　說到最低限度，我說的可不是20件、30件配備，甚至連10件都不到，而是一隻手五根手指就數完的五件。

　　首先，該把廚房裝成——熱食廚房，而

不是糕點廚房，因為烘培需要的基礎工具範圍更大，裡面要有五項我幾乎可以應付所有事的基本工具。如此，結果必定十分局限，但換個角度想，如果哪天一時興起想發揮創意，也沒什麼不能應付的（也許我的清單不容許我做鬆餅，但可以做些類似的麵糊點心，只要哪天真的興致來了）。

以下是這五件基本工具，排序方式以重要性遞減，但說真的，倘若拿掉其中一項，你的人生志願就沒有廚師這一項了。

○ 主廚刀
○ 大塊砧板
○ 大平底鍋
○ 扁平木勺
○ 大號的無應耐熱鍋[1]

把這項假設問題丟給任何大廚，如何用五項物件，甚至更少的配備來裝備廚房，相信他們列出的品項也應該差不多。

這是什麼意思呢？意思是雖然你五件在手，但若是便宜貨、不耐用，或是妥協下的結果，你仍然會被綁手綁腳施展不開。因此，以上五件就是你的廚房必備法寶，應該在負擔得起的情況下盡可能地選擇品質最好的才對。你不需要七件組的次級平底鍋，你只需兩件真正好貨就夠了。

而我現在要做的，就是描述這些器具所代表的三種類別，包括刀具、烹飪器具、廚用配備，其基本特點，然後從重要的基本器具延伸介紹到較不重要的器具。

刀具

話說，一個廚師兩把刀，都得是高碳不銹鋼刀子。一要主廚刀——長刃、寬口的萬用刀，通常寬約4公分，長約20至30公分；第二把就是削皮刀了。其他刀具並非必要。這並不是說其他刀具沒有用，而是身為廚師就該有這個本事只用大刀小刀來料理廚房大小工作。例如一把去骨刀，

---

[1] 無應餐具（nonreactive cookware），是對食物中的酸鹼不會產生反應的廚具，多以陶瓷、玻璃、不鏽鋼製成。

一把可換刀片的切片刀，一把鋸齒刀，這些都可使廚房諸事做來更方便，但再說一次，它們實非必要。只有主廚刀和削皮刀是基本必要的，所以你應該在能力所及的情況下，盡量擁有品質最好的刀，且把它們照顧得像美食作家費雪[2]所說的「利如閃電」。因此，你也該擁有一把磨刀棒，就是把手尾端有長柄，通常會放在你家豪華刀具七件組正中央位置的那個東西，還要知道如何用它才好。它並不能磨利刀子，但如果你把刀刃貼著磨刀棒拉到適當角度（大概是20度上下），它會將鋒利刀刃上的微細鋸齒拉直調平。這需要練習，一開始先慢慢來，直到你覺得自在。但每年還是把刀具送去專業磨刀一兩次比較好。

如果還要再選其他刀，則要看你最常做些什麼。要切麵包，鋸齒刀該是唯一選擇，這應該很重要。要片很多魚，就要刀鋒彈性好的薄刃才順手。有著突出彎度的鳥嘴刀，可輕易控制準頭，做蔬菜造型時很有幫助。多功能刀的尺寸樣式百百種——有些會讓你覺得比其他刀具更方便有用。哪一把才是主廚刀和削皮刀以外的選擇，還是要依據你要做什麼且如何做。但請把錢花在刀口上——實在沒理由去買一整組昂貴花俏的刀具，那些都是刀具製造商的行銷手段，設計來讓人買下更多你根本不需要的刀。

除了刀之外，你還需要木質或硬橡膠做的大砧板，越大越重越好。不管什麼情況，都要用比刀鋒硬的砧板，就像新大理石料理台上多出來的料理石板，甚至是非常硬的塑膠板（這些在市面上都不難找）。木頭具有全方位的功用、外觀和質感，一般人都偏好用木頭砧板。請用熱水和肥皂清洗砧板，並讓它完全乾燥，以防孳生細菌。很多人都擔心清潔問題，相信你也是，不妨在洗碗槽裡放一小杯漂白水（廠商建議的比例是每一盎司的漂白水對四杯水，每次都要重新調配，不可重複使用）。切完雞後，請用稀釋漂

---

[2] 費雪（M.F.K. Fisher，1908-1992），被《美食雜誌》（Gourmet）譽為當代最偉大的美食作家，共有26本美食著作傳世，如《如何煮狼》（How to Cook a Wolf？）、《牡蠣之書》（Consider the Oyster）等。

白水擦拭砧板，確保已消毒。添購不同尺寸的砧板用來雖方便，但其實沒必要。

烹飪器具

基本必備的湯鍋和平底鍋

你需要一大一小兩個有著金屬把手的不鏽鋼平底厚材鍋。大的不鏽鋼鍋容量要有6到8夸脫（約6.8公升到9.1公升），小的鍋子則有1.5到2夸脫（1.8公升到2.3公升）。這些鍋具應該要有蓋子，但不可是塑膠材質，才可放入烤箱使用。

鍋子越厚，受熱越均勻，而且重點是，當你放入冷的食物，鍋子越厚，喪失的熱能越少。便宜的鍋子會喪失很多熱能，所以冷食物一放進去就會黏底，也無法均勻上色。用便宜鍋子要煎好東西實在不容易，要是不得已，厚材鋼鍋就湊活著用吧。剛開始也不該拿不沾鍋（稍後會提到這部分），先學會拿捏鋼鍋的火候較好。到處都買得到專業品質的鍋具，只要別買到塑膠鍋把或鍋把無法受熱的鍋子，因為三不五時你會想把平底鍋放進熱烤箱。

以上就是鍋具和平底鍋的提醒，你畢生所需將不出這四件。

備用的湯鍋和平底鍋

當然還有其他數不清的湯鍋和平底鍋，造型尺寸各異其趣，如果你常下廚，爐台上勢必需要很多鍋具，各式各樣都要派上用場。備齊了四件基礎湯鍋平底鍋，可不需要各種鍋具，但有的話會方便些，例如帶蓋的小平底深鍋，分量少的時候用它完成料理最好；或是中型煎鍋，讓你有更多施展選項，只看你在料理什麼——大煎鍋可不能烹小物。

煎炒鍋（autoir）是鍋緣筆直有蓋的平底淺鍋，有許多用途，從煎炒到燜燒都可。深炒鍋（sauteuse）則是我們想到的一般傳統平底鍋，只是鍋緣是斜的。

特別的鍋具和平底鍋

強烈建議鑄鐵鍋（cast iron pan），如果養鍋養得好，會是上好的鍋具（保養鑄鐵鍋的基本方法就是絕對別用肥皂洗它）。它們並不貴，很重，表面幾乎不沾，嚴重摔打也不怕（不然就試敲看看！）

釉瓷鑄鐵鍋（cast iron enamel）也高度推薦，是絕佳的燉煮材質和各種烹煮方式的最好選擇，特別適合做燜燒。這種鍋具十分沉重，所以受熱保溫效果特別好，鍋面可接受褐變的高溫，卻幾乎不沾，可用於爐台或烤箱，而且造型很好看。釉瓷鑄鐵荷蘭鍋（cast iron enamel Dutch oven）是有蓋的圓湯鍋，一樣多用途，高度推薦。

請買件上好的不沾鍋，然後奉它如尊。大概沒什麼料理工具比便宜的不沾鍋更沒用。它們很容易就刮傷，一旦刮傷，就會沾黏，好處只是便宜。請避用這種便宜的不沾鍋，賣這些鍋具的人也最好敬而遠之。其實所有的不沾鍋都該注意，就算最

好的鍋子也該有限度地使用。如果真的需要不沾鍋，就買真正保養得宜的鍋子。但問題出在，即使是最好的不沾鍋，也無法讓鍋中食物燒出焦香味，那種失去蛋白質褐變後的美味香氣。

希望食物不巴鍋，所以就用不沾鍋，道理看來簡單，但不沾鍋的使用不只如此（你肯定不希望食物巴鍋，但難道就只能用不沾鍋），反倒是溫和烹煮時以小火慢燒，有些食物就是會黏在鐵鍋上，這時候才該用不沾

鍋。例如，用小火煎蛋，這時候就要用不沾鍋。細緻的魚在高溫熱燙的鍋中也許不會巴鍋，但會被煮太老，用鋼鍋以中火煎看似完美，但也許會沾鍋，為此也要用不沾鍋。

煮大量高湯，要用極大鍋子，對常常要煮湯的人來說，大湯鍋真是可貴。

銅製的湯鍋和平底鍋是很好的料理容器，但價格昂貴，需要勤勞清理才能保持光澤。

蒸鍋也很好用，但不需買全副的雙層蒸籠——只要把碗放在有水蒸發的鍋裡一樣蒸得很好。特殊的鍋具也許很好玩但往往不需要，可是中式炒鍋就是有用的料理工具，還有摩洛哥塔吉鍋[3]也有很好的效果（但請用陶製，而不要用仿不鏽鋼製的塔吉鍋）。

全套配備廚房的額外廚具

至少要有厚材烤盤或普通烤盤。厚材烤盤確保烘烤均勻，薄層烤盤比較容易燒焦食物。（為確保烤盤表面平整不翹，請勿把熱烤盤放在冷水下。）

用來燒烤的深底烤盤，如果質料不錯就十分好用，但是同樣的事，一個好的平盤烤盤也可應付得宜。

裝備優良的廚房應該有數個大小不同的烤盤和攪拌碗，百麗（Pyrex）系列的餐具是很好的工具，雖然不是絕對必須。

還有其他餐具選擇，如沙鍋、瑞士捲烤模、派盤、蛋糕盤，多是為廚師量身打造。

廚用配備
鍋爐旁

要有：木頭湯匙、堅固鉗子、有孔湯匙、厚底湯匙、湯勺三把（分別是2盎司、4盎司和8盎司）、打醬器和醬汁發泡機，加上不沾煎鏟、金屬抹刀、小號煎鏟、精緻圓形過濾網、一盒嘗味湯匙，以及可以磨出細緻粉末的胡椒研磨器。還要可以端燙鍋的東西，家庭料理人一般都喜歡用防熱墊，

---

[3] 塔吉鍋（Tagine），摩洛哥料理的特殊鍋具，鍋體淺圓，附上圓錐形的鍋蓋，多為陶製。

但這些厚厚的方塊布我用來覺得怪。廚師不用防熱墊是有原因的，因為他們有抹布。強烈建議各家廚房都該找塊質料好的抹布，因為太好用也太有用。還可塞進腰帶，走到哪裡帶到哪裡。

抽屜裡和架子上

應放著：數位即顯溫度計、數位電子秤、數位計時器、金屬量匙及量杯（要買好的，別買便宜貨，百麗系列有出液體量杯及乾粉量杯）、麵棍、糕點刷、橡膠刮刀、蔬菜削皮器。一組蘭姆金焗烤盤（Ramekins，可直接烹煮或做mise en place「一切就緒」的料理）、刨絲器、軟木塞開瓶器（有時候也稱開紅酒的鑰匙）、刨刀，還有保鮮盒。

其他器材就不嚴格要求，只要好用、順手就很推薦，像是食物調理器、日本式削菜器、石缽和杵棒、大蒜壓泥器，還有肉槌子。

推薦用具

包括：直立式攪拌器、食物處理機、直立式果菜機、手持攪拌棒、可磨香料的咖啡研磨機，以及微波爐。

不需要的工具，專屬不自重的廚師

通常只能專屬專用的工具應該避免：例如蝦泥清除器、櫻桃除子器、手搖水果切皮器，還有為了切奶油、蛋、酪梨、芒果專門設計的切片器。也不需要買成組的器具，想清楚你需要什麼再下手較妥當。

裝備良好的廚房總是強調效率，以及那些可以帶來效率的廚具品質。擁有精緻鍋子、豪華爐具、全套配備的絢麗廚房，卻往往是我發現最少使用的廚房，如此，最好的廚房成了最壞的廚房。若廚房只是尊貴地位的象徵，我誠摯地希望這一切只是曇花一現的現象。

07

烹煮之學

SOURCES AND ACKNOWLEDGMENTS

關於食物與廚藝的15本好書

　　這本書裡的大多數資訊，都直接來自我在美國廚藝學院（The Culinary Institute of American，簡稱CIA）學習廚藝所得，以及不斷在廚房流連下廚的經驗，只是廚房待久了自有收穫，便寫下有關食物和烹飪的書。書內很多意見和文詞的細微差別仍有爭議，而對於很多專業廚師和大廚而言，本書所載只是常識。

　　但有幾本書需要一提，沒有它們我將無法完成此書，就算完成也是內容漏失無數。下面將列出15本書，當我創作時，這些書如假包換地隨時在側，也略加說明為什麼世上美食書和烹飪書多如潮水，我卻一直視它們為珍貴參考的理由（請見書末「參考書目」）。我在正文中列出書籍清單而不

是以附錄的方式附註，因為描述讚揚這些資料來源很重要，但是憑藉我個人清單，若能學到更多體悟則更可貴。當然我所列的決不完整也不是絕對，甚至有點離經叛道，但就算不循正道，好廚師仍然會獲益良多，他們會跨出我所認為的正經八股，就如我從其他不循正道的書中所得，而不只是墨守成規，做先人傳的，信他人說的。

這15本書堆成一疊散落在我左側書桌地板上，其中有兩本是無價的，是我最常依賴的，這本書的完成它們影響至深，沒有它們，此書將大大失色。其一是美國餐飲學院出的《專業主廚》（The Professional Chef），另一本則是哈洛德‧馬基在2004年修訂更新的《食物與廚藝》（On Food and Cooking: The Science and Lore of the Kitchen）。

我會從馬基的書說起，因為綜論古今一切有關食物與烹飪的書，此書最為重要，不管以何種文字而論，或許也後無來者，至少在我有生之年，無法想像此書何人能及。

純粹以訊息的觀點而言，《食物與廚藝》有著驚人的廣度及深度。馬基在1951年出生於芝加哥市郊，現定居於加州帕羅奧多（Palo Alto）。他幾乎描述了整個食物世界，從奶類和乳製品，到蛋、肉、魚、貝類、可食的植物（包括水果和蔬菜），和一些我們取其味道的植物（像是香草、辛香料、用作飲料的植物），還有種子，以及食物備料的兩個主要分支——麵團／麵糊和醬汁——然後論及糖和甜食、酒類、烹飪方法和器具材質，包含基本化學的初步說明和食物製作的基礎。這本書並不完美也不完整（沒有書辦得到），但馬基處理大議題或支微細節的權威無以倫比，論述清晰而雅俗能解。

為不懂科學的人剖析食物的科學，馬基是第一人。他寫食物科學，此一文類他是開山祖師，且對於食物變化的道理，保有拍板定案的地位。在食物相關研討會上，他穿越群眾，就像是城中拉比般備受尊重。

但是他的影響力不只來自圖書館書堆的研究考察，而是身為作者賦予作品的原創性及信服力成就了他大半偉業——他以獨特的文學語言，賦予作品一種平衡與智慧，就是這般特質讓他足以將豐富訊息轉為文字觀察。馬基具有加州理工學院的背景及耶魯大學的文學學位，這兩種領域在他作品中兼容並蓄。例如鮮奶油，相關事實馬基說的一個不少，如脂肪含量百分比、比牛奶脂肪球體積大的脂肪球如何擴散、巴氏殺菌法[1]的溫度，以及如下陳述：「鮮奶油的口感使它成為人們至愛。乳脂狀是非常不尋常的質地，一種若有似無、介於固態和液態的完美平衡。它的質地堅實，卻又滑順綿密；口感綿長，卻不會黏牙沾舌，也不會太過油膩。鮮奶油中有許多脂肪球因為體積太小，舌頭嘗不出來，然而一旦這些小脂肪球大量聚集在少量水中，這些液體就變得較為凝滯，形成豪華的口感。」[2]聽來像科學家的口吻？應該還比較像「詩人科學家」吧。撇開這些不談，我認識的馬基是個雍容大度、仁慈善良的好人。

馬基的作品極富原創性，本書的內容也多有參考馬基的地方。書中出現多次「請參考馬基文章」一語，提醒你若要尋找相關的化學反應及圖表等完整細節，請翻閱《食物與廚藝》。我還發現，從他書中找到資訊比其他地方都容易，比方紅肉中膠原蛋白的熔點；或者只是簡單採用一些有趣的資訊，像是烤箱中蓋上蓋子的鍋子比沒有蓋鍋蓋的鍋子溫度會高20°F。我一直觀察有蓋的鍋子湯汁比較熱，但不會沒事去量中間的差異，但馬基就做了。馬基做了很多麻煩事，他的書是麻煩細節的寶庫。我一直努力說明我在何時何處只靠他的作品就獲益良多，希望你能了解。

參考資料中，我最依賴的第二本書是《專業主廚》，這是由美國廚藝學院的眾多主

---

[1] 巴氏殺菌法（Pasteurization）是低溫殺菌法，科學家巴斯德（Louis Pasteur）在1860年發現酒類以45℃到60℃加熱數分鐘後可防止酒類變濁，後成為食品工業的保鮮法。
[2] 此段譯文引用自中文版《食物與廚藝：蛋、奶、肉、魚》第49頁。（大家出版，2009。感謝提供左圖）

廚、作家、攝影家所組團隊的共同創作。美國廚藝學院是全美最有影響力的廚藝學校，它累積、組織、導正數十年來料理專業人員的正確觀念。我對這本書，或說這套系列叢書的感情與日俱增，我有1991年的第五版，2002年的第七版，和2006年的第八版，其中第八版甚至比第五版多了25%的內容，約增加1200頁。第五版是我第一本料理課本，也是在廚藝學院就學時獲得基本知識的指南（我那時是新聞記者，不是廚師，但是我真的學到如何做菜，也在2006年拿到榮譽證書；所以雖然我並不是這機構的成員，但某種程度上也算是他們的一份子。）

關於基礎配方及所有料理根據的手法，《專業主廚》一直是我依據的資料來源，也推薦給其他修習廚藝的學生，包括職業或非職業的。而此，也正是我視為寶貴的所在，所謂烹飪基本功夫盡在此書，從高湯到醬汁，再到一般湯品，還有各類型蛋白質和蔬菜料理，旁及烘焙之術和糕點技巧。如果我想確定脆皮小泡芙明確的做法比例，我第一個會找的就是這本書。

比起最新版本，我仍然較中意第五版，因為它直入基礎核心，但最新版無疑更加時尚，收錄更多食譜，也許是為了吸引更多居家料理人、餐飲學生，甚或主廚所費的苦心，我卻認為這會分散大家對基本功的注意力。但藉由此書的擴編也看出快速擴張的料理版圖，內容加入不同國家的料理及美國地方美食。基礎高湯除了雞高湯、小牛高湯、魚高湯、海鮮湯之外，現在又加上以禽鳥和紅肉燉出的義大利清湯brodo，還有熬自海帶和柴魚片的日本高湯「出汁」（だし、dashi），這些都是深獲我心的第五版內容所沒提到的，所以就讓第五版留在「基本烹飪功夫祕笈」的位置上吧。

但是，話又說回來，《專業主廚》的可貴不在於它收錄了出汁和咖哩烤羊佐青木瓜莎莎醬這些菜餚，而在於建構了所有料理的基礎配方及基本比例，無論這道菜來自

哪國或地區，而這就是料理的精髓。

美國廚藝學院出版許多優異書籍，包括在糕點界足以比美《專業主廚》的西點專書《烘焙和糕點》（*Baking and Pastry: Mastering the Art and Craft*），這也收錄在我的15本書單中。

沒有廚藝基本功，萬般到頭皆是空，此話出自法國大廚艾斯可菲（Auguste Escoffer，見後介紹）。他說，一切皆空。提醒你，廚藝基本功是可練就的，也是最引人入勝的。以下是我不斷反覆回顧作為參考及比較的書籍，包括艾斯可菲1903年的作品《料理指南》（*Le Guide Culinaire*），英文版出版時書名改為《現代烹飪藝術完全指南》（*The Complete Guide to the Art of Modern Cookery*）。這本書不僅是偉大的參考資料，對年輕廚師是極佳的觀察工具，觀察何處改變何處未變，何物又因技術演進而再次流行，也是學習風味搭配的寶貴參考，總之是充滿創意想法的鉅作。

討論廚藝基本功的書中，我最喜歡賈克・裴潘[3]的《技巧》。這本書出版於1976年，受其啟發而後成就大廚威名的年輕料理人不知凡幾，直到今日仍是極有價值的料理法寶，更別提書中對法國經典料理的迷人描述，如火腿凍和魚肉蘑菇小酥餅。他之後又出版《工法》（*La Méthode*），一樣常伴我左右。真高興這兩本書還出版平裝本合集，書名是《賈克・裴潘的完全技法》（*Jacques Pépin's Complete Techniques*）。

---

[3] 賈克・裴潘（Jacques Pépin，1935-），法國三星大廚，寫完《技巧》（*La Technique*）一書後聲名大噪。1980年代移居美國，與茱莉雅・柴爾德共同主持美食節目，成為美國新料理革命的起源。

茱莉亞‧柴爾德[4]所寫的《精通法國廚藝》(Mastering the Art of French Cooking)雖然不常參考,也在15本書單之列,我就是喜歡看它。

美國人觀點的書中,我也放上《料理之樂》(Joy of Cooking),這是1997年的再版,書名改成《全新萬能的料理之樂》(The All New All Purpose Joy of Cooking),以基礎烹飪的觀點來看,這個版本是系列中最好的,囊括各領域無數重量級專家的貢獻(2006年出版的最新版又將陶鍋料理放回書中,這是很棒的修訂)。

有時我會查看《新最佳食譜》(The New Best Recipe),這是《料理一把罩》雜誌(Cook's Illustrated)同業努力不懈的成果。這本實用基礎書實事求是地討論為什麼某個基本方法可以達到最好的效果(例如做卡士達、派皮或海綿蛋糕),除了預期的結果外,也提供可能的變化。我女兒九歲時,我買這本書給她當禮物,希望她擁有一本居家使用

方便、關注做菜道理、解說清楚翔實的料理書。

我主要使用的烹飪參考書以常用次序排列,則是雪倫‧賀伯斯的《饕客手冊》[5]、亞倫‧大衛森的《牛津食物指南》[6],以及《樂如思美食百科》[7]。

賀伯斯的書是烹飪術語和食物名詞的無價寶典,2007年再版為《新饕客手冊》(The New Food Lover's Companion)。我將此書用作查證不同資訊的參考和再次確認的工具,每日寫作少不得翻閱再三。但對居家料理人,我卻不太推薦這本書,它雖然有料理術語的定義,但其他基本料理書籍做得更完整,且定義術語不是此書的目的,它希望成為一般參考書、提供食物諸事正確客觀描述的字典,上至鮑魚,下至德國蛋烤麵包(zwieback),這本書完美做到了。

大衛森的百科全書是部關於飲食學的非凡作品,每當我使用這書查詢資料,只要翻開它,就會愛不釋手讀上半小時,完全

---

[4] 茱莉亞‧柴爾德(Julia Child,1912-2004),美國烹飪界傳奇大師,37歲才學料理,立志將美食普及家庭,主持烹飪電視節目,寫專門給家庭主婦看的食譜,感召無數廚師。

[5] 雪倫‧賀伯斯(Sharon Tyler Herbst),雜誌作家及美食網站經營者,也是國際專業廚師學會(IACP)的前總裁,著作中有13本餐飲專書獲獎,再版的《新饕客手冊》(Food Lover's Companion),以《西餐專業字典》之名在台出版。

[6] 亞倫‧大衛森(Alan Davidson,1924-2003),英國外交官和歷史學家,最出名的成就就是以美食作家身分撰寫厚達900頁的《牛津食物指南》(The Oxford Companion to Food,1999)。

[7] 《樂如思美食百科》(Larousse Gastronomique),法國飲食聖經,每五年改版一次,2009年的最新版厚達1200頁,重約四公斤。

無法從如此高雅迷人的文章中自拔。

當然還有《樂如思美食百科》，這本1938年就出版的傳統餐飲百科全書（也是我父母的料理藏書，全冊厚度就如四書合一，擲地有聲）。正統法式料理的一切事物，它是最好的參考書。

華盛頓特區的主廚艾瑞克・季博德[8]是我在「法國洗衣店」認識的舊識，那時他在餐廳當二廚，有次偶然發現一本軟皮的口袋參考書《法國美食A-Z》(The A-Z of French Food)，內容是上百條法式廚藝術語及食物名詞的英語註解，艾瑞克知道這本書可能有用，所以替餐廳買了很多本，我很幸運擁有一本。

說到義大利食物，瑪塞拉・哈贊編輯的(Marcella Hazan)[9]的《傳統義式料理精義》(Essentials of Classic Italian Cooking)是大家公認的參考書。

最後列出兩本我覺得十分可貴的主廚食譜。一是《法國洗衣店餐廳食譜》，名廚咖啡桌上的怪獸，充滿精美照片和無法插手的食譜，一直是暢銷料理書。此書絕大部分是出自頂級大廚口袋菜單的精緻美食，道道出自偉大餐廳的基礎餐點，說到最好的料理書，《法國洗衣店餐廳食譜》堪稱其一（文字是我寫的）。

而《祖尼咖啡料理書》的作者是才華橫溢又能言善道的大廚，茱蒂・羅傑斯廚師生涯的菁華呈現。我還沒遇過哪位廚師像她對食物反應有如此細緻的觀察，又能清楚明白地傳達於字裡行間。這本書的菜餚食譜都來自茱蒂在舊金山的同名餐廳，但對我而言，這本書是烹飪基礎功夫及廚藝觀察的參考。閱讀茱蒂的做菜理念是件愉快的事。

當然還有史崔克和懷特所寫的《風格的要素》平裝版，我在高中時花了2.75美元買下，它啟發了本書，也是我寫作生涯的靈感泉源。

---

[8] 艾瑞克・季博德(Eric Ziebold)，2007年Forbes所選出的美國十大矚目廚師之一，其所開的餐廳CityZin是華盛頓東方文華酒店的招牌。

[9] 瑪塞拉・哈贊(Marcella Hazan，1924-)，老牌義大利烹飪老師及美食作家，1955年隨夫婿定居美國，1973年受《紐約時報》之邀寫下《傳統義式料理精義》，成為30年來義大利食譜的經典。

08

精妙之道

FINESSE

廚師的終極挑戰，邁向永垂不朽

　　每個在曼哈頓「佩爾賽」餐廳[1]來來去去的人都在「精妙」的定義下經過。它不是貼在牆上，也不是用框裱著，而是嵌在牆面的瓷磚上，寫著：

　　　　精妙（finesse）：意指展現、執行、工藝技術的精巧與細膩。

「法國洗衣店」的牆上也呈現同樣的字句。提醒廚師，永遠不要讓它在眼前消失，在湯瑪斯·凱勒的心裡，這是最重要的料理元素。遇有需要簽名留念的時候，他習慣寫下：「唯有精妙。」

　　以我對料理基本功夫的了解，那是起自麥可·帕德斯（Michael Pardus）在美國廚藝

[1]「佩爾賽」（Per Se）餐廳，湯瑪斯·凱勒自「法國洗衣店」後於2004年在紐約開的餐廳，2006年即榮登三星，獲《餐廳》雜誌選為2009年全美最佳餐廳。

學院「廚藝技巧初級班」的教導；若說我對料理基本功夫完美實踐的價值有絲毫認識，則是起自1997年和凱勒在「法國洗衣店」工作的那個夏天。那時候，凱勒還沒有用上「精妙」這個詞，但他貫徹實行其真理。我不太確定他從何時在何地得遇此字而心領神會，發現「精妙」比其他種種更能說明他廚藝底蘊的精髓。但他現在卻以各種方法直言不諱。對於那些只為三餐溫飽而下廚的人，對於只為照料他人飲食而下廚的人，對於廚藝基本功夫已熟練的人，精妙，成為最終的強制力。

　　精妙的道理很簡單，但要實踐，則需要知識、思考、關注和耐力。烹飪之事建立在如下信念：對任何既定的準備工作都要講究，越是枝微末節越要格外注意，此信念對成品有絕對影響。它是廚師追求卓越的極致成就，廚師講究細節到何種程度，廚藝精妙的內涵就到何程度。

　　就以廚房最基本的準備工作為例，比如

準備一鍋像樣的小牛高湯吧。所謂精妙，無關乎取得適當的食材，而是要確定它們是好的食材，確定是新鮮的提香料，確定牛肉與大骨具備適當的分量，而這就是所謂的既定。精妙的意義在於了解小牛高湯每一步驟的製作工序，那些工序可使湯不只是好，而是**最好**。在精妙的路上，僅是及格，就絕不及格。事實上，某些工序步驟可使食物達到盡善盡美而不只是**最好**，而精妙的意義就決定於這些步驟。

小牛高湯之所以精妙的關鍵在於：大骨的準備工作、火候溫度的控制、加入提香蔬菜的適當時機，以及撈油是否確實。其他準備工序也很重要，包括：熬煮時間、過濾，還有湯頭要濃縮到適當濃度，這些關鍵若不是取決於個人品味，就是公認屬於基本功夫的部分（此話出自反對將基本功練到完美的一派）。但是，選擇大骨與肉就是公認的基本功夫，要多少新鮮又帶著大量結締組織的大骨（為了產生膠質帶來湯頭濃度），要

加上多大量的肉（為了產生風味），才能配成適當組合，這是基礎。如果你不這麼做，就談不上一絲一毫精妙之美。只是把骨頭備齊了，又算得上什麼公認的基本功夫呢！

要做一道傳統的褐色高湯，需要將大骨適當烤過——這道步驟的內涵是，需要一個合適尺寸的盤子放進大骨，這樣才不會太擠。如果擠成一堆，會變成蒸大骨而不是烤大骨，最後只有大量灰色凝固的蛋白質，根本不會褐變，烤盤中也不會傳來任何香氣。烤得完美的大骨應該呈現迷人的焦褐色，聞起來就像烤過的小牛肉般吸引人。而做白色小牛高湯（無須經過燒烤程序），所謂的精妙則在洗牛骨的工序，包括要先除去骨上肥油，清理乾淨後放到滾水中除去血水和浮渣，如果只是簡單撈起浮沫而不經汆燙，這些雜質仍會損害高湯，然後才撈起大骨，全部沖洗乾淨。

還有溫度上的講究：大骨要在低於煮沸的

溫度下熬煮，大約在160˚F到190˚F（約71˚C到88˚C）。如果用煮沸水的高溫將高湯煮到大滾，油脂和浮渣也會跟著上下攪動，使其再乳化進高湯，如此就會造成油膩混濁的湯頭。

還有壓軸的提香蔬菜，大概在高湯達到適當溫度後半小時到一小時內就會釋出全部味道，如果熬煮太久，蔬菜會煮散，會危害高湯的清澈，也會減少湯的產量（蔬菜碎渣會卡在濾網中，就像海綿吸走寶貴的高湯）。

最後有關精妙的因素在於除油，也叫脫脂。製作高湯的過程中，得時時撈除油脂和浮渣，過濾湯汁後，如還有油脂，不是立刻撈除它，就要等到高湯冷卻，油脂凝結在表層後，再輕易去除。高湯中若留有油脂，都會在濃縮高湯時乳化回原湯。

在我的認知中，以上種種是讓小牛高湯精妙的關鍵（這些原則也可多少應用於其他高湯），但我沒說它們是唯一或絕對的關鍵。

茱蒂·羅傑斯則認為成就上好高湯的關鍵在於立即過濾，時間就在高湯剛做好的時候，不可因為要處理雜事，就讓高湯在爐上放到冷卻。「拿掉大骨。」茱蒂如是說，直覺這麼做比較好。

精妙與昂貴食物或高檔料理備料一點都無關，炒蛋也具有同樣重要的精妙內涵：要求低溫（如此蛋才會柔軟多汁），需要適當的油脂（如奶油）。你想在蛋裡加點調味香菜和少許鮮奶油？很棒的點子，但這是個人口味問題。

普通的卡士達也有絕妙之處，就是質地。無論做鹹做甜，無論是法式鹹派還是焦糖布丁——奶油般的質地絲滑柔順，性感誘人。所以使卡士達精妙的關鍵不在蛋與奶油比例，也不是那些加在醬中的味道，而是使卡士達具有完美質地的準備步驟，其中首要第一項就是確定卡士達的主要製作目的，之後才考慮火候是否溫和等事項，為達成此目標，還要仔細監控直到

最後。

　　至於煎炒之物，精妙的意義在於事前準備工作，肉要醃到一定時間，讓鹽融化而不會散在鍋裡。鍋子在放入肉以前，必須先以適當的溫度熱鍋，還要確定肉表面上的多餘水分已經乾去，才可將肉放入鍋中，隨即觀察火候。

　　但是在完美實踐基本功之外，精妙還有重要的第二層含義，也與為了超越極限下了多少額外功夫有關。拿燜燒來說，肉裏上粉後要在熱油中先煎過，然後放在有味的湯汁中小火慢燉──精妙的關鍵在於肉是否煎得好，是否脆皮美麗帶著金黃焦香，這需要一個大小適當的鍋具，使內容物不致太擠。第二，肉要燉足，燉到用叉子一撕就開，但又不能燉太久，燒到肉縮汁乾也不行。在此，精妙的第二層含義也許是，在肉過油之前，先做好醃肉的美味滷汁。

　　如果用紅酒醃肉，精妙的內涵在於是否

先用提香料將酒先煮過，高濃度的酒精是否先燒掉一部分，湯汁中是否加入蔬菜和香草的甜味，有沒有用水果酒增加風味。另一項精妙的關鍵也許是滷汁是否先淨化煮過？是否經過過濾？若當成醬汁中附加的風味也是一種可能。

　　但是做滷汁需要事先想好並顧慮時間，燒滷汁要時間，等它冷卻到可以用也要時

間。然後，冷卻之後還要再一次處理，還需再以溫火稍稍加熱讓蛋白質凝結，酒也可以更加乾淨，然後再過濾。如此酒汁可作為醬汁，也可加入煮汁中。這些麻煩事，你真的需要沾惹嗎？

當然不需要，如果不想做，就不要做，連想都不需要再想。

加州柏克萊的葡萄酒進口商柯密特‧林區（Kermit Lynch），也是酒界權威及作家，基於葡萄酒的術語多用法文，比如terroir（風土）[2]，希望將精妙一詞修正後用在葡萄酒上。普羅旺斯丹皮耶酒莊（Domaine Tempier）的女主人露露‧裴侯（Lulu Peyraud）是他的朋友，他將這個主意寫信告訴她，用公司信箋寫道：「我不太明白露露的回應，直到我了解她是站在人性的角度定義精妙一詞，而不是出自酒類術語後才明白。」他引用她的話：「精妙的意義與粗糙、簡略相對，是一種行雲流水，而不是斧鑿刻意，

是一種性靈之美，一種巧妙與智慧，是一種能力，來自智慧與深層內涵的了解。也是感性之事，與情緒感覺有關，是一種混合諸多細膩覺知的感性。」

在裴侯夫人的高雅描述中，我理解到兩種觀察與廚藝有關。其一，精妙與粗糙對應，這解釋與它的字根fine相近，你可以感受到不同處何在。就像一塊打磨過、上過油的櫻桃木和劈裂的木材比較，或是一盤滿是渣子的菜泥與另一盤柔順細緻菜泥的差別。

精妙一詞所暗示的種種，喜愛此事之人與準備此事之人都了解箇中含義。精妙——精巧細膩——無論以何種形式出現，有幸得見的人都會怦動。在廚房之內，在烹飪之外，我寫過有關卓越的文章，而精妙就是卓越的表現，無論在藝術、工藝、商界、醫界，影響是並行不悖的。我第一次吃到的美國高級料理就是最高段的層級，這讓我看到主廚大作，也對天下之物

---

[2] 風土（terroir），可解釋為地力、土質、位置，是影響葡萄酒優劣及差異的關鍵。

有了更清楚的眼界。外科醫生確保他修理嬰兒心臟的針，針針到位，間隔完美整齊劃一，心臟組織的壓力就可平均，如此攸關生死的暗示也是一種對精妙的詮釋。精妙無法被視為眾人皆有，不是多加的最後步驟，而是在行動中做實基本功夫。

其二，實踐精妙的結果則帶來可用的知識。為達精妙，花費的苦心不會白費，而是轉化，努力掙扎完成精妙一事後，留下的不是無謂空虛，而是充實。木船的建造者和用玻璃纖維造船的人不一樣。比起對精妙毫無所悉的醫生，那些將精妙視為第二天性的外科醫生，必然對人類身體的治療與衰敗有著更深更清楚的了解。相較於只會把焦點放在最後結果的廚師，關心蘆筍要去皮的廚師，也會在意成品擺盤的美感，而他就會更了解也更欣賞專業廚房的工作和服務客人的真意。

若問本書所謂何來，也許只想為欣賞精妙的力量與重要性盡一份力。

Part 2

Food & Ingredient

食物＆食材

洋菜，寒天／Agar

從海藻提煉出來的醣類，用於凝結液體成膠狀，製作甜品或鹹點。它的質地很特別，不像以蛋白質為基底的膠質（如吉利丁，多做成粉狀或是透明片狀）。融化洋菜需要極高的溫度（185℉／85℃），才可以保持形狀熱騰騰端上桌。

蒜味美乃滋，蒜泥蛋黃醬／Aïoli

是一種乳化醬汁，也就是包含兩種不相溶的液體，經過中介質乳化而成的混合液。美乃滋以大蒜和其他提香料提味，多用在普羅旺斯菜裡。它的用法就如美乃滋，可做生菜沙拉或貝類冷盤的沾醬，也可用在三明治上，或是當作肉、魚、蔬菜等熱食冷盤的醬汁，或作湯或燉菜的調味和增加口感的裝飾（和法式蒜辣醬 Rouille 的用法類似）。大多數的蒜味美乃滋（不是全部）是用油打入生蛋黃中乳化，再加上幾滴水、酸和調味料（美乃滋的標準比例是一杯油對一顆蛋黃）。大蒜美乃滋最早是以重缽用槌子打成，仍是最好的做法，只是費時費力。有些資料來源認為蒜味蛋黃醬在開始發展之初，材料並不包括蛋黃。

蛋白／Albumen，Albumin，Egg white

蛋的白色部分，由數種不同的蛋白質組成（蛋白是一群蛋白質的結合物，可在血、蛋、肌肉、牛奶和蔬菜等各種物質中找到），是營養的萬用材料，可以打成蛋白霜，當作蛋糕麵包發酵膨脹的因子，加入高湯中可瀝清湯汁（見本章法式清燉高湯 Consommé 的做法），也可幫助卡士達醬定型（欲知更多蛋白的能耐，請見 Part1「4.蛋」的介紹）。

料理酒／Alcohol（cooking with）

料理酒是極棒的烹飪材料，用酒做菜，一方面取其味道，有時候也在於它為菜增香的本事。將酒濃縮到幾乎快要收乾，再加上奶油，就是法國經典醬汁（白酒奶油醬 Beurre blanc 或紅酒奶油醬 Beurre rouge）。酒可

A

以燜雞，酒或啤酒也可燉牛肉（以啤酒入菜須小心，用得太多或收汁收得太乾，都會使湯汁變苦）。蒸餾酒可加在醬汁中，為醬汁帶來濃烈的滋味香氣。燉飯是以穀物為底的菜餚，通常一開始就要加酒。葡萄酒或香檳形式的生酒可加進水果和其他甜點備料中。上菜時點燃菜餚中的酒精（flambé）則更增可看性。許多做法都建議醃東西要用生酒，但葡萄酒也可做醃料，只是要先煮過，濃縮酒精的量，也增加風味（要將葡萄酒、啤酒或蒸餾酒中的酒精完全煮掉，不是不可能，只是很困難），經過烹煮會大大增加醃漬的效果及風味。酒不會使肉質軟化，卻會使肉表面上的蛋白質變性（denaturing），以口語來說，就是把肉的外表「燒過」。根據經驗，用在食物上的酒必須是你喝來快樂的酒，因為放進什麼，就會收穫什麼。

褐藻膠／ Alginate

褐藻膠就像洋菜，是從海藻中萃取得來，通常以海藻酸鈉（sodium alginate）的形式存在。它會使液體變稠，在有鈣的環境中可凝結成膠。所以若將海藻酸鈉加入果汁中，只要那果汁裡含有鈣的成分，就會在外層結上一層膠，形成一顆顆小小果汁球，變成自己裝著自己的液體（這在前衛料理／分子廚藝是常見的技巧）。

萬用麵粉，中筋麵粉／ All-purpose flour

見**麵粉** Flour。

杏仁／ Almond

一種堅果，鹹甜料理中都可見。在蔬菜或魚肉上灑一點做裝飾，菜餚就多了堅果的酥脆口感，還可壓碎後做裹粉用。而在甜點上，杏仁用途更廣，可切碎切片，或磨碎成粉末，或磨碎後加糖做成杏仁糊。杏仁有時在剛摘下時賣出，此時堅果還沒有變硬，果實軟嫩多汁，稱為綠色杏仁。

法式杏仁醬／ Amandine

一種經典的法式醬料，杏仁用奶油以小火煎，煎到奶油和杏仁都成金黃色即成。因為做法簡單用途廣所以更加難得。最後通常會再加上檸檬汁和荷蘭芹，而在料理中，多搭配青豆和魚（如鱒魚）。

開胃小菜／ Amuse bouche

也可只說amuse，廚師在正餐開始前多會送出小菜，而這是小菜的禮貌性說法，也可說amuse gueule。這是一種餐廳習俗，目的是讓飢餓食客在正餐開始前能提振精神有驚喜之感，在晚餐宴會中也發揮類似的有益影響。

鯷魚／ Anchovy

雖然在美國有時可看到新鮮魚貨，但基本上，鯷魚都經鹽漬以油泡的包裝出現。醃漬鯷魚的味道極鹹，主要用在調味，例如，鯷魚切碎或磨碎後可加入油醋醬或是橄欖醬中，也可整隻使用。但品質差異頗大，最差的鯷魚浸在重鹽水裡或用油泡，充滿了油耗味。而最好的鯷魚應該包在鹽裡，單獨吃也好吃，值得費心尋找。鹽漬鯷魚要用時應先浸泡在牛奶裡，再沖去鹽分。它是很好用的調味食材，因為充滿醍醐味，可增加醬汁的香氣，卻不搶味，但家庭料理時常常烹煮過頭。如果你拿得到新鮮鯷魚，很容易就可在家醃製，程序如下：鯷魚洗乾淨後，塗滿厚厚一層鹽包著，再放進冰箱儲存，幾天後就可以吃了，用鹽包著可保存數月。

英式醬汁／ Anglaise sauce

見**英式奶油醬** Crème anglaise。

餡料，拌料／ Appareil

一種備料或混合物，通常是為大菜準備，作為餡料或麵糊。比方蘑菇

A
B

泥（duxelles），既可做義大利餃子的餡料，也可夾在豬排裡，就可稱為蘑菇餡料（appareil duxelles），如果發泡奶油增味變甜，就是奶油泡芙的餡料。廚房裡也會聽到有人說：「我完成了起司舒芙蕾的餡料。」這裡就是指白醬的基底。

蘋果／Apple

如果把蘋果拿來入菜，多數廚師會選較酸脆的蘋果，如青蘋果，因為料理過後質地較硬挺，不會軟軟爛爛的。而蘋果的酸味可增加甜品的複雜性而不必擔心太甜，讓廚師有更多揮灑空間。

葛粉／Arrowroot

一種純澱粉，取自熱帶植物的塊莖，多用作醬汁勾芡（見勾芡後的醬汁 Jus lié 和芡水，勾芡 Slurry）。玉米澱粉是比較便宜又可接受的替代品（雖然它起芡的力量不像葛粉那麼強，要加熱一段時間後，才比較容易融解。）

培根／Bacon

風味深厚，口感酥脆，就這樣，區區一塊鹽醃煙燻五花肉成為美國著名美食，更是廚房內最厲害的食材之一。在不同類別的眾多料理，如沙拉、蔬菜、義大利麵、米飯、肉類和魚類，甚至是甜食，培根可做調味，豐富菜餚，增加味道的深度。這項食材的萬用能耐，真是說也說不完。

在法國，醃漬的五花肉叫做 lard（豬背油），並沒有經過煙燻。而在義大利，煙燻也不是基本的做法，五花肉僅以鹹味的提香料醃製，再捲成管狀，稱為 pancetta（鹹肉）。最棒的培根在美國，不但用鹽醃製，還加了亞硝酸鈉、糖和調味料，然後用硬木或水果樹枝煙燻。

市場上賣的培根製作方式都是在五花肉上直接注射濃鹽水，肉在浸濕後醃製十分快速，但是風味已和傳統大不相同。傳統鹽醃培根口味較豐富，比較鹹，水分較少，質地較厚實。現在的市售培根因為含水量高，

適合用微波爐料理，肉質柔軟，和番茄生菜搭配做三明治也很美味。這兩種培根在廚房中各有一席之地，但分辨得出兩者的差別很重要。

培根買回來會附著一塊硬板，這是讓你依據菜餚所需而裁減成適合的尺寸。肥的部分可配綠卷鬚萵苣沙拉，大塊的瘦肉可配紅酒燉牛肉，也可全部拿來烤、燒，切成小塊就可食用。

其實在家醃製五花肉十分容易，上好的培根可以自做。

好的培根應以慢火低溫慢慢烹製，堅硬的五花肉才會煎到軟嫩，多餘的油才會被逼出來（在逼油的時候，可以先放少量的水）。如果要做大量培根條，可鋪在烤盤上用高溫烤箱烤。如要受熱均勻且扁平完整，就加一個烘焙墊（silpat）或加一個烤盤壓在培根上面。

因為培根富含大量油脂，可以妥善冷藏。

義大利黑醋／Balsamic vinegar

一種調味手法、調味料、醬汁元素（通常用來濃縮收汁），如果得遇最好的義大利黑醋，還是極佳的飯後酒。義大利黑醋傳統上釀自未發酵的葡萄汁——品種多是釀酒用的Trebbiano葡萄——葡萄煮過發酵，在桶中熟成，最後變成清甜酸香、風味複雜的特殊酒醋。市場上的黑醋有高下之分，便宜的黑醋只是其他酒醋加了糖後濫竽充數，做菜時得留意兩者的差別。真正的義大利黑醋全來自義大利，最有名的產地是艾米利亞-羅馬涅省的摩德納（Modena, Emilia-Romagna），如此盛名在酒醋瓶身上就看得到，瓶身還注記黑醋的熟成時間。判別品質高下的方法還是要親自品嘗，但也要靠經驗和學習才知高下。好的黑醋是食物儲藏室的必備品項，是讓菜餚升級的重要法寶，無論是簡單的沙拉、烤蔬菜、醬汁或乳酪特餐，用上一點，立刻搖身一變，好上加好。義大利黑醋通常會濃縮成濃稠、香甜、風味複雜的醋醬使用。

麵糊／Batter

麵粉和液體的鬆軟混合物，多半加入蛋、油和發酵粉，也可再加其

B

他粉類，調味則視情況而定。它是蛋糕、煎餅、鬆餅、布林尼煎餅
（blini）、小鬆包（popover）、起司小泡芙（gougère）和閃電泡芙（éclair，見
泡芙 Pâte à choux）的原料，還可作為蔬菜、肉、魚油炸前的麵衣（見天婦
羅 Tempura）。麵糊可鹹可甜，可稀可稠，如做薄煎餅，麵糊非常稀薄，
如做磅蛋糕，麵糊則很濃稠。通常麵糊和麵團的不同只在水與麵粉的
比例，水比麵粉多的是麵糊，判定其他類別也根據此原則，以及油、
蛋、蛋白、糖等不同添加物的份量，以及混合的方式（以小鬆包為例，
做小鬆包的稀薄麵糊，多半把材料直接混在一起。做天使蛋糕，蛋白打發後拌入麵
粉，再直接送入烤箱。若要做泡芙，麵粉和水得先煮過，再打入蛋。而做天婦羅炸
衣，麵糊要在炸前才拌，如要炸得特別鬆脆還可加點汽水。）

巴伐利亞奶醬，巴伐利亞布丁／
Bavarian cream

香草醬汁（即英式奶油醬）加上吉利丁和少許打發的鮮奶油（有時也可以直
接加蛋白）。吉利丁使奶醬定型，而奶油使它輕軟。巴伐利亞奶醬可當
成甜點直接享用，就像布丁或慕斯，也可以當作比較細緻費工的糕點
或蛋糕的填料。奶醬可加入提香料、萃取物、酒等，增加風味的方式
十分多樣。市面上有好多介紹基本配方的食譜，卻很少出現巴伐利亞
奶醬的做法，這很奇怪，因為比起奶酪、布丁盅和脆皮焦糖布丁等甜
點，巴伐利亞奶醬的質地更輕，更容易在短時間做好，在家烘焙再適
合不過。

豆腐／ Bean curd

見豆腐 Tofu。

乾豆類／ Beans（dried）

乾燥的豆類像是：黑豆、白豆、綠豆、黑眼豆、豌豆或是扁豆，無論
是從雜貨店買來的，還是沒有經過基因改良的純種豆（現在可透過網路買

到），都是食物儲藏室裡營養又好用的材料。有些豆子煮時不需浸泡（如黑眼豆、扁豆或綠豆），但是一些較大較硬的豆子就必須浸泡4到6小時甚至放隔夜。其實豆子沒有一定要泡的道理，反正煮到最後一定會煮透的，但是烹煮過程越溫和，豆子的吸水軟化作用就會越好。所以煮好豆子的關鍵在於慢火燉煮，讓豆子保持完整，不要用大火滾，這樣會讓豆子都煮碎了。豆子是需要慢慢吸水、慢慢燉煮的食物，會吸收湯汁的味道，所以在煮豆子的水中增加提香蔬菜和香草增味，且用酸或鹽調味，都可有助結果，但調理方式還需看你如何使用豆子（請先試試煮豆水的味道，豆子煮好時應該就是這個味道）。豆子要用冷水煮，有些廚師建議豆子先要汆燙沖水後再煮，認為這樣可去除一些造成脹氣的碳水化合物（但也會造成營養流失）。很多廚師建議在豆子煮到中途時加入鹽，也就是在它們已經吸水軟化但還沒有煮熟之前加入鹽巴。但有人也認為加鹽會阻礙豆子再吸水的過程，還有人則說鹽分會讓豆子變硬。確保火力溫和的方法是爐火、烤箱兩階段交互使用，一開始豆子先用爐子煮，然後蓋上鍋蓋或烘焙紙，放到275°F（135°C）的烤箱中煮到軟爛，一面做的同時，也需一邊試味道一邊調味。

豆子煮好後，若要吃熱的，可打成菜泥或做成沾醬，若要吃冷的，則可和油醋拌在一起，甚至可以炸成酥脆的豆子。泡過水還沒有煮的豆子也同樣可以用炸的，加了鹽後還可以做點心，或是當成脆口的配菜裝飾。

新鮮豆類／ Beans（fresh）

今天在雜貨店和農夫市集處處可見各種新鮮豆類，像是菜豆、黃豆、四季豆、蠶豆、萊豆或大豆，無論哪種豆，做法有百百款。最常見的做法是丟進加了重鹽的滾水裡煮（見汆燙blanc），調味後立刻享用。或用冰水冰鎮，瀝乾水分後，放到冰箱冷藏，等要吃時才拿出來，吃時淋上油醋做冷盤，或回溫後拌入鹽和奶油。先燙過再冰鎮的豆類可在冰箱放一天再吃都沒問題。如果要在綠色的豆子中加入油醋或檸檬汁等

B

酸性汁液調味，要在享用前才加，以免豆子變黃。新鮮的豆類也可加點油，用烤的、燒的、煎的、炸的，效果不同，但樣樣都很棒。

淡菜上的鬚／ Beard（on mussels）

見淡菜除鬚 Debeard。

白醬／ Béchamel

也見**母醬** Mother sauces 的説明。白醬是萬能的白色醬汁，牛奶以油糊稠化再加入提香料稍稍烹煮後即是。但往往被惡意批評，被視為法國食物中口味厚重過時的代表。但若小心準備，白醬的好處不只細緻高雅，重要的是一點也不貴（材料只要牛奶、麵粉、提香蔬菜），煮來又快，製作方式又遠比以高湯為底的母醬或燉湯濃縮成的醬汁簡單太多。它還可作為其他菜色的材料，或做千層麵、奶油義大利麵、焗烤。還可加入別的食材，更加精煉後，從白醬衍生的各種醬汁就接連而出了（加入乳酪，就變成乳酪奶油醬 Mornay sauce；加入龍蝦高湯，就是海鮮奶醬 Nantua sauce；加入炒過的洋蔥，就是蘇比斯洋蔥奶醬 soubise）。基本做法是切碎洋蔥用奶油炒到出水，再加入麵粉（1~2茶匙的麵粉對1杯牛奶）、洋蔥奶油和著麵粉一起炒，炒到散去生味，然後加入牛奶和提香料（如磨碎的肉豆蔻和月桂葉，插著香料的洋蔥 oignon piqué 也是經典的調味法），大約煮45分鐘，時時撇去表面浮渣，煮到麵粉顆粒化掉和生味散去，然後過濾直接使用，或放入冰箱冷藏。

牛肉／ Beef

本文提倡食用牛肉要用來自天然蓄養的牲畜，不餵生長激素、抗生素和肉類副食品。這樣的牛肉可在網路上找到，肉鋪也越見普遍，而且不貴。

　　一般對牛肉的認知，都將牛肉分為三類：第一，肉質軟嫩，可快火煎、平鍋燒，也可用炙的或燒烤，各種料理方式皆很美味（這樣的肉就

如里肌肉和腰內肉，像菲力牛排和牛柳就是從這個部位取下的）；第二是肉質堅韌，布滿大理石油花，就像牛胸和牛腱，這類肉最好用燜燒，燒到結締組織入口即化正是美味（或者也可做成絞肉，先用機器使它軟化）；第三，大塊重度使用的肉，就像牛股與牛後腿，這類肉既不細緻柔軟，也沒有油花滿布的大理石花紋，更沒有特殊風味，但不失為經濟實惠的選擇，如果料理得宜，入口的滿足絕對不遜於最貴的牛肉（可絞碎做韃靼牛肉，或快火煎一下，搭配油底的醬汁一起享用）。

牛肉可以生食（如韃靼牛肉或牛肉刺身），但市場上賣的絞肉可能帶有病原體，特別要注意感染大腸桿菌的危險；大腸桿菌存在於肉的表層，無法深入內層肌肉。市場上賣的絞肉漢堡若未經煮熟，孩童及身體不適的人必須避免。當作生牛肉料理時，切記要買整塊牛肉自己料理，洗乾淨後用鹽醃過，自己切，自己絞肉較好。

莓果／ Berries

廚師的各項武器中，風味迷人的莓果最是妙用無窮。新鮮時可享受原味，也可配上奶油或英式奶油醬一起享用，還可當裝飾，或做成絕佳甜點醬汁，或配上油醋。用莓果做醬汁也特別簡單：莓果先用糖煮過，打成果泥後過濾，再調整味道。因為烹煮程序會使味道改變，有些廚師喜歡用沒有煮過的莓果入醬。其實把莓果煮熟是利用過剩果實的好方法，不然莓果一下就壞了，只是在煮之前，最好先用糖浸漬一夜再煮較好。

白酒奶油醬和紅酒奶油醬／
Beurre blanc & Beurre rouge

加入酒類和提香料增味的萬用奶油醬。做法簡單，因為奶油已經是乳化液，只要加入酒類簡單調味，幾乎就是完美醬汁。基本做法是混合切碎的紅蔥頭和提香料，再加入風味迷人的紅酒或白酒，煮到濃縮快乾（即 sec 的程度[1]），加入大塊奶油攪打，經過調味試味後即可端上桌享

[1] 酒類所指的 sec 是指經作用後糖分多轉成酒精，酒變成不甜也無氣泡的狀態。

B

用。醬汁在濃縮時，可加入醋或檸檬汁等酸味食材，也可加入胡椒、香草等提香料，加入奶油則可增添醬汁豐潤滑順的口感。奶醬經過濾後會變成高雅醬汁，配上新鮮香草增味調色就是現點現做的醬汁。做法就像它的法文名字一般簡單：「奶油融化在濃縮的酒中」。因為醬汁風味細緻，習慣上，紅酒或白酒奶醬多用來配魚，或是其他不肥膩溫和細緻的菜餚。

融化奶油／ Beurre fondue

見**乳化奶油** Beurre monté 和**融化** Fondue。

綜合奶油／ Beurre maître d'hôtel

一種加了鹽、胡椒、檸檬和巴西里的調和奶油，又名「總管奶油」（hotel butter），是一種絕妙的萬用醬汁，可搭配魚、肉、澱粉類或蔬菜等無數料理。

奶油麵糊／ Beurre manié

用相同份量的奶油和麵粉揉在一起做成的麵糊，可簡單有效地讓少量醬汁變濃稠，帶來濃郁的風味。也許濃漿、澱粉芡水可更快速達到濃稠的效果，使用也較普遍，卻不會帶來如奶油般濃郁的風味。奶油麵糊特別適合用來稠化肉汁、肉湯和魚湯，至於煮魚剩下的湯汁（有時稱為煮汁 cuisson，見**水波淺煮** Shallow poach）也可加入奶油麵糊收汁，但是必須即做即食。

乳化奶油／ Beurre monté

餐廳使用的術語，是牛油加入少許水乳化後的奶油，餐廳供餐時的備用油，可替醬汁增味，使蔬菜回溫，也可淋在肉上。它是由 monté au beurre（將奶油融成醬汁）這個詞衍生出來的，而此處的 monté 有融化攪拌之意，有時也稱作 beurre fondue（融化的奶油）。

黑醬，褐色奶油，焦化奶油／
Beurre noir & Beurre noisette

褐色奶油（brown butter）的相關詞彙，有時候可互換使用。Beurre noir
的意思是黑色的奶油，通常也表示用焦化奶油、檸檬汁、酸豆（caper）
和巴西里做的醬汁（其實就是細緻的油醋醬，通常淋在較瘦的白肉煎魚上享
用）。焦化奶油要燒到奶油真的變成黑色時才可加入其他食材。Beurre
noisette 則是奶油燒到完全變黑，散發一股堅果香氣和風味（法文的
noisette 即是榛果）。但做褐色奶油比較麻煩的是要如何辨識顏色和香味
已經到位，在準確的時間點熄火，再加入會讓滾燙奶油冷卻的酸味食
材。褐色奶油是萬用備料，無論是黑醬或黑葡萄醬（meuniére），都可當
作蔬菜、義大利麵或馬鈴薯的調味，甚至作為卡士達和蛋糕等甜品的
配醬。

比司吉，鬆餅麵／ Biscuit

一種酥餅，由麵粉和液體以3：2的比例，再拌入固態油脂做成。做法
像是做派皮麵團或糕點，但在加水之前，先把固態油脂加入麵粉內「抓
揉幾下」。烤出來的形狀較不規則，呈圓形或有角。比司吉的蓬鬆口感
來自麵團中油脂一塊一塊的不勻狀態，使麵團帶有層次（同樣的方法，派
皮的外皮會變成一層一層的脆片）。

海鮮濃湯／ Bisque

帶殼海鮮熬成的奶油濃湯，一度曾以麵包作為濃湯稠化的材料，但現
在多以油糊稠化。餐廳菜單或現代食譜有時也用此字描述蔬菜泥這類
不是帶殼海鮮的湯。英文語法專家福勒（H. W. Fowler）[2]認為這是一種粗
心的衍生。當 bisque 簡化成「濃厚有奶油」的同義詞時，意義就簡縮
了，濃厚有奶油的蔬菜泥，應該叫做果菜泥（puree），而濃厚有奶油的
帶殼海鮮湯才可叫做 bisque。

[2] 福勒（Henry Watson Fowler），
英國語言學家，是首部
《牛津當代英語簡明辭典》
（1911）及《現代英語慣用法
辭典》（Modern English Usage,
1926）的作者。

B

雙殼貝／ Bivalves

蛤蠣、淡菜、牡蠣(生蠔)等貝類是雙殼貝,可以生吃或熟食。蛤蠣和淡菜最好簡單蒸過讓牠開口,也常加入白酒、大蒜、百里香一起料理。牡蠣(生蠔)最難得的是可以生食(也許在人類食物中,只有牠是普遍在活著狀態就被吃下肚的食物),但也可作為其他菜色的配菜,煮、烤、炒皆宜。所有雙殼貝類都是濾食性生物,常會吃進毒素,所以最好知道這些貝類的來源及處理方式,一旦購買,請保持冷藏狀態,或趁新鮮趕快食用。新鮮度對所有雙殼貝來說都是最重要的事,買到的貝類離水時間越短越好。

豬膀胱,豬小肚／ Bladder (pig's)

結實的囊,可做上好的囊狀料理(如用雞做填料的名菜豬膀胱包雞poulet en vessie[3]),更加證實豬的高雅效用。

白醬燴肉／ Blanquette, Fricassee

一種白色的燉菜湯底,多配小牛肉。為了避免浮渣污染湯底,燉肉得先經過汆燙,要注意白醬需做得高雅細緻。Fricassee則是另一種白醬湯底,不同的是,放在裡面燉的肉要先煎過,但不能煎到焦黃。

骨髓／ Bone marrow

廚房食材中,骨隨是被低估的材料,可替醬汁增添美味裝飾,也可以煮熟後塗在吐司上做派對小點心,或替卡士達鹹醬帶來風味,也可將骨頭烤過後,用粗鹽調味,配著牛肉料理一起享用。當骨髓熟時,裡面的血水會變色凝固,所以必須先泡在鹽水裡去除血水。

骨頭／ Bones

主要由結締組織組成,可替高湯、燉菜、清湯、燉汁等增加膠質和濃度,可說十分珍貴。但是大骨不會貢獻鮮美味道,所以必須和肉或蔬

[3] 法國名廚普安(Fernand Point)所創的料理,將雞與羊菇菌等塞入豬膀胱內燜燒,上桌時豬膀胱就如一顆膨脹的球,一切開整支雞如象牙般包在囊裡,芳香四溢。

菜等有味道的食材一起作用。如果高湯熬製需用到比雞大的動物骨頭，骨頭必須先烤過或先汆燙過，使表面蛋白質凝結，減少散到湯中的浮渣數量。而且骨頭若先烤過，還會增加風味。

白腸，黑腸（豬血腸）／ Boudin, blanc & noir

一種特殊香腸，口感細緻像布丁，從名字boudin即可知其間的關係。白腸（boudin blanc）的餡料基本以豬肉加上大量的蛋，拌入奶油，再以四香粉（法國傳統香料粉，見法式四香料 Quatre épices）調味；而出於卡津菜（Cajun）[4]的白腸則在調味佐料上大不相同，且會填入米。黑腸就是凝固的豬血，裡面再拌入洋蔥、蘋果和汆燙過的豬背油。

腦／ Brains

見**雜碎**Offal。

鹽醃鱈魚／ Brandade

見**鹽漬鱈魚**Salt cod。

白蘭地／ Brandy

一種蒸餾酒，最好的品項應是來自法國干邑（Cognac）和雅馬邑（Armagnac）兩地。它是極強的調味品，不只可加入卡士達醬或澆在甜餅上，還可入鄉村肉派等鹹味菜餚。就像所有入菜的酒，品質最是重要。只有很好喝的酒才可用來做料理。

[4] 卡津菜（Cajun cuisine），卡津人原是移民於加拿大 Acadia 的法裔，在被英國人驅離後定居美國路易斯安那州。卡津菜則是出於法式卻混合著黑人、印地安人色彩的料理，在香料用法上十分獨特。

麵包／ Bread

麵包品質展現在香味、顏色、緊實度上，且脆度、麵包屑和滋味也需考究。購買麵包時，需要注意上述狀況。麵包類別可以麵團區分，有無油麵團（lean dough，就是不加入油脂的麵團），也有加入各種附加材料的麵團，比方加入可使麵團鬆軟甜香的蛋和油。麵包也可以用料

分類，如精製麵粉、全麥或燕麥，用全麥及燕麥製作的麵包較緊實也較營養。麵包吃法多依個人喜好，可成為菜餚的一部分，或做成三明治，炸成麵包丁，甚至填入卡士達醬烤成布丁麵包都可以。但要記得麵包是萬能的食材，特別是麵包粉，油炸裹粉時少不了它，還可用在醬汁、湯、蛋、沙拉上，使菜餚濃稠，增加口感。新鮮麵包粉可以自己做，但不要用調味麵包和加了蛋、油的麵包，要用像鄉村麵包這種外皮酥脆有高比例麵包屑的無油麵包較好。做麵包粉最好的麵包是放久的麵包。把外皮剝掉，再放到食物調理機裡打碎，把麵包屑平鋪在烤盤裡，放入烤箱中稍稍烤到金黃色（為了避免烤太焦，請把烤箱的溫度定在225°F／107°C或更低，低到不會起梅納反應、產生褐變的溫度）。

麵包粉／ Bread flour

見**麵粉** Flour。

肉湯／ Broth（即法文的 bouillon）

此湯雖也作湯，但與高湯不同，肉湯是可以端上桌享用的，而高湯是其他菜餚的湯底。所以肉湯應該滿是肉與提香料的香氣，也經過適當調味。因為高湯和肉湯的風味都來自肉（而濃度來自骨頭和軟骨），肉湯也該以大量的肉和提香料熬製。

褐色奶油／ Brown butter

當奶油燒到水分蒸發，乳固形物與澄清奶油分離，變成褐色時，就是褐色奶油。這樣的奶油富含堅果香味（見 Beurre noisette），甚至單獨用作醬汁風味就十分迷人，不管鹹甜菜餚都適合，且若加上酸味食材和提香料，則可產生更特別的醬汁。

褐色醬汁／ Brown sauce

見**西班牙醬汁** Espagnole sauce。

褐色高湯／ Brown stock

大骨烤後熬成的高湯。褐色來自在烤箱裡烤過或在鍋中煎過的皮、骨和肉塊，也讓湯頭帶有複雜的焦香和風味。通常提味蔬菜在加入高湯前也須經過褐變，加深湯頭的顏色，使風味更有深度。通常在餐廳廚房裡，褐色高湯是指小牛高湯。也有些廚房在做完基本湯底之後，再引進烤過的元素使湯色變褐，而此多來自番茄製品（多是番茄糊），但褐色高湯通常就是用烤過大骨做的高湯。

梅花肉，夾心肉，肩胛肉／ Butt

多指豬上肩的團肉，常稱作波士頓團肉（boston butt），這種肉不貴又好用，可用低溫慢火煮到結締組織軟爛，正好可做豬肉絲[5]。因為肉質有油花，也可絞碎做香腸。

牛油，奶油／ Butter

廚房裡最特殊的食材，說是最好用、最美味的油脂絕不為過。廚房很少有必備之物像奶油對風味和食物感覺有如此大的影響，只要用上一點奶油，很少菜餚不被改頭換面。奶油可讓麵團達到很好的起酥效果（見起酥 Shorten）和多重風味。奶油在室溫下是固體，可用來發麵，讓麵團分出層次（就像酥脆的派皮或泡芙的層層口感）。但是室溫下的牛油也會軟化，融成像美乃滋般柔軟（這樣的軟度可結合香草做成總管奶油，也可拌入熟鮭魚做成鮭魚泥[6]）。略為煮過的蛋、糖、卡士達醬也可以加塊奶油進去攪打，卡士達就會打成又滑又柔，放在蛋糕、餅乾、糕點上更添美味。在一定軟化溫度下那種說不出來的滑潤欲滴，讓奶油霜看起來性感誘人。要做如此卡士達，就要打些奶油進去，派餅裡的卡士達內餡就會在冷卻時定型。奶油的水分含量少，是味道濃郁的料理媒介，慢炒蔬菜可用到它，使菜出水。奶油受熱時，油質會和固質分離，乳化液就此油水分離，奶油固質會褐變而帶著複雜的堅果香（成焦黃奶油醬）。當水分燒乾，固質拿掉，剩下的是純粹清澈的牛油，叫

[5] 豬肉絲（pulled pork），源自墨西哥，就是豬肉用手撕成條狀，常做三明治的餡料。

[6] 此處指鮭魚做成的 rillette，是一種以油封法做成的肉醬。

做澄清奶油，是上好的料理油，作用不只增香，而是燃點極高可燒到極熱的油，用來煎肉或炸薯片正好。澄清奶油也可以加入一點水和蛋黃乳化，做成荷蘭醬或白醬等經典奶油醬（也可用全奶油來乳化）。一邊融化奶油，卻保持油脂水分和固體的乳化型態是可能的（這就是乳化奶油，見**乳化奶油** Beurre monté）。它可加在醬汁中，也可作為肉的淋油，甚至可以用在水波煮的肉和魚上。當然也可塗在麵包上，淋在爆米花上，或簡單用作烤雞的塗醬，或替蘿蔔刷上濃郁油香。有些奶油為了增添風味還加了鹽，但大多數的主廚喜歡無鹽奶油，有更多空間可控制食物的調味。奶油的品質差異極大，風味十足的好奶油絕對值得尋找。

奶油霜／ Buttercream

一種配料，用糖（通常是熱糖漿）、打發的蛋白、全蛋和奶油一起混合而成，濃郁華麗的甜點少不了它，可做甜點外衣或蛋糕的餡料。做奶油霜的方法很多，要看你的用途，差別在於糖的處理方法及蛋白與蛋黃的比例。奶油霜如此靈活多變，又要如何調製？用1份軟化奶油加入2份鮮奶油，就會變成其中一種奶油霜。

乳脂／ Butterfat

奶油的基本成分，通常占80%左右。當水和乳固形物自整塊的奶油中分離，剩下的就是澄清奶油，這是一種透明帶有迷人風味的油，可使乳化醬汁增加濃滑口感，也是高級的料理油。

白脫奶，酪奶／ Buttermilk

這類牛奶是製作奶油時的副產品，現今多指店裡賣的濃稠有酸味的發酵乳。酪奶就像自然的優酪乳，是十分有用的調味工具，用在麵糊上，酸味可與小蘇打共同作用，放出氣體使麵糊發酵。

蘇格蘭奶油／ Butterscotch

一種醬料，原料是紅糖而不是白糖，加上額外的香草，風味與焦糖不同。也許因為盒裝布丁粉被人廣泛接受，很遺憾蘇格蘭奶油這種做布丁的備料就很少見了。它的風味比焦糖複雜濃郁，如果加上蘋果醋或檸檬汁作調味，可平衡濃烈的甜味，風味會更迷人。

蛋糕／ Cake

甜點廚房中的重要料理類別（即使玉米麵包和比斯吉等鹹點也算蛋糕類）。蛋糕依據蛋、糖、麵粉和油脂的比例，及這些材料混合的狀況及發酵的形式而再分為各類子項目。按理說，材料混合的方式是蛋糕類別的主要判別要素，蛋糕種類依據材料分為：直接混合型（Straight mixing），也就是所有材料一次全部混合，通常以化學膨大劑發麵，這類蛋糕有鬆餅、馬芬蛋糕、快發麵包[7]。糖油拌合類（Creaming method），糖和油脂拌合在一起，以機械發麵（通常還要分次加入蛋再打發）而成為奶油麵糊，在其他材料都加入後，可烤成布朗寧、磅蛋糕、起司蛋糕等。乳沫成形類（Forming method），將蛋打發（有時加入糖一起打），膨脹到一定份量後（也可用機器發酵），將其他材料拌到蛋糊中，利用雞蛋具有極佳維持空氣的能力，創造鬆軟細緻的孔洞。乳沫類下又細分為：1. 天使蛋糕，只以蛋白打發的蛋糕，加入少許糖而成蛋白霜，再與麵粉拌合（不用蛋黃，也不加油脂），拌入的麵粉只為了給予蛋白霜結構性的支撐。2. 戚風蛋糕，蛋白和蛋黃分開打發的蛋糕，蛋黃和其他材料打成麵糊，不加蛋白。將蛋白打發後，再將麵糊和蛋白糊拌在一起。3. 海綿蛋糕，由全蛋加入糖打散，然後加熱，打到乾性發泡，之後再拌入其他乾性食材。

　　雖然所有類型的蛋糕都可由盒裝的簡便蛋糕粉在家中廚房製作，但此做法已經過時，相較於用蛋、糖、麵粉、油脂等基本材料做出的蛋糕，低筋麵粉做出的蛋糕平淡無味，毫無蛋糕的豐富口感和香甜風味，令人遺憾。

[7] 快發麵包（quick bread），用發粉，而不是用酵母菌發酵的麵包。

低筋麵粉／ Cake flour

見**麵粉** Flour。

小牛腿／ Calves' feet

富含膠質，加在牛肉高湯裡可帶來濃度增添風味，不需再另加食材，
特別是做小牛高湯的時候。

加拿大醃肉／ Canadian bacon

鹽漬煙燻的豬里肌肉，是火腿（不是培根）的替代品，很容易在家醃製的
瘦肉。

餐前小點／ Canapé

泛指以吐司做底一口大小的小鹹點，但近來意義已經擴及為一份一口
各自取食的餐前小點心。與 hors d'oeuvres（也譯作餐前小點）不同處在
於：hors d'oeuvres 雖是餐前點心，但並不做成一人一口的樣式（例如會
將橄欖堅果擺作一盤，或是端上一盤醃肉拼盤）。製作餐前小點心大可發揮想
像力，幾乎任何東西都能做成一口即食的餐前小點，有最普通的（最初
的迷你單片三明治），也有很費工的（裝在小咖啡杯裡的湯品。）

芥花油／ Canola oil

從油菜籽提煉的天然油，原來在加拿大製作販售，是很好的萬用料理
油。（見**料理油** Cooking oils）。

酸豆／ Caper

地中海植物刺山柑的花苞，通常多以濃鹽水醃過泡在鹽水裡販賣，是
又鹹又酸的調味食材，用於各種不同的醬汁，要吃熱的，可搭配金黃
焦香的褐色奶油醬，吃冷的，則可加入 gribiche 醬汁（芥末奶黃醬），或
當作生牛肉或醃鮭魚的配菜。

閹雞／ Capon

割掉睪丸的雞，現在市場上已很少見。這種雞有個特質，就算長到很大，甚至重達八磅，肉質依然柔嫩細緻，用來燒烤十分美味。

牛肉刺身，生肉大薄片，義式生肉／ Carpaccio

通常指任何被片成大薄片的生肉，但原型是指片開後用肉槌敲過的牛肉，是生肉大薄片中最難得的一種 —— 不需花大錢，卻吃來高雅，可說是便宜肉品的最佳料理方式（用牛肋眼比用里肌肉好，里肌肉一敲就散了）。請注意大家都知道的老生常談，如果買得到，請用有機或以草飼養的牛肉。茱蒂·羅傑斯在《祖尼咖啡料理書》中說：「生肉大薄片是熱門的菜餚，排在盤中的是切得極薄的肉、魚或是任何主廚想要展現的生肉。這道菜已曝光過度，但仍不減原始菜色的光輝。」又說：「這道菜駕馭容易，在風味、口感及溫度的細膩對比下，最能表現衝突卻不過度的效果。」

胡蘿蔔／ Carrot

基本的提香蔬菜，因為很甜而用在無數菜餚中。傳統的調味蔬菜是四色提香料的組合，胡蘿蔔就是其中一色。大多數的高湯、燉湯或基本湯品都會用到它，幾乎沒有湯品加了胡蘿蔔會不更美味的。若用胡蘿蔔當基本食材 —— 做極佳的菜泥湯，裹汁上釉，或燒烤、爐烤等做法都很棒 —— 最好買整束胡蘿蔔，上面的蘿蔔纓還在，這樣蘿蔔會較新鮮，品質也較好（但也不是絕對）。袋裝的胡蘿蔔通常叫做「玻璃紙蘿蔔」（cello carrots）或「馬用胡蘿蔔」（horse carrots）[8]。

軟骨組織／ Cartilage

主要由結締組織及膠原蛋白所組成，當慢火熬煮時，這些組織會融入高湯或燉湯中，有些會融成膠質，而膠質則替湯汁帶來濃度。熬高湯

[8] 其中Cello是指cellophane（玻璃紙），而馬用胡蘿蔔則是起自馬愛吃胡蘿蔔的諺語。

C

時，在肉與大骨之外加入適量的關節，可讓高湯濃度更濃。

腰果／ Cashew

烤過的腰果味道極棒，還是可用在菜餚上的珍貴堅果。因為腰果有甜味，加上澱粉含量高，磨碎後可作醬汁稠化及增味，多見於印度料理。

腸衣／ Casing

雖然現在已可買到用膠原蛋白做的人工腸衣，但用到 casing 一字，仍然指天然的腸衣。它通常來自羊、豬或牛的消化道，不同動物的尺寸大小也不同。連鎖早餐店用的香腸和直布羅陀小香腸（chipolatas），多用小羊的腸子；要灌新鮮香腸，就要用普通尺寸的豬腸衣；要做波隆那香腸（bologna）和義大利 mortadella 大火腿，則要用牛胸腹隔膜。腸衣大多可食用，但有些太厚就不可吃下肚。腸衣可以在大多數食物賣場的肉鋪中訂到，以包鹽冷藏的方式送達，保存期限可達一年或更久。豬、羊的腸衣既細緻又有韌性，特別珍貴，煎到焦香褐變，入口時喀嚓一咬頓時滿心歡喜。而腸衣表面多孔，製成香腸特別容易乾，可做成直接風乾的肉品，如義式香腸薩拉米（salami）和托斯卡尼蒜味臘腸（soppressata）。豬網油或羊網油是一種結締組織構成的膜，布滿脂肪，包在豬、羊的胃和內臟上，也可做成腸衣，還可用豬、羊的膀胱和鴨、鵝脖了的皮，甚至是保鮮膜也可充當腸衣使用。

網油／ Caul fat

包在豬、羊的胃和內臟上一層由結締組織構成的膜（醫學名稱是網膜omentum），布有脂肪。這張膜通常是很有用的烹飪材料，將充滿脂肪的膜包在肉外層，在烹煮過程中幾乎會被煮化。它可幫助食物塑形，讓食物在烹煮過程中保持濕潤。冷掉的燉物可以包上網油，放到熱烤箱中重新回溫，還可以包在香腸外面做成法式肉捲（crepinette），不同食材也可利用網油包在一起（如烤過的蔬菜和雞胸）。對於烤物，網油就

像一張脂肪做的保護層，用網油包住食物就像包油片的烹飪技巧。網油必須在食物賣場特別訂購，或上網購買，有時候可以在一些特定市場找到。

花椰菜／ Cauliflower

一種沒有被充分利用的蔬菜，是做配菜裝飾及醬汁的上好材料。花椰菜烤過後十分美味（很適合焦糖化，特別是燒烤時以奶油澆淋，更是香氣逼人）。如用水煮，則可搭配乳化醬汁一起享用（就像傳統上配的起司奶醬）。也可以小火慢煮，然後放在烤箱中完成，加上點綴後食用。它口感爽脆，帶有溫和的香氣，烤過後帶有堅果和朝鮮薊的香味。它的香味還有點像甘藍菜，用來做蝦或是龍蝦等海鮮大餐的配料正好，也適合松露質樸的香氣，或做菜泥和醬汁。

開雲辣椒粉／ Cayenne powder

從法屬圭亞那的開雲（cayenne）紅辣椒提煉而來，是極佳的萬用辣椒粉，可用在所有辣味醬汁上。在賣場的香料架上，很容易就找到它們的身影。但廚師也可考慮用一些不怎麼普遍的辣椒粉，如墨西哥乾辣椒chipotle磨出的辣椒粉和法國Espelett辣椒粉，帶來更複雜、更甜、更有水果香氣的辣味。

西芹／ Celery

在提味蔬菜中，西芹是傳統的配方，和洋蔥及胡蘿蔔形成三巨頭，用於各色高湯、燉湯和湯品都可增味添香。雖然西芹是燜燒的好材料，但生西芹的主要特色在於爽脆。它是否適合當提香料？也常是主廚考慮的問題 —— 因為熬煮後，西芹會使高湯帶有一絲苦味，以致有些主廚並不把西芹當成提味蔬菜。它可以各種方式料理，但主要的缺點是纖維太長貫穿整株，要看西芹的用途決定如何應對，也許刨掉纖維，不然就長時間熬煮軟化纖維。

塞比切香檬海鮮／ Ceviche

生魚或生貝類切片後用酸（通常是青檬汁）浸泡，食用前再加上其他提香料。酸會使海鮮表面的蛋白質凝固，使肉質緊實，絲毫無礙生魚鮮美又能適當調味。只有極新鮮的魚能這麼做（可先吃一小片評估鮮度）；最適合做塞比切的魚是南美熱帶水域的魚種，如鯛魚、金槍魚、鮭魚和蝦，南美也是這道料理的發源地。

香檳／ Champagne

會冒氣泡的白酒，產於法國東北方同名的香檳區。雖然也有其他不產自此區的上好氣泡白酒，但香檳已闖出名號。它和其他優秀氣泡白酒都可用在醬汁中，增添美味。

熟食，熟食店／ Charcuterie

指煮好的肉，主要包括香腸、肉醬、醃製臘腸、火腿等豬肉食品，有時也指牛肉、羊肉、油封肉和油封肉醬（rillettes）。此字源自法文的肉和煮，一度只作「煮過的豬肉」之意，現在已擴大到各色醃製和加工食品，從煙燻鮭魚到牛肉乾、泡菜等食品都算。此字也指販賣上述商品的店家。

熱冷凍／ Chaud-froid

這道料理是先將肉煮熟再冷凍（此字就是法文的熱與冷），再覆蓋一層富含肉膠的濃稠白醬，然後肉與醬一起冷藏，直到醬汁成為肉凍凝結成光亮的釉面。有的做法是等白醬成形後才裝飾到肉上，所以釉面像是清澈的肉膠。自助餐若是擺上這道菜，不但引人注目，還是一道一種肉可配兩種醬的取巧菜色。傳統的熱冷凍是雞肉配上龍蒿醬，雞肉先水煮再冷卻，然後再覆以雞肉為底的天鵝絨白醬，白醬則加入龍蒿菜，且因為這是道冷菜，所以味道用得很重。當醬汁在雞肉上成形時，富含肉膠的雞肉清湯倒在肉凍上，泛出一種如漆的光亮。

頰肉／Cheek（meat）

牛頰肉汁多味美，又因為是經常使用的肌肉，肉質較有咬勁，以燜燒方式處理較好。像鱈魚或大比目魚這樣的魚類，頰肉極為豐美，沒有魚刺，煮熟時肉質緊實（也見下巴Jowl。而豬的頰肉鮮美，多醃漬成像義大利培根pancetta的肉品）。

乳酪，起司／Cheese

乳酪在廚房的功能百百種，創造濃郁口感的本事卻是所有料理都適用。組成成分是牛奶脂肪，所以也應該把它視為脂肪。義大利燉飯在快好時灑一點帕馬森乾酪，盤中頓時香氣十足，濃郁且厚實。還可加入醬汁中，十分搭配，特別是含有澱粉，未經煮過的醬汁（加入酒或檸檬汁也可以使醬汁滑順）。或是菜餚完工前加點乳酪送夫焗烤，在食物上融化成一片金黃焦香，顏色、風味、口感更上一層。有些乳酪不會融化但吃來乾爽，如ricotta乳酪，屬於硬乳酪，可以磨碎後灑在食物上。只要用上乳酪，保證菜餚更添濃郁、香氣、口感，有時還可增色。

雞／Chicken

在美國最常用來烹煮的蛋白質非雞莫屬，雞肉的品質多變，很容易就煮太老。市面上的雞百百種，從養雞場大量飼養的最便宜雞隻，到農夫市集親手飼養的雞中精品，從豐美的雞到無味的雞，從有嚼勁的雞肉到腥臊氣滿嘴的雞肉，今日的選擇多元廣泛。本書鼓吹購買牧場飼養的牲畜，雞也不例外。美國農業部（USDA）建議，如果你的雞購自小型製造商，雞的內層要煮到溫度達165°F（74°C）才算熟透，而雞胸肉所需溫度可以較低，且應該肉汁充盈。全雞最好的烹煮方法是用極高的溫度在火上直接燒烤。雞胸肉最好帶骨烹調，因為這樣可以比較多汁，如果去骨烹調，很容易將雞胸肉煮到太老（專做去骨雞胸肉的工廠養的雞是索然無味的肉，最容易被煮過頭，請盡量避免）。雞腿和雞翅膀用來燜燒極佳，或者用烤的、炸的、炙燒，也都滋味美妙。不管是生的雞骨或

熟的雞骨都是高湯的上好材料，雞皮則可以烤到焦脆，做裝飾配菜。

戚風蛋糕／Chiffon

一種蛋糕種類，由蛋白糊混合麵糊做成（加入的油脂要用植物油，不可用固態脂肪），吃來稍有海綿的蓬鬆口感。

辣椒／Chilli

泛指紅辣椒或小辣椒等刺激水果，在食物賣場可買到各色各樣的新鮮辣椒或乾辣椒（有時用罐裝，如墨西哥煙椒罐頭[9]）。各種辣椒的風味、辣度不一，用途也是千百種，為無數菜色帶來不同的風味和香氣。辣椒的辣度（辣椒素）存在於辣椒籽和辣椒籽黏附的白色果肉上，如果用新鮮辣椒入菜，這些白色果肉通常都被去除丟棄。一般市場上賣的新鮮辣椒多已去蒂去籽，如智利polano青椒、墨西哥jalapeño辣椒、serrano辣椒、habenero魔王椒。先稍微烤過、增加風味也完全脫水的乾辣椒最好，如智利ancho紅椒、墨西哥chipotle辣椒、guajillo紅膠和cascabel毒蛇椒。莖和籽去除後，這些辣椒可切碎使用，更普遍的是以香料或咖啡研磨器磨成粉狀使用。另外也可用溫水燙過，然後去蒂去籽，切碎後用在醬汁中。當代食物歷史學者亞倫・大衛森在《牛津食物指南》中以辣椒的原始語源（chilli）[10]稱呼這個重要的水果，他的同儕哈洛德・馬基深表贊同，在《食物與廚藝》書中說，一般所稱的辣椒pepper是「看似有眾多可能的混淆字彙」，在一片chili pepper、chile pepper和hot pepper等紛雜稱呼中，應以chilli專指辣椒。馬基表示：「我贊同亞倫・大衛森等人的見解，這種味帶刺激的辣椒名稱應採用納瓦特語（Nahuatl）的原名，才不會含混不清。」

巧克力／Chocolate

以複雜的風味和豐富的口感受人囑目。料理與烘焙需要用到品質較好的巧克力，但再沒有比現在此時，有這麼多的好巧克力可供廚師選

[9] 墨西哥煙椒罐頭（chipotles in adobo sauce），chipotle是墨西哥常用的小紅辣椒，曬乾煙燻後，再以酸甜的adobo sauce泡製，做成罐頭在美國超市販賣。

[10] 此字源於中美洲納瓦特語（Nahuatl），在西班牙占領後，chilli一字傳到西班牙，成為西班牙語的外來語chili，因也有辣度故，與胡椒pepper產生字義結合，才有今日胡椒、辣椒分不清的現象。

擇。它也是十分容易操作的食材，不管在味道或口感上，廚師或多或少都可在成品中加入自己的創意。甘納許（ganache）是最簡單的巧克力，也是知名的巧克力醬。只要把8盎司的巧克力切塊，再倒進8盎司的熱鮮奶油，等數分鐘之後再攪拌，即是甘納許，品質主要由巧克力原料的品質而定。料理與烘焙最常用半甜或苦甜巧克力（半甜、苦甜等品項可依實際需求而替換）。巧克力塊中純巧克力的真實比例往往暗示著品質高下（純巧克力指可可含量，可可粉具有風味，而可可脂是脂肪）。標準苦甜或半甜巧克力具有55%的純巧克力（其他成分多是糖分），純巧克力含量在62%到70%之間的巧克力現在已很容易買到，擁有更複雜而強烈的風味。通常一分錢一分貨，請試吃比較「史卡芬伯格」（Scharffen Berger）[11]與「嘉樂寶」（Callebaut Bloc）[12]兩牌的巧克力，如果你計畫做的甜點，美味關鍵決定在巧克力，請選擇你喜歡的純度比例。

泡芙／Choux paste

見泡芙，泡芙麵團 Pâte à choux。

巧達湯／Chowder

一種湯名，也是料理方法。傳統上，巧達湯是以海鮮和馬鈴薯為底，有時還會加上鹹豬肉增添風味，食用時所有食材一起享用，就像燉湯一樣。可以用水或高湯做湯底，有時再以油糊或鮮奶油勾芡。但現今的巧達湯種類繁多──有加上番茄的曼哈頓式，有加鮮奶油的新英格蘭式，還有加蔬菜的玉米巧達湯──意指配料豐富的濃稠湯品。

印度甜酸醬／Chutney

最常見的酸辣醬，是一種佐料，原料有水果、蔬菜、香料，加入酸和重辣調味後，煮過，讓水分和風味濃縮。它的味道酸甜，有時還帶著辛辣，通常用於印度料理。但許多主廚把所有重口味調味料都統稱為chutney。如果你正在擬菜單，費盡心思想找東西搭配肉或魚，這時候

[11] 史卡芬伯格（Scharffen Berger），美國近50年來唯一成立的新巧克力公司，創辦人Robert Steinberg是退休醫生，Scharffen Berger是退休酒廠老闆，因對歐洲高品質巧克力產生興趣，共同在舊金山區自開工廠，以舊機器製作高純度的巧克力。

[12]「嘉樂寶」（Callebaut Bloc）全球最大的巧克力生產團，具120年歷史，原廠在比利時，以「真正的比利時巧克力」著稱。

C

想起印度甜酸醬是個不錯的點子。這讓甜酸醬的用法與莎莎醬（salsa）無異，salsa在西班牙文中就是指「醬汁」，而chutney則是一種帶鹹味、以蔬菜為底的厚實醬汁。不管是印度甜酸醬還是莎莎醬，都該名列主廚的萬用法寶。

柑橘／ Citrus

在廚房中是種帶酸的好水果，任何菜餚或備料加了柑橘就有極佳的風味和清新的口感。這是調味的基本做法。柑橘汁可以做成油醋醬的醬底，經過濃縮收汁後就是鹹甜醬汁的基底。

蛤蜊，蚌／ Clam

見**雙殼貝** Bivalves。

澄清奶油／ Clarified butter

乳固形物和水已經去除掉的全奶油，是純淨半透明的牛油，也是極佳的料理油。澄清奶油多是透過溫和加熱來提煉，加熱後，奶油會油水分離，撈去浮到表面的乳固形物和水，也去除之後形成像皮一樣的膜，慢慢浮到表面上的泡泡越多，奶水上的皮越重，一樣要撈去。當所有不要的東西都去除後，再以濾布濾掉牛油中的雜質。剩下的就是風味絕佳的料理油，因為燃點極高不易燃燒，用來煎炸正好（全奶油中水燒掉後，乳固形物很快燒熱，剛開始會變成褐色奶油，接著就變成焦掉的奶油了。）澄清奶油是用來乳化奶油醬的傳統油脂，用此油乳化的醬汁會有細緻高雅的風味。或讓奶油燒久一些，讓奶油既像澄清奶油，又帶點褐色，對鹹甜料理都是上好的增香料。很多料理都用得到，尤其是印度料理，叫作「酥油」（ghee，比全奶油更複雜的油，雖經過澄清過程，卻沒有褐變的油）。

椰子／ Coconut

除非你住在椰子生長的地帶，否則不常用到它，具有久放不壞的特性，

如今遠渡重洋，四處可見。椰肉很甜，有堅果味，把木質的殼和外衣剝除，取下椰肉可壓出椰子汁，做成椰奶。椰肉很好吃，可做成料理，椰奶含有高脂肪，添加在鹹甜醬汁中都極美味，也可作為高級水波煮的煮汁。椰油的融點和奶油及巧克力相當，在亞洲的食品市場到處可見，甜點中，它可作奶油和可可奶的替代品，或互相搭配使用也不錯。

鱈魚／Cod

人類歷史上，鱈魚無疑是最重要魚類，大多因為鱈魚保存容易（見**醃漬鱈魚**Salt cod）。鱈魚很受歡迎，但其實因為過度捕殺已頻臨絕種。牠用途廣泛，風味溫和，與各種醬汁和配菜都可搭配，肉質扎實，豐富營養，是需要感謝尊敬的魚。

咖啡／Coffee

了不起的飲料，還可用在醬汁和燉湯中，是很有用的調味品。它的風味複雜，特別是那一抹苦味無法抗拒，加在又酸又甜的濃縮番茄醬中，剛好成為完美的平衡，所以咖啡也可加在番茄醬或是以番茄為底的醬汁中，就像是燒烤醬，更別提著名的「紅眼燒醬」（red-eye gravy，一般洗鍋底收汁多用酒或高湯，而紅眼燒醬卻是以咖啡來做洗鍋底收汁的傳統醬汁）。咖啡也可加入卡士達或蛋糕中增添咖啡香氣，濃縮義式咖啡就常做此用，不然就用即溶咖啡粉以水泡成義式咖啡也可湊合。如果醬汁或卡士達醬再加入咖啡風味，味道有些不自然，那就該換成新鮮研磨的咖啡粉或切碎的咖啡棒，如果手邊沒有，則用新鮮的現煮咖啡也可以。咖啡的風味特別容易揮發，到達最香的一瞬間後，味道隨即消散。也很容易煮過頭，味道往往不是極好就是極壞，很少呈現中庸狀態。是廚房裡威力無窮卻也不太尋常的料理工具。

干邑／Cognac

白蘭地的一種，產自法國西部的同名小鎮。干邑堪稱上好白蘭地，適

合用來調味。（見白蘭地 Brandy 和料理酒 Alcohol）

主菜式沙拉／ Composed salad

一種料理類別，做法簡單，菜色令人滿足，均衡各餐之間的攝取——
在在都可說是絕佳的飲食策略。主菜式沙拉以生菜和綠色蔬果為底，
搭配其他各色配料，整道佳餚多采多姿，內容為或熱或冷的蔬菜、肉
類、乳製品或澱粉類，醬汁多用油醋醬，主菜式沙拉用的食材基本上
會經過仔細擺盤，與綠色蔬菜分開擺，而不是隨意四散丟在一起。卡
布沙拉（Cobb salad）和尼斯沙拉都是主菜式沙拉的最好例子，而食材內
容卻盡可天馬行空，發揮想像。

糖漬水果／ Compote

泛指用糖水煮的水果。水果新鮮的或乾燥的皆可；糖可用白糖、紅糖、
蜂蜜，甚至加入調味料或是提香料的酒和香草。糖漬水果可以單獨當
成甜點享用，也可搭配其他甜點，用法就像是甜點的醬汁。也可搭配
鹹點，像是炙燒或爐烤的肉和野味就很適合搭配糖漬水果，或者用在
乳酪或醃肉拼盤上皆可。

調和奶油／
Compound butter，Beurre composé

以提香蔬菜增香，也加入酸味和其他調味料的整塊奶油，是居家料理
人最容易取得也最令人滿足的醬汁。特別適合燒烤料理的肉和魚，也
是菜餚缺乏醬汁時很好的因應方法。就像串燒烤物，不像燜燒或爐烤
的食物，在料理過程中沒有副產品可做醬汁基底，此時調和奶油就很
好搭配，且因為冰箱裡總是隨手放著奶油，用上一點當醬汁或作裝飾
都很好。最普遍的調和奶油叫做「總管奶油」（beurre maître d'hôtel 或 hotel
butter），是放入巴西里、檸檬汁、柑橘皮、鹽和胡椒的奶油。加入紅蔥
頭和香草的調和奶油是烤雞的天生絕配；放加了柑橘皮的奶油在水煮鮭

魚上，香滑誘人；如果是碳烤牛排，就得配上加了切碎的墨西哥煙燻辣椒、青檸汁和香菜的調和奶油。做調和奶油，應該將它當成做醬汁一樣，用鹽和胡椒調味，放入酸的元素之前，先考慮味覺的平衡和對比（例如柑橘與酒的比例），加入提香料時，要想著是否適當 —— 新鮮香草和紅蔥頭最是常用。操作時多在室溫下以橡皮刮刀將調味料和提香蔬菜邊壓邊摺和進奶油。調和奶油可盛在小烤盅裡端上享用，但餐廳廚房多將這些香滑奶油滾成小圓棍，用保鮮膜包起來，隔水降溫，使奶油變硬，維持它圓柱體的形狀，要用時再切成美麗的小圓盤。

番茄碎／ Concassé

法文的「搗碎」之意，但在廚房用語中，是指番茄去皮、去籽、切成細丁。番茄碎多用在各色醬汁和菜餚最後擺盤時，可增加顏色和風味。

濃縮牛奶，煉乳／ Condensed milk

廣義是牛奶在去除水分後的形式，包括奶水、煉乳和奶粉。做成濃縮牛奶的主要好處是保存期，室溫下保存可長達數年。狹義則是煉乳，是加糖增加甜分再煮過直到像醬汁般濃稠。除了可用來替咖啡或茶增加甜味，還有無數的烹飪功用 —— 可做卡士達醬的醬底，灑在餅乾上烘烤，只消低溫加熱就會轉成濃郁甜香的焦糖。

醬料，佐料／ Condiment

一種調味醬料，不是盛在盤上一起吃，而是配著菜餚一起吃的醬料，就像隨盤沾醬，可能是醃肉拼盤上的芥末醬、印度料理配的印度酸辣醬、泰國料理的辣椒魚露，甚或是漢堡上的番茄醬。醬料這個字來自拉丁文的醃菜，與酸、甜、辛、辣各味力求平衡有關。

甜筒／ Cone

見甜筒，**牛角模具**Cornet。

白糖粉／Confecioners' sugar

見糖Sugar。

蜜餞，果醬／Confiture

法文的「醃漬水果和果醬」，字義也同樣來自保存，指用糖煮過冷卻的水果，是指以不同程度保存水果的方法。如果你發現水果快熟透了，卻還有一大堆沒吃完，做蜜餞果醬是個很好的方法。

法式清湯／Consommé

基本上，這是清澈的湯品或清湯，而「雙吊法式清湯」（consommé double），則是指用蛋白糊（蛋白拌入肉和提香料）再次徹底澄清的清湯。雖然一般而言，法式清湯只是被淨化的高湯，但此字卻有雙重含義：可指完成或結束（如高湯成品）；也有技術高超或完美之意。所以我們可以將法式清湯想成：湯色與風味的境界已到清極、純極的高湯，也是最完美的高湯。湯色須清澈如水晶，如蒸餾水。任何乾淨高湯都可以用法式清湯的方法淨化（所謂乾淨高湯，是指沒有在料理過程中，因為過多攪動而變得混濁的湯）。法式清湯的清澈程序如下：將調味蔬菜、提香料和瘦絞肉加入蛋白中，做成淨化劑。將此蛋白糊倒入鍋裡湯中開始加熱，且要不停攪拌，以免蛋白糊黏在鍋底，直到「筏網」（raft）成形，再讓湯以慢火熬煮約一個小時，然後用杓子小心舀出湯，用咖啡濾紙過濾到乾淨的鍋子或容器中。此湯可再冷卻加熱，並不會失去清澈。清湯配料範圍極廣，從切塊的卡士達到切成細絲的蔬菜，從穀物到通心麵，甚至是帕馬森乾酪（請參考艾斯可菲的食譜，列有近150道法式清湯的應用）。動作一定要小心，以免水晶般清澈的高湯被配料攪渾了。法式清湯也可以冷食，通常做成法式清湯凍享用。

餅乾／Cookie

除了某些例外，餅乾的組成要項包括麵粉、糖、油脂，而某些特定餅

乾，上述成分還會加以改變或增加。其中，麵粉組成餅乾的結構；糖除了結構外，還帶來甜度及脆度；油脂可以使麵團起酥，且給予餅乾油脂、柔軟和風味。調味、發酵、拌合及塑型方法都會影響餅乾口感。以上三種成分可依情況改變或以他物取代──比方在甜餅乾中以杏仁取代部分麵粉，馬卡龍的結構體由蛋白支撐。而其他組成，像巧克力脆片、蛋、燕麥和葡萄乾、柑橘和罌粟籽、甜味辛香料、有趣的造型、多彩的裝飾，以上種種與其說是餅乾可有可無的花樣變化，到不如說是為了口味美觀一舉兩得的必要元素，由此，多變食材的意義由畫布躍升為顏料，結構組成堂堂成為造就美感的因素。

料理油／ Cooking oil

即一般稱的中性油，主要評判標準在於燃燒發煙點的溫度有多高，而後才是它帶給食物的風味和影響。對主廚的好處是油可以燒得極熱，加上油質密度，就是傳達熱能極有效的工具。精練的料理油有蔬菜油、玉米油、芥花油、花生油和葡萄籽油，可以燒到 450°F（232°C）才開始起煙（見馬基的書），但一到起煙點，油就會迅速變質發出怪味（甚至會起火）。動物油脂的發煙點大概在 375°F（190°C）左右。大多數中性風味的油都比動物油脂具有較高的發煙點，飽和脂肪也較低，價錢比較便宜，也較容易取得。但動物油脂可以給予食物更美味的風味。橄欖油也可用來料理，但發煙點高低則要看它如何萃取（昂貴的特級冷壓初榨橄欖油無法用來做煎炸等高溫料理）[13]。橄欖油是風味十足的油，但是否讓人想要入菜，也看個人喜好。橄欖油比中性油貴，從成本的角度看效率較低。很多主廚偏好用葡萄籽油，發煙點高，味道乾淨，但價錢也不便宜。花生油是絕佳的料理油，但考量價錢、用途、風味和健康因素後，還是比萬用的芥花油和蔬菜油稍貴一點，於是最好的萬用油寶座就讓給了芥花油和蔬菜油。也可使用氫化油（hydrogenated fats，或作植物起酥油），發煙點很高，保存期很長，但是吃在嘴裡沒有油香味，且具有反式脂肪，在健康考量下，這種油脂不是首要選擇。

[13] 特級初榨橄欖油的發煙點（extra virgin）在 190°C-204°C；一般的冷壓橄欖油（cold-press olive）則在 160°C。

玉米／ Corn

玉米產品之多，是世上數一數二的穀類，單單玉米就可做出多樣產品，可做油，可製粉，可煉糖，甚至可做塑膠。它也是廚房的萬用食材，除了可當甜味蔬菜用水煮或用慢火煎外，它也是做配菜裝飾上好的材料，只要在湯、醬汁、沙拉或燉菜裡加一點，菜餚的色澤口感立刻突顯。它與大多數的肉類和低脂魚類都可搭配。最好使用直接從芯上切下來的玉米粒，萬不得已才用冷凍玉米粒。今日的玉米都很甜，需要加以烹煮並煮到透。也可用攪拌機或食物調理機打碎，過濾後就是玉米汁，是另種絕佳用法。玉米汁具多種用途（可做醬汁，可加在燉飯裡增添豐厚口感及香氣）。市面上也買得到其他玉米產品，如玉米脆果、當豆類使用的乾燥白玉米（先浸泡，以文火慢煮，可做成墨西哥玉米湯 pozole），當然還有爆米花。

鹹牛肉／ Corned beef

見**醃漬** Cured。

酸黃瓜／ Cornichon

法式酸黃瓜，是醃漬的小黃瓜（醃菜），再以龍蒿菜調味，小巧高雅，吃來酸香爽脆，作為肉醬（pâté）或醃漬肉類的調味正好，還可切碎後加入桂比須醬汁和蛋黃醬，是小黃瓜搭配冷盤的做法。還有更方便的美國版醃漬小黃瓜 gherkin，比起法式酸黃瓜的酸香高雅，美式醃黃瓜則較酸甜。

玉米粉／ Cornmeal

見**穀物** Grains。

玉米粉／ Cornstarch

主要用來勾芡，可用在醬汁和派餅內餡。若用在醬汁，一經過長時間

加熱就容易出水，所以通常只用在現點現做的醬汁上（見**勾芡**Slurry）。也可用在炸物上，用玉米粉上漿油炸的食物外層會有一層酥脆的外衣。還可以加在麵粉裡，降低麵粉的麵筋比例，使麵團變得比較柔軟（筋性較低）。

玉米糖／Corn sugar

見**葡萄糖**Dextrose。

玉米糖漿／Corn syrup

黏稠的糖漿，具有可貴的濃度，增加咀嚼感，防止糕點和糖果中其他糖分的硬化。與砂糖相比，它在液體中擴散較容易，也必較不甜不膩，所以常用來做雪酪這類甜塔的甜味來源。

濃醬，水果醬汁／Coulis

濃稠滑順的濃醬，一般多指水果醬汁。傳統定義上，它是從蔬菜、貝類或其他食材粹取出的汁液，有的醬汁還包括肉類。艾斯可菲就在他的食譜裡放了一道洋蔥濃醬的做法。隨著「新料理」[14]的盛行，此字越見時尚，尤其看到各家菜單盡是寫著覆盆子醬（raspberry coulis）的時候。喜歡變換花樣改換菜單詞彙的廚師，對於各色蔬菜水果泥，只要拿來做醬汁使用，都可稱作coulis。今天，它已成為水果醬汁的通稱，凡是水果先攪成泥狀，再經過濾，無論是生的或熟的，都可叫做coulis（雖然有些廚師會爭論煮過的水果泥是否還可叫此名）。

海鮮料湯／Court bouillon

照法文字面看，指短暫或快速的湯，但事實上，海鮮料湯是用來煮魚的湯，先將醋、酒或柑橘加入水中，使水帶有酸味，而後再加入提味香草和蔬菜加熱，就是海鮮料湯。用湯當烹飪介質，可為食材帶來風味。標準的海鮮料湯包括水、酸味食材、提味蔬菜和香料袋，但技法

[14]新料理（nouvelle cuisine），是起自法國流行於1960年到1970年代中期的料理新理念，倡導精緻與原味的結合，強調擺脫法國料理的傳統桎梏及濃重口味，後風行於全世界。

C

可因時制宜，端看你要烹煮的食材和如何使用它，就像煮蝦子，可在水中加入辣椒和柑橘皮，想來點不一樣的效果，則可使用蔥、薑、蒜。

庫斯庫斯／ Couscous

見義大利通心粉 Pasta。

脆皮／ Cracklings

動物的皮經火慢烤，直到水分烤乾，油脂也被烤出來，成了金黃焦香，入口酥脆，這就是脆皮。脆皮最常見的形式就是豬皮，特色是豐富的脂肪和膠質，要做豬皮脆皮，必須先將豬皮慢燒到軟爛，刮去上面殘留的油脂後，切成豬皮條去炸，也可以慢烤，烤到完全酥脆。上好的脆皮也有用雞和鴨的皮，可當作酥脆豐富的配菜裝飾，放在沙拉或豆子上。還有肥美的魚皮。要烤家禽的皮，最好用兩塊烤墊夾住，即可烤到焦黃香酥。

鮮奶油／ Cream

泛指動物性高脂鮮奶油（一般叫作 heavy cream 或 whipping cream，而低脂鮮奶油 light cream 最多只有一半脂含量，且不能打成奶泡）[15]。鮮奶油是萬用的增味妙方，加了它，無數菜餚就多了脂肪的滑順，卻不會濃香搶味，也不油膩。鮮奶油濃度厚實，可創造微妙細膩的質地，從鹹點到甜點，從醬汁到湯品，從燉飯到義大利麵，從馬鈴薯到各色蔬菜，還有燉湯、淋醬和卡士達，種種料理因一抹鮮奶油而色更美，味更香。當你品嘗一道醬汁或菜餚，發現風味不如人意，這時就問問自己：是否脂肪放得不夠？如是，加一點鮮奶油是否適當？可否解決油脂不夠的問題？奶油可以小火慢煮，濃縮到水分只剩一半，如此就是「雙倍鮮奶油」（double cream／crème double），這種濃縮鮮奶油可用來完成現點現做的醬汁。如果手邊奶油太多用不完，還可以放入食物處理機打到油水分離，剩下的就是奶油和水分，比起鮮奶油，奶油可以保存較久時

[15] cream 的種類非常多，一般多以鮮奶油混稱，但市面上的商品多以脂肪含量區分，heavy cream 的乳脂量在 36-40% 間，whipping cream 為可打發的液狀鮮奶油，脂含量 30%，而 double cream 為濃縮後的鮮奶油，乳脂量為 48%，half-and-half 或 light cream 的脂含量只在 10%-18%，雖也叫鮮奶油，但多用在咖啡紅茶的增味上。

間，也可放入冷藏。

　　鮮奶油還可打成奶泡，不但份量增加，質地也變輕盈，祕訣是鮮奶油越冷，越容易打成泡狀。打發的鮮奶油通常可加糖作為甜點的裝飾，也可加入提香料、辛香料、酸味食材，或香草(可有可無)，當做鹹點的調味。如果加在太燙的餐點上，發泡的鮮奶油就會很快融化成液體。

　　加了糖的鮮奶油其實就是一道現成的甜點，所以有無數甜點就是以鮮奶油加糖為基礎，再融合不同濃稠工序做成的(如煮熟的蛋黃、打發的蛋白、吉利丁和玉米粉，這些都可作為稠化鮮奶油的物質)，所以可將鮮奶油視為某種醬汁的母醬。

○ 塔塔粉／ Cream of tartar

製酒之後剩下的副產品，其實是酸性結晶粉，有時可加進蛋白中幫助穩定蛋白霜(檸檬汁也有同樣效果)，還可和小蘇打粉一起加入備料中發酵。

○ 奶油泡芙／ Cream puff

見**泡芙** Pâte à choux。

○ 奶油醬／ Cream sauce

鮮奶油做成的白醬。聽起來很無趣，但事實上是很高雅的醬汁。若搭配無脂的白肉魚不但美味且有細緻的風味，也可作奶油義大利麵或奶油濃湯的基本醬底。

○ 克雷西胡蘿蔔湯／ Crécy

法國經典料理，以胡蘿蔔為湯中主角或主要配料的湯(請見類似的**花椰菜湯** Du Barry 和**菠菜湯** Florentine)。

○ 英式奶油醬／ Crème anglaise

香草醬汁、卡士達醬或就是英國式的醬汁，是甜點用的醬汁，屬耐操

C

耐用型，但若準備正確，可一點也不無趣。此醬本身就很美味，可熱食可冷食，也可作為母醬或加入任何調味，從褐色奶油到甜味香料，或加入蒸餾酒都很適合；也做無數甜點的基底或配料。要吃熱的，搭配舒芙蕾是絕配；吃冷的，則可做為蘋果塔的醬汁，或淋在莓果上。將英式奶油醬冰凍，就變成香草冰淇淋；隔水加熱，就是焦糖布丁；加上奶油和糖，搖身一變就是美味的奶油餡料；用澱粉勾芡，就是厚實的糕點奶油。沒有一道醬汁用到的材料比它更基本：原料只有牛奶或鮮奶油、蛋黃、糖和香草（可用新鮮香草豆，濃縮香草精也可以）。基本的比例是「1杯液體食材：3個蛋黃：1/4杯糖」。工序也很標準：將一半的糖和蛋黃攪拌混合，其餘的糖和液體食用醬汁鍋加熱（此時若有香草豆也要一起加入），再將燒熱的液體食材加一點到蛋汁中讓蛋黃稍有溫度，再把蛋汁加回到熱牛奶或鮮奶油中，不停攪拌直到蛋黃醬變熱變稠。當蛋黃醬稠到起膜，再過濾放涼。香草精或其他調味可以在料理過程中加入，也可之後再加，但還是要看放的是哪種調味料（如果加入辛香料或提香蔬菜這種需要時間釋放味道的調味料，需要在煮牛奶或奶油時一起放下去煮）。英式奶油醬是甜食廚房的基本備料，如果不加糖，就可用在鹹點上。

焦糖布丁，烤布蕾／
Crème brûlée, crème caramel

以焦糖做裝飾的卡士達甜點，就是隔水加熱烤過的英式奶油醬。吃烤布蕾最大的愉悅來自口感，得要香甜濃郁、滑順綿密才值得稱道。焦糖的做法有二：第一，料理過的卡士達醬要覆上一層砂糖，然後用噴槍烤到焦黃香脆；第二，將焦糖先煮過，加入烤皿後放涼，再加入卡士達醬，再去烤，再冷卻，再脫模。

法式酸奶油／ Crème fraîche

一種發酵鮮奶油——將產酸菌加入鮮奶油，變成質地扎實口味酸香的鮮奶油。法式鮮奶油比一般酸奶油堅硬，口感也較為細緻，酸中帶有

一絲甜味。口感和風味，讓它成為絕佳的萬用增味醬，特別用在熱菜、湯品、醬汁，因為就算加熱也不會油水分離。法式酸奶油隨處都買得到，也可在家自己做，只要2份高脂鮮奶油加上1份白脫奶，在涼爽的廚房放著直到出現正確濃度，過程只需一到三天。

奶油餡，奶黃醬／ Crème pâtissière

作為糕點餡料的奶油。奶油餡其實就是英式奶油醬或香草醬再用澱粉勾芡（一度流行用麵粉糊化，現在普遍改用玉米粉），所以濃度適合所有甜點，是萬用餡料（蛋糕、閃電泡芙、水果塔都可用它做內餡）。做奶油餡的方法就像做英式奶油醬，在每杯液體食材裡加入2茶匙玉米粉，再與糖蛋汁拌合，烹煮到黏稠無法過濾的程度。在某些情況下可用全蛋代替蛋黃，也可以只用牛奶不用奶油。以香草精增味的奶油醬通常效果會比用香草豆好，若還要再添加其他味道，可在煮好後立刻加入。

網油包肉腸／ Crepinette

用豬網油包成的香腸，做法多以爐烤，通常是宴會菜。艾斯可菲建議把肉腸塑成長方形。請把「網油包肉」視作一種烹飪技巧，一種食用散狀香腸的高雅方式。通常香腸網油在烹煮過後已成透明，可放上香草做裝飾。

香酥麵包丁，香酥麵包片／ Crouton

字面上，這是麵包皮碎丁的意思。我們往往以為這是放在沙拉上的酥脆麵包丁，但它也可以是麵包切片之後，直接放在成品上烤到酥脆的麵包皮，就像傳統法式洋蔥湯上放的那一片烤麵包。店裡買回來的麵包丁顏色幾乎都很黯淡，味道也不佳，風味不足，香草也走味不新鮮，只能說是真正麵包丁的變種。如果想要在菜餚裡加麵包丁，最好自己做。先選擇味道好的麵包切丁，如果你喜歡，還可用香氣誘人的油脂調味，比方橄欖油和鹽。然後放著讓它風乾，再放進烤箱低溫烤

酥。為了避免烤焦麵包丁,請將烤箱溫度保持在275˚F(135˚C)或更低。如果是新鮮麵包也可以放進平底鍋,用油或奶油煎到焦香酥脆。

生鮮蔬菜,生鮮冷盤／Crudité

餐前小點通常會端出的生鮮蔬菜。這種生鮮冷盤很受歡迎,因為在餐前食物的每項要求中都得到高分,包括誘人的視覺刺激、豐富的味道口感,而且只有一兩口的份量。生鮮蔬菜健康有味,卻絕不會填飽你的肚子,又很容易準備。要做生鮮冷盤,新鮮是重要關鍵,再配上一種或多種好醬汁,通常無脂蔬菜要配油脂為底的醬汁,油醋醬是好選擇。甚至還可簡單用蘿蔔灑上粗鹽,再配上好奶油,也是一道生鮮冷盤。比較硬的綠色蔬菜最好先汆燙,用水冰鎮後稍微放軟,帶出蔬菜的誘人顏色。

凝乳／Curd

當酸加入牛奶中,或牛奶自己產生酸時,某種名為「酪蛋白」的特定蛋白質會結成塊狀,稱為凝乳。凝乳會變成乳酪,凝乳現象也會造成優格和法式酸奶油的稠化。(請參考馬基的書,對凝乳及凝乳作用有完整描述。)

醃漬鹽／Curing salt

含有少量亞硝酸鹽和硝酸鹽成分的鹽,也叫作亞硝酸鈉,或者更普通的說法是「粉紅鹽」,各個品牌都有生產。稱做粉紅鹽的亞硝酸鈉含有硝酸鹽,是用來做乾醃香腸的重要成分,可用來防止肉毒桿菌中毒的細菌生長。硝酸鉀,也就是硝,也可用在乾醃香腸,但依據醃製品項不同,此成分已被作用較穩定可靠的亞硝酸鈉和硝酸鈉取代。

咖哩／Curry

一種通稱,字源起自醬汁,普遍流行於印度南洋的系列料理,多指印度咖哩或泰國咖哩,是香料豐富、異香撲鼻的醬料,通常非常辣。

咖哩粉／ Curry powder

增加醬料風味的粉狀調和香料，通常用在印度料理上。從賣場上買到的咖哩粉品質很好很新鮮，則差強人意，但時間一久，香氣就淡了。也許找個中意的配方自己做還更好，也適合自己的口味。通常咖哩粉裡的香料有小茴香、辣椒、香菜、小荳蔻、肉荳蔻、薑粉和薑黃，其中薑黃會讓咖哩醬呈現螢光黃，搭配印度咖哩料理正合適。

卡士達／ Custard

卡士達最基本的定義就只是用蛋稠化的液體，是最基本的料理和想法，在鹹甜廚房都用得上。但簡單料理卻帶來最佳菜餚，就像法式鹹派、焦糖布丁和英式奶油醬（有人乾脆把此醬稱為卡士達醬）。因為卡士達廣泛應用在甜點上，所以大家總以為卡士達是甜食，但標準的卡士達是可以應用於各種味道的料裡技巧 —— 將液體食材和蛋、調味料混合，以隔水加熱法蒸烤 —— 凡希望食物帶有卡士達質地皆可使用。香草卡士達可作為鹹點的裝飾，希臘式蔬菜冷盤或龍蒿菜，或是在骨髓燉牛肉裡加上一點橄欖油打的卡士達就是絕配。艾斯可菲在法式清湯裡加了切碎的卡士達（叫做皇家奶凍）。脂肪是卡士達細緻質地的主要來源，但其中液體部分來自蔬菜或果汁，不可忽略。

卡士達醬／ Custard sauce

見**英式奶油醬** Crème anglaise。

達克瓦茲杏仁蛋白餅／ Dacquoise

蛋白霜加入堅果，通常是杏仁，再烤到酥脆，或再將此杏仁蛋白霜做成甜點（見**蛋白霜** Meringue）。

燉肉／ Daube

名菜「紅酒燉牛肉」的法文就是 daube de beouf，這道菜原來是用

daubière 這種特定容器燉的（和新英格蘭的巧達湯 chowder，字源也出自煮湯容器 chaudière 一樣）[16]，依照普羅旺斯各地蔬菜不同，這道菜的樣貌也各有差異，菜與肉在容器裡的擺放方式也不一樣。燉肉冷熱食皆宜，如吃冷的，肉湯凝結成凍，叫做牛肉凍（daube en gelée）。

多菲內焗烤馬鈴薯／ Dauphinoise

馬鈴薯切片加上鮮奶油、調味料和乳酪再送去焗烤，就是馬鈴薯千層派或焗烤馬鈴薯，這道菜歷久不衰，是料理馬鈴薯的妙法。馬鈴薯可預先烤好，等到享用前再做處理，對備菜而言是很好的策略；將馬鈴薯先烤好、冷卻、再回溫，口感雖沒有剛出爐時好，但也不相上下。它也絕對是好用的萬用菜，可加入其他食材增添香氣，如香煎蘑菇、胡椒、青蒜等都適合，或者依季節變換花樣，總之就是任何時地都可利用的萬用料理。（請勿與多菲內炸薯餅 dauphine 弄混，多菲內炸薯餅必較像是可樂餅，用薯泥拌入蛋或包上泡芙麵皮再去炸。）

半釉汁／ Demi-glace

大幅濃縮的褐色高湯，可作醬底，或用來加強無數現點現做醬料的濃度。所謂的褐色高湯，通常指小牛高湯，但也可用烤過的肉和大骨，甚至是焦糖化的蔬菜做湯底原料。有時，半釉汁只簡單稱作 demi（一半之意），在經典的法式料理中，demi 是褐色小牛高湯和做同樣用途的西班牙醬汁的濃縮（見**母醬** Mother sauces 及**衍生醬汁** Derivative sauce）。

衍生醬汁／ Derivative sauces

有時稱作混合醬汁，是以母醬為底，再加上提香料、調味料、酸味食材和油脂而成的完成醬料，通常現點現做。褐色醬汁的衍生醬料最為豐富多元，但以乳酪、鮮奶油和白酒醬汁為底的白醬和天鵝絨醬卻是做衍生醬汁的絕佳開始。

[16] Daubière 是一種有蓋的瓦鍋，形狀類似煲湯用的甕，而 chaudière 是大的深鍋。

D

葡萄糖／Dextrose

玉米衍生出的糖，以粉狀販賣，多用在肉品發酵（如鹽醃香腸），據說此糖較易分解，也較易產生造成發酵的細菌。葡萄糖比一般砂糖刺激度小，可是砂糖比較容易取代。

蒸餾水／Distilled water

用蒸餾法去除礦物質和其他雜質的水。處理活菌發酵物時，使用蒸餾水是非常重要的。灌香腸時要加入乾燥培養菌產生發酵作用，自來水裡的雜質也許會傷害細菌。而另一方面，蒸餾水可能對酵母菌有害，不可以用在酵母發酵的產品上。

雙倍鮮奶油／Double cream, crème double

將高脂鮮奶油濃縮成一半份量，就是雙倍鮮奶油。雙倍鮮奶油是節省時間的好工具，最後一刻加入醬汁中，可增加濃度而不需進一步收汁。因為做雙倍鮮奶油時，水分減少，本質上算再次經過巴氏殺菌法消毒（見巴氏殺菌法Pasteurize），保存時間比鮮奶油長。

麵團／Dough

麵粉和液體的組合，還包含某種麵筋形式，麵筋拉長可變成有彈性的麵包麵團，也可起酥做成充滿孔洞層次的餅乾和派皮麵團。它通常不會像麵糊一樣稀到可流動，但較具有塑形力。

乾醃料／Dry cure

是鹽、糖、調味料的混合物，用來醃漬肉和魚加工保存，也可以增加魚、肉的口感和風味。

花椰菜湯／Du Barry

法國經典料理，花椰菜是湯中主要成分或配料（見類似詞彙克雷西胡蘿蔔

湯 Crécy 和菠菜湯 Florentine）。

鴨／Duck

非常美味的家禽，但除了去骨鴨胸外，家庭廚房使用率不高。烹調鴨子最好以低溫慢烤，才會使堅硬的鴨腿軟化，也逼出肥油。鴨腿可做極好的燜燒，燒好去骨即可放入沙拉、湯品或燉湯裡。牠也是油封聖品，還有鴨胸，可煎可烤可去皮燒烤。料理鴨胸最好將有皮的那面朝下，以極小的火候慢慢煎烤，油脂流出後就是香脆鴨皮；廚師喜歡將鴨胸烤到五分熟，而脆皮是享用鴨子的最大樂趣。可在皮上先劃上幾刀幫助滴油，滴出的鴨油是精緻的烹飪材質。鴨骨也可以用來熬製上好高湯。然而野鴨的特性就不同，不但鴨皮無法烤得焦香酥脆，鴨腿只可用燜燒燉爛，鴨胸肉的顏色非常深、油膩、有野味，熟度不可超過五分熟，不然就會像乳鴿一樣，嘗來有肝臟澀味。

麵疙瘩，餃子／Dumpling

基本上就是在液體中煮熟的麵團或麵糊，甜鹹皆可。在方法和效果上，dumpling 比較像是快熟麵團（即法文的熟麵 pâte cuite），也應視為如此。德國麵疙瘩（spaetzle）就是一種 dumpling，是一團稀鬆的麵團或麵糊，感覺更像是蛋糕麵粒（通常先煮過再煎，以增進風味）。還有義大利馬鈴薯麵疙瘩（gnocchi），就是湯麵團而不是蛋糊麵了。中國人的餃子比較像義大利餃（raviolis）而不像美國人眼中的 dumpling，鍋貼的做法更要用水半蒸半煎。（大衛森在《牛津食物指南》中認為，把中國餃子翻譯成英文的 dumpling 簡直是『是無可救藥的偏差』）。美式的 dumpling 通常只是將和了水的麵團加上發粉，然後放進燉湯裡煮，比較像是水煮的比斯吉，而不像歐式的麵疙瘩或亞洲的餃子。有時候麵團可加入蛋或馬鈴薯，也可包入內餡。無論何種樣式的熟麵團，從小巧結子到大粒丸子，從精工外皮包著費工內餡，無論是先煮再入菜，還是配著菜一起煮，或是單獨煮成主食，dumpling 是一種萬用策略，以令人著迷滿意的手法，附帶外加的風味及食材。

蘑菇泥／ Duxelles

將蘑菇切碎後煎炒，是珍貴好用的材料，眾多菜餚因它風味提升口感加分。它可變身為精巧肉餡，包在義大利餃、肉、魚及蔬菜裡面；還有更簡單高雅的做法，鋪一層在肉與淡味魚下，作美味襯底或配菜裝飾；或加入白酒或小牛高湯做成蘑菇醬汁；還可倒一點鮮奶油慢火拌煮，就是簡單美味的蘑菇湯。蘑菇泥香氣迷人的祕訣是蘑菇切碎後要好好煎一下，煎到出水，記得要用厚底鍋，確定溫度要熱到發燙，不要吝惜料理油，也別把蘑菇擠在一堆（太擠就是蒸蘑菇而不是煎蘑菇了）。提香料可放巴西里末，不然就紅蔥頭末，它與蘑菇泥極配（紅蔥頭要在蘑菇入鍋後才放，不然會燒焦），大膽放鹽和胡椒。煎好後再以白酒洗鍋底收汁，嗆出更多風味（水分要收到很乾。洗鍋底收汁的動作向來會加入水分，但有水分並不表示會變成湯湯水水）。嗆鍋汁的動作可立刻做，也可以先澆入鍋裡盤中冷卻，等到要用時再處理。若要再回溫，請加一些奶油以小火慢燒，幾滴檸檬也會讓蘑菇泥的香氣大不相同。這道菜的蘑菇要切成細碎，任何蘑菇都可使用，便宜的碎菇頭多是首選。

燒酒／ Eau de vie[17]

新鮮水果發酵後的蒸餾酒，顏色清澈，味道強烈，不需陳年久放（就像白蘭地的蒸餾酒），目的在傳達水果的風味。因為價昂且酒精含量高，不常用在料理，但做料理也沒什麼不可以，就像白蘭地可用來調味，特別用在甜點、冰淇淋、雪酪的盛盤醬汁，如櫻桃白蘭地（eau de vie kirsh）、西洋梨香甜酒（Poire William）或覆盆子酒（framboise）。

蛋／ Egg

雞蛋的好處說也說不盡，隨處可買，價格便宜，營養豐富，功能百變，滋味美妙（見Part1「4.蛋」的說明），是廚房最佳食材及料理工具。可作各種用途，使材料變稠，使料理豐厚，讓麵粉發酵，增味又增色，還可作為全套料理的完美結局，單單一味也能豐富滿足。可做主菜配

17 法文直譯為生命之泉，但就是燒酒，無論白蘭地、水果都可蒸餾為燒酒。

菜,埋在底下當支撐,可也推到前面作焦點。造型美觀象徵生命,鳥蛋尺寸從鵪鶉、鴨子、鴕鳥一字排開大異其趣,但烹煮方式卻大同小異,除了龍蝦卵通常用來作醬汁的調味或畫龍點睛的裝飾。魚卵多半不煮吃生的,或用鹽醃當做調味料使用(如烏魚子)。

蛋液／ Egg wash

將蛋打散再以牛奶或水稀釋就是所謂的蛋液。多刷在未烤的麵團上,烤後脆皮泛出金黃焦香的光澤。沾上蛋液也是裹粉標準程序中的第二道步驟,依照要上漿裹粉的食材決定蛋液是否加上調味,或者加以稀釋。蛋液可用全蛋,也可單獨使用蛋黃或蛋白。

乳化醬汁／ Emulsified sauce

醬汁的類別,指以少量水為基底的液體加入提香料後,再以油脂乳化。乳化奶油醬汁一般加入全奶油乳化,若要更細緻,則可用澄清奶油。在洋洋灑灑各類醬汁中,乳化奶油醬最是風味迷人,令人滿足,用途廣泛(見Part1「2.醬汁」的描述)。傳統的乳化奶油醬如荷蘭醬及相關醬料,多像美乃滋一樣濃重,但也可依據廚師口味稀釋淡化。通常油醋醬已乳化為穩定同質的醬汁,所以油與醋不會分離。白酒奶油醬和紅酒奶油醬是現點現做的乳化醬汁,因為奶油已經是油包水的乳化液,而酒類奶油醬則是利用這特點而以奶油乳化的醬汁。

西班牙醬汁／ Espagnole sauce

也稱為褐色醬汁,堪稱是最重要的母醬,最能表現衍生醬汁的力量何在。它的原料是褐色小牛高湯,配上焦香上色的調味蔬菜和番茄,再由褐色油糊稠化,西班牙醬汁可轉換為無數現點現做的醬汁(艾斯可菲稱為「複合醬底」,約有50多道配方起於西班牙醬汁)。它也是傳統半釉汁的湯底,西班牙醬汁與同等份量的褐色小牛高湯濃縮後就是半釉汁。

奶水／ Evaporated milk

牛奶濃縮為一半份量時就是奶水，常作卡士達及醬汁稠化的材料（請勿將它與煉乳混淆）。保存期長，帶有淡淡焦糖香味，是方便好用的乳製品。但全脂奶、鮮奶油及奶油混合物都可用來替換。

速食／ Fast food

只要是好食物，速食本身並無不妥。不過多年來，幾乎所有速食都不健康——高脂、高鈉、高化學添加，卻是低營養，口味普通無差別。當這樣的食物在全球引領風騷時，也出現更多速食業者嘗試以更好的食材及手工製作的食品滿足顧客胃口。也許有一天，速食不再是糟糕食品及不健康飲食的代名詞，而是　種用餐形式，以及進食地點的本質。

豬背油／ Fatback

這是貫穿整個豬背厚達5到8公分的脂肪層。豬油是廚房的萬用油脂（把它熬成豬油膏後可用來烹燒或作麵團起酥的原料，也可絞碎包入香腸），而豬背油是其中最純粹的表現。乾淨如鮮奶油的脂肪，無論絞碎或切丁，可使香腸、肉醬及瘦柴的肉塊肥美（見穿油條 Lard 和包油片 Bard）。取自天然養殖豬隻的豬背油還可醃來吃，如義大利名菜 lardo，就是切成薄片食用的醃製豬背油。

腳，蹄／ Feet

如小牛、豬、雞等動物的腳，放入高湯或燉湯裡慢火熬煮，就是豐富的膠質來源，特別適合熬高湯，可使湯汁格外濃稠，一如雞腳用來熬雞湯，牛蹄用來燉小牛高湯及牛肉湯。因為風味天然，牛蹄可加進任何高湯增加濃度及風味。

魚／ Fish

魚是如此大的主題，怎能局限在烹飪範疇中，但是對這些水面下的有

室都是重要的調味品。魚露強烈的風味叫做「酯味」(umami)，只要簡單配上辣椒，灑一點在牛肉、雞肉甚或只在白飯上都有絕佳效果；滴上幾滴在番茄醬、乳酪通心粉和雞湯中，料理頓時就成人間美味。因為品質差異很大，魚露最好在亞洲商店買，而不要在美國食品賣場。魚露在各個國家的名字都不一樣，泰國的魚露叫 nam pla，越南的是 nouc mam，柬埔寨的叫 tuk trey，緬甸的是 pya-ya，菲律賓的則是 patis。

魚皮／ Fish skin

風味獨具，如果處理得宜，只消一片小小魚皮，就會帶來戲劇化的效果 —— 但要達到這效果就要把魚皮煎到焦香酥脆。濕答答的魚皮並不具有吸引力，但如果用刀把鱸魚排或金線魚排上的魚皮輕輕刮乾淨，來來回回直到黏液及水分都去除，魚皮上的水分就會快點煎乾，魚皮就有香脆的效果，而魚肉卻不會煎過頭。不論風味、質地或視覺上，只要魚排一上桌，香脆的魚皮直讓人食指大動。

魚高湯／ Fish stock

魚料理珍貴的基礎備料，從湯品到醬汁都可用上。魚高湯沒有替代品，從店裡買來湊數的也很普通。好的魚高湯應該用白肉魚的骨頭小火慢熬。(見 Part1 的「1.高湯」，特別是「常用高湯的絕對關鍵」一段)。

焦糖布丁，塔類糕點／ Flan

西班牙文的焦糖布丁 (見卡士達 Custard、**烤布蕾** Crème brûlée 和**焦糖布丁** Crème caramel)，但也可以是英國人所吃的各色鹹塔與甜塔，意義上很容易混淆。因此，當你要說焦糖布丁時，請說 crème caramel；說卡士達時，就用 custard，這樣就不會傻傻分不清楚。

烤餅／ Flatbread

一種迷人的麵包種類，材料很基本，只要簡單的麵粉、水和鹽就做出

鰭生物，廚師也該有些基本認識。首先，這也許是個令人慶幸的事實，魚是我們可食動物中僅剩的大群野生動物。一般都説最受歡迎的魚類是鮭魚和大多數的淡水魚，但隨著水產養殖的進步，這項説法越來越受到質疑。

魚可分為圓型魚和扁平魚兩大類。扁平魚居住在海底，如比目魚（sole，又叫鰨魚）、庸鰈（halibut，一般都誤作扁鱈）、大圓（turbot，一般稱大目魚），還有鰈魚，肉質瘦而不肥，味道溫和，肉色偏白（因為牠們不太游泳）。而圓形魚，如鱸魚、鱈魚、鯛魚，持續運動，所以肉質較結實碩，吃來也較有肉味。還有像鮭魚、鮪魚這類更會游泳的魚，肉色紅色，比白肉魚的脂肪多。也有用脂肪含量區分魚類的方法，從肉瘦到肉質肥，再到肉質油（例如鯖魚就算是油脂較多的魚，很會游泳）。扁魚和圓形魚刮除內臟和去骨的方式不同，如果你買得到新鮮的全魚剔除骨頭時心情放鬆較有幫助。

魚買來時應該聞來乾淨新鮮，買魚時千萬別怕去聞魚的味道。最將魚冷藏在越接近32°F(0°C)越好，也就是魚要放在冰塊上，且最放在可以排水的容器中，這樣魚就不會泡在水裡。而全魚應該冰凍藏，記得把魚肚朝下。如是魚排就該用塑膠袋包好，別碰到水。魚回來應該越快下鍋燒越好。

魚肉十分細緻，需要溫柔對待。因為大多數的魚天生柔軟，烹煮也該輕柔小心，有些魚較能耐高溫久煮，如鮟鱇魚和石斑，但煮魚規矩是煮久一點總比不熟好。大多數的魚不適合煮後靜置，和紅肉同，最好做了就吃。有些魚最好吃生的或是用酸稍微「燒過」就好像生魚片或塞比切香檸海鮮（ceviche，製作原料包括鮪魚、鮭魚、鰈魚、都可）。

魚露／ Fish sauce

魚發酵後製成的調味品，在南亞一帶十分普遍，是亞洲飲食傳統的品，聞起來帶有退潮時的海腥味，但調味效果很出色，在任何食物

可口的主食。烤餅可發酵，也可不發酵；可柔軟，有嚼勁，也可像餅乾一樣薄脆，可能是居家廚師口袋名單中最簡單的麵包。它的形式包括義大利佛卡夏focaccia和中東常見的口袋麵包pita，都是經過酵母菌發酵做成的。也有不發酵的烤餅，如印度烤餅roti或墨西哥烙餅tortillas。基本上，只要麵包麵團滾成薄片就可烤成烤餅了。

佛羅倫斯菠菜湯／ Florentine

法式經典料理，主要材料或配菜是波菜（請見類似的詞彙**胡蘿蔔湯**Crécy及**花椰菜湯**Du Barry）。

麵粉／ Flour

精製的小麥麵粉，主要以蛋白質比率作為麵粉分類的依據。中筋麵粉（all-purpose flour）的蛋白質含量比低筋麵粉（cake flour）高，又比高筋麵粉（bread flour）低。是否可用中筋麵粉做蛋糕或麵包呢？答案是可以的，但結果可能不大相同。麵粉蛋白質的主要成分是「麥穀蛋白」（glutenin）及「穀膠蛋白」（gliadin），加入水後兩者合成麵筋。高筋麵粉的筋性高，彈力較大，酵母菌發麵時產生的氣泡可使麵團擴展開來。而低筋麵粉或派粉（pastry flour）的筋性較低，組織柔軟，較適合做蛋糕。馬基認為，可以在中筋麵粉中加入玉米粉或其他澱粉以減少麵粉中蛋白質的比例，也可加入乾燥的麥麩增加麵粉的筋性。全麥麵粉中保留了小麥麩皮及胚芽，所以口感扎實，營養較高。玉米、稻米、黑麥等其他穀類也可以磨成粉做出麵條或麵包等各種食物。

肥肝，鵝肝醬／ Foie gras

法文是「肥肝」的意思，要吃到如此珍奇美食，需先用高卡路里食物餵養鵝或鴨，再取下牠們的肝。肥肝的風味醇厚，口感高雅，令人激賞。而論及風味、肥美、質地，肥肝無可匹敵，是最獨特珍貴的食材之一。美國只有少數幾個生產商養鴨做肥肝，十分罕見，這表示大廚

們和家庭料理者的貨源都一樣，都是由同一家廠商進貨，拿到品質相同的食材。肥肝是萬用材料，成分幾乎都是脂肪，拿去爐烤、水波煮，或稍微煎一下，就可熱騰騰上桌。做成陶罐法國派（terrine）或法式肥肝醬（torchon），還可以冷食。也可作主菜、餐前小點，當成配菜裝飾。肥肝非常昂貴，卻是在家操作最簡單的食材，只要輕鬆做就可以成就大菜。

動物保護人士抗議以強迫灌食的方法餵養鴨鵝，認為這種方式極不人道，呼籲立法禁止。有些廚師認同他們的理念已經停止供應肥肝，但有些廚師認為這種方式對鴨鵝無害，並不會比一些良心畜牧業不人道，仍然樂於供應。不過，這是個可受公評的議題。

岩漿內餡／Fondant

像熔岩般柔軟濃稠的糖漿（通常味道濃厚），可做糖衣霜飾，或是岩漿巧克力的內餡，還可做糕點外層的裝飾抹醬。熔岩巧克力就是巧克力醬，可做巧克力霜飾，也可做水果、糖果或糕點的膠質塗層。

餡料／Forcemeat

食材絞碎磨爛後做成的內餡，材料可以是任何肉、魚、脂肪和蔬菜（不加也可以），如法國陶罐派中的豬絞肉，或是義大利餃裡的蘑菇餡。這個字是法文farcir（填餡料）和farce（內餡）的英文用語，通常用來描述加入脂肪和調味料的絞肉，可做肉醬或香腸的材料。有些主廚覺得這個字的發音粗俗不雅，而喜歡用farce這個法文。

水果／Fruit

學術上，水果是開花植物成熟可食的子房[18]，除了蘋果、橘子、香蕉，還包括番茄、青椒和小黃瓜。但現在一般都以鹹甜用途區分蔬菜和水果，用在甜食的是水果，用在鹹食的是蔬菜。

[18] 子房（ovary），雌蕊基部膨大的部分，受精發育後會成為果實。

魚高湯／Fumet

這是一種味道清淡、色澤乾淨的魚高湯，多加入白酒。魚高湯以白肉魚骨熬製——以扁平魚為佳（如比目魚、鰈魚、鰈魚），如果有些魚煮後魚湯可一起享用，這種魚也可用來熬湯，或用鱸魚和庸鰈也很好；勿用油脂豐厚的紅肉魚，像是鮭魚和鮪魚就不適合。魚腮、血管、眼睛、魚鰭都該去除乾淨，魚骨要用冰水浸泡一夜，所有血水都放盡。除了洋蔥，帶甜味的提香蔬菜都可加入，而茴香是經常加入的香料。魚湯做法是：先將蔬菜炒到略微出水，倒入白酒，熬到酒精燒掉，完全聞不出酒精的味道，再加入魚骨，炒到軟爛出水，再加入水蓋過食材，再以小火慢煮一個半小時左右，絕對不要讓湯大滾，這會讓湯渾濁。魚高湯的用法如一般高湯，可做湯品或醬汁的基底，也可做烹煮媒介，就像燉湯或海鮮料湯。

菌類／Fungus

一種簡單植物，包括蘑菇、益生菌和黴菌。

雞捲／Galantine

歷史悠久的特別料理，先把雞鴨等禽鳥做成肉餡或肉醬，再用禽鳥的皮包起來，用線綁緊，水波煮過，再冷凍，要吃時切片享用。

野味／Game

打獵捕獲的野生動物或野鳥，烹煮的方法和味道都與被飼養的同類不一樣。也許是需要在野地狩獵覓食之故，野生動物的肉質比較強壯，身型卻比較瘦，因為消耗與食物都來自周遭環境，所以味道較有野腥氣（是一種混著血和內臟的味道，味道較濃烈）。野味的種類包括鹿（麋鹿、花鹿、馴鹿、羚羊、駝鹿）、熊、外來野生動物（野豬、綿羊、山羊）、有毛或羽毛的小動物，還有爬蟲類。吃野味要注意一些小事，這是在家禽家畜身上不會碰到的。就像走到哪吃到哪的野豬或熊，牠們的食物也包括

死鳥死獸，所以身上帶有旋毛蟲（這在家禽家畜身上不會碰到），還有專家建議鹿的脊髓和腦也千萬別碰，但是大多數食物衛生的議題在於動物在宰殺過程中是否小心注意。如果動物由專家操刀清潔，大多數野味的肉都可以生吃或半熟食。烹調方法很重要，因為野味多半很瘦，包油片、穿油條是增加野味肉汁鮮美的好方法，如果有人擔心脂肪的問題，另一種選擇是將肉在高湯裡用水波煮一下。

甘納許巧克力╱ Ganache

巧克力醬的美麗名字。通常是巧克力切塊後加入煮熱的鮮奶油，當巧克力開始融化，溫和攪拌，讓巧克力成為平滑的乳狀醬汁。鮮奶油也可用不同的脂肪代替（如奶油），也可以加入額外的調味，或不同形式的糖（通常用玉米糖漿）。配方多半需要同重量的巧克力和鮮奶油，做出濃稠的巧克力醬經過冷藏後，醬汁就成為柔軟可延展的甘納許。在塑型時，濕性食材越少，甘納許就越硬。甘納許可做內餡、松露巧克力，也可做甜點的糖衣。它也許是最簡單的甜點醬汁，如果你用的巧克力品質美味是萬中選一。

馬薩拉粉╱ Garam masala

印度綜合香料，材料有小茴香、胡荽、辣椒，以及小荳蔻、丁香和肉豆蔻等帶甜味的辛香料。這種香料粉雖然可以買得到，但依照個人的味覺喜好自行製作也很簡單，結果絕對比店裡買來的好。

大蒜╱ Garlic

食物櫃裡的上好食材，雖是一只球莖，依照不同料理方式卻有無數用處及各色風味。時間一久大蒜就會隆起發出青芽，新鮮或乾燥大蒜的品質明顯比久放的大蒜要好。挑選大蒜時要挑頭角崢嶸的，結實得就像肉要衝破表皮的才好。最好的大蒜通常要到農夫市場裡找，且品種多半是硬芯的，這類大蒜的鱗瓣圍著一顆堅硬的軸心生長，食物賣場

裡賣的多半是軟芯品種（蒜頭中間沒有硬芯）。新鮮的硬芯蒜頭就算多花一點錢買也值得，因為風味比一般市售大蒜要活潑鮮明的多。

　　若對大蒜的特性稍有認識，就會注意到大蒜的切法很重要，切末和切片的味道不同。也有壓成蒜泥的做法，一般主廚做夢也沒想到，只要先把青苗去除，就可解決蒜泥帶嗆臭味的問題，因為大蒜發出的綠芽會使蒜頭很快乾癟碎裂發出過期味；要切末或切片的蒜頭也可應用這個方法。但如果大蒜要煮很久（放在高湯或燉湯裡），就不需要切掉青芽了。大蒜可以加一點油，包上錫箔紙，烤到軟化且帶有些許焦香，或者也可以用蒸烤的 —— 把蒜頭放在焗烤盤裡放一點水，用鋁箔紙蓋好，放到烤箱裡低溫蒸烤；雖然大蒜甜味充足，焦糖化反應很強，但蒸烤卻讓蒜頭味道溫和不起焦香只有乾淨蒜香。大蒜很快就會燒焦，焦了的蒜頭帶苦味，必須丟掉。

擺盤配菜／ Garnish

擺盤通常被視為上菜前最後一刻的視覺裝點，但在餐廳烹飪中，擺盤裝飾是指用次要基本成分搭配主食材，而搭配不是裝飾，不只為了視覺效果，而是為了與盤中風味及口感相應和。例如，紅酒燉牛肉的配菜可以是珠蔥、香煎蘑菇和煙燻鹹豬肉。傳統的法式肉糜派中就嵌入了開心果和酸櫻桃當作裝飾配菜（內嵌裝飾）。而義式三味醬 gremolata 也許就是米蘭燉牛膝或類似燉物的配菜。裝飾配菜最好可以吃下肚，但也有例外。

糖醋醬／ Gastrique

糖與醋的濃縮醬汁（或是任何甜味汁液和酸味食材的結合），通常搭配水果，用來做肉的調味醬汁，常見於搭配鴨肉或鹿肉。

小蜂窩餅／ Gaufrette

根莖類蔬菜做成的網狀鬆餅薄片，多用刨刀刨成。

凍膠／ Gelée

凍膠的法文，法式名菜oeuf en gelée（肉凍鑲蛋）就是把蛋嵌在肉湯凍裡，無論這湯凍是番茄做的還是高湯做的，湯凍的品質是這道菜成功與否的關鍵。如果用高湯做凍膠，必須湯質清澈（見**蛋白澄清法** Clarification），因為肉凍是冷食或在室溫下食用，調味必須較重。

法式海綿蛋糕／ Génoise

用乳沫法做成的蛋糕，蛋液隔水加熱，使糖完全融化，將蛋液打到最大程度後，再將乾性食材拌入蛋糖乳沫液裡，加入奶油增加蛋糕的濃稠度及風味，同時也讓拌合時產生的麵筋起酥。（見**海綿蛋糕** Sponge cake）。

蒜芽／ Germ（in garlic）

蒜瓣長出的綠芽，會使大蒜味道變質，使用時最好切掉。如果大蒜要切成蒜末且離下鍋還有一段時間，蒜芽一定要去除。若大蒜要立刻下鍋，或放入高湯或燉湯熬煮很久，要不要切除蒜芽就無所謂。

小麥胚芽／ Germ（in wheat）

小麥果實中的胚芽，含有極高的蛋白質和纖維，可以加在酵母麵團中強化麵包口感。小麥胚芽的脂肪含量高，容易變壞（全麥麵粉也一樣），必須放在冰箱或冷凍庫比較好，以免變質。

印度酥油／ Ghee

印度的澄清奶油，是該國最普遍的料理油（也具有其他用途）。傳統上印度酥油是由優酪乳這類的酸奶做成的，然後攪拌成奶油，之後再經過加熱保存（細節請見馬基書中對酥油的說明）。其他的酥油做法還包括不將浮起的乳固形物撈起，故意讓它沉到鍋底產生褐變作用，因此傳統酥油比淨化過的奶油味道更有深度。如果食譜中要求要用酥油，也可用澄清奶油替代。

雞鴨內臟／ Giblets

禽類的心、胗、肝等內臟。心和胗是味道豐富的強韌肌肉，需要長時間慢煮才會軟爛（胗是鳥類第二個胃，用來磨碎消化食物）。而烹調肝的最好方式是快煎。心與胗也可切碎做成增添風味的肉汁，放在雞鴨高湯裡也很好。雞鴨內臟經過燜燒或油封後可以做成沙拉的一部分，或者切片炸到香酥代替培根做沙拉的裝飾。

釉汁，肉膠汁／ Glace de viande

glace 是冰淇淋的法文，若用在廚房則表示已經大幅濃縮的肉高湯，一般可寫成 glace。2 夸特（約2.3公升）的上好小牛高湯可濃縮成 1 杯釉汁。它可作為現點現做餐點的增味醬汁，也可加在肉餡裡，一方面增加風味，一方面可增加黏稠效果。還可當成滷汁澆在烤肉上增添味道深度。

腺體／ Glands

身體的部分組織，可吸收身體物質，改變後再分泌或排出。腺體具有特殊的味道及口感，就像肝臟和腎臟就是腺體。料理程序及食用方式都有特別注意的地方。而小牛胸腺是另一個上好的腺體美食，菜單把它叫做 sweetbread（甜麵包）。在料理豬的肩胛肉時，不管切片或做絞肉，常常會發現肉裡面有一顆顆如硬幣大小的脂肪小球，這就是類似腺體的節子，會使肉變苦，必須去掉丟棄。

濃汁，糖膠／ Glaze

1. 一種具有糖漿濃度的濃縮液體，通常可指濃縮的高湯（如濃縮肉汁 meat glaze），或是濃縮的醋（如備菜常用的義大利濃縮黑醋 balsamic vinegar glaze）。2. 糖膠泛指質地稠密、薄薄一層、以糖為底的糖衣果膠，可用來做蛋糕或糕餅的塗層，通常讓食物增添一層鏡面般光澤。

麵筋／Gluten

小麥蛋白質「麥穀蛋白」(glutenin)與「穀膠蛋白」(gliadin)的混合物（請見馬基書中說明）。當麵粉遇到水時，小麥蛋白質會結合成長鏈使麵團具有彈性，而麵團因此能夠保持酵母菌釋放的氣泡，這就是發麵。但如果放著不管，麵筋也會鬆弛。麵筋也很多作用，可讓義大利麵和糕點有咬勁。如果要讓柔軟的派皮酥脆，可在麵團裡加一點油，使麵筋起酥。在麵團裡加入如小蘇打等鹼性物質，可以降低麵粉筋性。

義式馬鈴薯麵疙瘩／Gnocchi

小坨的義大利麵，用馬鈴薯泥加上麵粉做出的麵疙瘩。也可以變換花樣，加上ricotta乳酪就有乳酪口味，還有加入蛋和粗粒麥粉的巴黎麵疙瘩，結果最基本的義大利麵和馬鈴薯麵疙瘩及乳酪麵疙瘩就演化成完全不一樣的東西。麵疙瘩應該吃來Q彈有勁，不會過硬，也不該糊糊爛爛的。做馬鈴薯麵疙瘩要注意麵粉份量，只要能夠黏合馬鈴薯泥就夠了，也要小心別揉太久。

鵝／Goose

行為舉止很像鴨，烤全鵝是最常見的做法。只是鵝比較大，需要烹煮久一點。鵝就像鴨需要慢火烹燒才能逼出肥厚的油脂，熬出的鵝油是很好的烹飪介質，而鵝腿特別適合油封。

乳酪球／Gougères

見泡芙Pâte à choux。

穀物／Grains

稻米、小麥、玉米及其他少數植物的果實，是世界飲食的主軸，也是廚師食物儲藏室裡的重要食材。它們可以按照你希望的變化呈現各種風味，有無數用處，形式千變萬化。穀物具有外殼（麩皮）、胚芽

及胚乳，通常使用的部分是胚乳，但販賣及使用的形式有全穀、可去皮、可切碎，也可磨成粉類（如麵粉）。麩皮具有高纖維，胚芽有多重營養素，胚乳則有碳水化合物及蛋白質，因此在烹調方法上必須多方考慮，大多數的穀類都經過乾燥，所以烹煮時需加水還原，通常加入的水分是穀類體積的兩倍（玉米粒或玉米醬這類乾燥玉米就需要更多的水，有些稻米就不需這麼多水，如印度香米），但穀類及水分的比例是1：2已是通則。烹煮穀物最該注意的是一起煮的液體會滲進穀物，味道也隨之進入，所以如果這液體是水，我們要調味的對象就是水。如果煮穀類的水沒有用提香蔬菜調味，也不是高湯，建議在水中加入鹽和少許油脂（像是奶油或有風味的油都可以）。調味後要記得試味道，若在兩三杯水中只加入一小撮鹽，根本無法達到調味目的，而是你想把米、藜麥或大麥煮成什麼味道，就該將水調成什麼味道。如果水的滋味不近人意，就要加以調整。只要穀物沒有乾掉就會一直是溫的，也可以放入冰箱冷藏，吃時再加熱即可。

冰沙／ Granita

義大利文的顆粒之意，寫成法文則是granité，是一種用糖、果汁或甜酒等有味液體做成的甜點或菜間爽口小點（具有冰晶的顆粒口感，這是與滑順的雪酪sorbet不同的地方）。冰沙多具有強烈的酸甜滋味及清新爽口的風味，當然鹹味的冰沙也很普遍。而冰晶質地是來自液體冰凍時不時攪拌的結果。

砂糖／ Granulated sugar

萬用甜味劑，當作烘焙材料也好，加在飲料裡也好，或是用來中和鹽的死鹹，砂糖隨時待命。使用方便是砂糖的優點，但也因為太過方便，往往不經思考就用了。下次要用砂糖時，請想想是否該用紅糖或蜂蜜代替。它是簡單的糖，經過燒煮就會變色，糖分子一經轉換，甜味就變得越來越複雜。

葡萄籽油／ Grapeseed oil

具有質地清澈、起煙點高的特性，是主廚常用的料理油。但相較於其他中性油（如芥花油），葡萄籽油的價錢較貴，並不是最經濟實惠的選擇（見**料理油** Cooking oil）。

醃漬鮭魚／ Gravlax

直譯是「埋起來的魚」── 源自古老的北歐，指醃漬發酵的魚 ── 今天則指不加以煙燻的醃漬鮭魚（lox 才是煙燻鮭魚，經過重鹽水醃過，再煙燻）。如果你拿到上好的鮭魚，特別是野生鮭魚，強烈建議你自行在家醃漬。把鮭魚用鹽糖比 2：1 的醃料包起來（可加任何你喜歡的提香蔬菜，如柑橘皮、新鮮香草、辛香料），看魚的厚薄程度，至少醃一天，洗乾淨擦乾，最難的部分是把它切成薄片。

肉汁／ Gravy

即法文的 jus（原湯肉汁），或多或少與利用燒烤剩下的油脂湯汁再做醬汁有關。一爐燒烤可能夠所有人吃，但燒烤剩下的醬汁絕對不夠所有人使用，所以隨手加一點高湯紅酒調整烤肉剩下的東西，利用鍋底殘渣增強肉汁高湯的味道，隨即加上任何你想加的提香料增香，只要鍋中醬汁的風味份量都達到你滿意的程度，就可用油糊或芡汁勾芡，而這就是肉汁 gravy，是打芡稠化的醬汁，而不是 jus 所指的原湯肉汁。做肉汁時，最好利用烤肉逼出的油脂作油糊。

希臘式冷盤／ Grecque, à la

冷食的蔬菜料理，而希臘式沙拉就是烹煮過的放涼蔬菜，再淋上油醋醬。這道菜色的技巧很簡單，蔬菜用海鮮料湯煮到快熟未熟的程度，用水冰鎮後，放到透涼的湯汁裡保存，上桌前再拿出來。這是絕佳的烹飪技巧，對於一般在上菜前就要把菜先做好的人來說，實在很便利，特別在酷熱天氣下，或吃自助餐時，希臘式冷盤特別受歡迎。

綠色蔬菜／ Green vegetables

烹煮時間越短越好，且要立刻食用。不然為了保存鮮艷的顏色和風味，就要把菜放進冰水中冰鎮，水濾掉後等要吃時再回溫。當然，綠色植物也可用烤的、炙的、蒸的或乾煎的，但是基本做法是丟進大量煮滾的鹽水中，水量夠多就可維持滾沸的溫度，燙好盡快拿起，如果不是立刻吃，盡快放進冰水裡冰鎮。

義式三味醬／ Gremolata

集簡單巧妙於一身的綜合提香醬，材料是切成細末的大蒜、檸檬皮和巴西里，用在燜燒菜色上有畫龍點睛的效果（新鮮獨特的柑橘香氣正好襯托燉煮燜燒菜複雜焦香的燒烤風味）。義式三味醬用的大蒜是生大蒜，必須抹在熱食上，辛香氣味讓燜燒肉帶著一種難以形容的層次深度。傳統上，這種做法叫做 gremolada，是做米蘭燉牛膝的簡單配料，也是鮮明香料的高明用法。新鮮香草、柑橘、大蒜的傳統配方衍生出不同變化，也很珍貴，例如可將柑橘皮換成其他柑橘類，如檸檬或萊姆，巴西里也可換成羅勒或香菜。

半乳鮮奶油／ Half-and-half

牛奶和奶油的混合物，含有約 12% 的牛奶脂肪，是鮮奶油脂肪含量的 1/3。做卡士達的材料需要用到鮮奶油和全脂牛奶，半乳鮮奶油可替換使用，但一般情形下不可作為鮮奶油的代替品。

火腿／ Ham

通常是以亞硝酸鹽醃漬的豬肉，亞硝酸鈉（又稱醃漬鹽或粉紅鹽）會使火腿產生玫瑰般的顏色和火腿味，如沒有加入醃漬鹽，就只是豬肉而不是火腿了（需要注意的是，如果雞鴨也以亞硝酸鹽醃漬，也會產生火腿味，可以讓某些不吃豬肉的人在追求類似味道及口感時，多一種選擇）。對於不同部位的醃製豬肉，我們都叫做火腿 ── 就像醃漬豬胛肉有時叫做農家火腿

（cottage ham），前腿肉叫做野餐火腿（picnic ham）—— 但真正的火腿是豬的後大腿。要先用鹽乾醃，再吊起來風乾（通常就成為義式火腿prosciutto，或是法國生火腿jambon cru）。或用重鹽水醃漬，然後煮熟（就是新鮮火腿）或煙燻。無論熱吃冷食，火腿都很美味，但最厲害、最見功效的用法還是當作調味，從湯品、豆類、燉物到無數菜餚，加入火腿，就有了份量及複雜性。

○ 煙燻蹄膀／ Ham hock

經過醃漬再煙燻的蹄膀。蹄膀是豬蹄上面的部位，原來用在熬湯和燉菜，既可增加風味又可釋放膠質增加濃度。蹄膀並沒有太多肉，但是煮到軟爛時，上面小塊的肉實在美味。除了結締組織，蹄膀上的皮也是增加湯汁豐富膠質的好材料。

○ 頭／ Head

動物的頭通常都有很多肉，還有帶給高湯風味及膠質的膠原蛋白，加入湯中則讓高湯多些骨頭成分，但有時頭肉也是主要食用的對象（就像豬頭肉凍和小牛頭燉肉）。較大的動物頭肉會有整塊的部分（如豬頰肉和牛頰肉），這些是上好的燜燒材料。動物的頭是很珍貴的食材，不該被丟掉。

○ 豬頭肉凍／ Headcheese

一種菜色，肉和蔬菜慢煮後裝入模具，再用膠質高湯凍住，做法就像肉糜派，要吃時切片，配上芥末或油醋醬，當作什錦醃肉拼盤或沙拉的一部分。習慣上肉凍都用豬頭做，這是克盡其用動物頭部的方法，不但好吃又很方便。頭上的肉骨頭和結締組織可以做成充滿膠質的美味湯頭，煮熟的肉可從骨頭上輕鬆取下，耳朵軟骨煮爛後切絲再配上香料、鹽和提香蔬菜，就是豬頭肉凍的材料。

心／Heart

也許心臟是最不像「雜碎」的器官肉類，因為它和其他牛排、排骨等肌肉性質十分類似，卻與肝腎內臟的性質大不相同。它幾乎都是瘦肉，卻非常有味道，因為不斷運動肉質堅韌，用來燉湯風味很好（法式高湯要做蛋白澄清時用心臟增味就是很好的選擇）。但它也可以切細刀（方便燉爛的方法）和其他瘦肉一起快煮。

高脂鮮奶油／Heavy cream

見鮮奶油 Cream。

新鮮香草／Herbs（fresh）

廚房中極重要的食材，重要性難以評量。只要羽毛似的兩三片，就足以單槍匹馬讓一整盤菜餚脫胎換骨。香草的用途無數，綜合香料可加在高湯或蛋包裡增添香氣，新鮮香草加在奶油裡就是調和奶油（見調和奶油 Compound butter），不切碎可做成沙拉，也可和提香蔬菜一起放在高湯或燉湯裡。香草多半以莖的屬性分為軟莖香草和硬莖香草，蝦夷蔥、龍蒿菜、巴西里是軟莖香菜，而百里香和迷迭香是硬莖香菜。沒有新鮮香草在手，用乾燥香草也行，但說實話，新鮮香草無法取代。如果有任何香草使用上的錯誤，應該是廚師一時錯手用太多了。香草香味極易揮發，最好越接近使用時間再切碎較好。如果還沒用，可以用濕毛巾包起來放在冰箱一兩天，讓它們可以呼吸也不會乾掉。

乾燥香草／Herbs（dried）

乾燥香草不只是新鮮香草的替代物，本身的用途就很廣泛，且最好的乾燥香草多是自己乾燥製作的。等到有雞要烤時，捻碎一些灑在雞上，或是放在湯品或燉湯裡都很棒。有兩個因素影響乾燥香草的香氣：第一，雖然乾燥香草可以放好幾個星期，但時間太久香氣就變淡了，最好還是越新鮮越好；所以家庭廚師購買乾燥香草時，少量購買就好，

且要聞聞香氣看看顏色，評判它的新鮮度；第二，乾燥香草需要較長的烹煮時間，先要吸飽水分才會釋放香氣，所以在菜餚完成之前，就要先加進去。

豬／ Hog, Pig

俗話説的好，「除了豬叫聲，豬從頭到尾都有用。」這可説明站在料理的觀點上豬是多有用的動物。豬肉滋味豐富，每處口感各有不同，可做無數菜色。豬油的能耐更是無「油」可比，上從糕點下至肉糜派，所有餐點都可用豬油增添濃郁風味，此外它還是料理油。而豬皮有豐富的膠原蛋白（可以變成膠質）。還有各種各樣的豬內臟，從腸衣到器官，各有不同功用。若論豬全身上下各種能耐，所有牲畜中就屬它稱王。如果時間價格允許，也找得到貨源的話，建議尋找自然飼養的豬隻——最好避免品質不佳的工廠養殖豬。（自然飼養的豬隻可在網路上找到，在食物賣場上也越來越常見）。

荷蘭醬／ Hollandaise

經過乳化的溫熱醬汁，有時也稱做「母醬」（mother sauce，但其實不算）。做法是將蛋加入全奶油或澄清奶油中乳化，再用少量的水、酸味食材、鹽、胡椒調味，就變成了濃稠，濃郁，風味鮮明，適合各類蔬菜、蛋、魚的萬用醬汁。它的衍生醬汁很多，若以龍蒿菜調味就是白醬（béarnaise），龍蒿菜外再加入番茄就是choron醬汁，荷蘭醬加上薄荷就是paloise醬汁。

蜂蜜／ Honey

萬用增甜劑，滋味比砂糖更有深度。想在打發的鮮奶油、茶或醃漬醬料裡加一點甜味，想清楚需要哪種甜味較好，也許蜂蜜這種帶有花香味道的甜味是你想要的。但蜂蜜的品質差別很大，最美味的蜂蜜通常採自野花或果樹的花。

餐前小點／Hors d'oeuvres

餐前吃的小點心，像堅果、乳酪或餅皮肉糜派都可做餐前點心，但通常不是分好一口一份的，這是與分好一口份量的 canapé（也譯作餐前小點）最大的不同。

辣根／Horseradish[19]

料理人最好能辨別清楚下列兩種辣根產品：現成的罐裝辣根醬（加上油醋醬做成的辣根泥），新鮮現磨的辣根醬，兩者是不同的產品。新鮮磨出的辣根非常刺激辛辣且乾淨，加上一點油脂（通常是鮮奶油），就可作為肉和魚的基本醬料。辣根可磨泥，也可切成細絲，作為肥膩肉排、肉糜派、沙拉或煙燻魚的裝飾配菜，既好看又增味。現成的辣根醬雖可做新鮮辣根泥的替代品，但美味程度卻遠遠不及。

總管奶油／Hotel butter

見綜合奶油 Beurre maître d'hôtel。

冰／Ice

廚房必要的料理工具，對降低食物溫度有極大功用。可迅速停止綠色植物熟成，可使灌香腸的絞肉一直保持低溫，如果麵團在熱騰騰的廚房裡一直攪拌，冰塊還可當成水加入發酵麵團裡保持低溫。或將熱滾滾的湯鍋浸在冰塊水裡，攪動熱湯，一大鍋熱湯在幾分鐘內就可由熱滾滾降到涼悠悠。冰塊是控溫的利器，若要阻止綠色蔬菜熟成，或是降低湯鍋溫度，通常隔冰水降溫是個好方法。

霜飾／Icing

蛋糕和餅乾的重要裝飾，成分是糖、奶油，有時還加入蛋。最簡單的霜飾是用糖和奶油做的（糖與奶油的比例依重量為 4:1，而濃稠度可再加入鮮奶油等液體調配）。而奶油霜（buttercream）是較複雜濃郁的霜飾，材料是蛋

[19] 辣根常有人誤會是芥末，但歐美所指的芥末是 mustard，材料是芥菜子，與辣根不同。此誤會起於日本山葵是辣根同種植物 Japanese horseradish，而日本山葵醬的英文為 green mustard（綠色芥末醬），台灣又把山葵醬轉譯做芥末醬，意義就此混淆。

的某一部分（全蛋、蛋黃、蛋白都可以）經打發後，再加入煮過的糖，再和打發的奶油混合就是奶油霜。forcing 及 icing 一般都是霜飾的意思，十分容易混淆，但 icing 較為專業，而 forcing 就有點家庭自做的味道。

夾心嵌料／ Inlay

一種增加趣味和口味的內部裝飾，通常用在陶罐法國派這種料理上（有時也用在麵團或蛋糕上）。通常是整塊使用，就像肉凍派會用上一整塊里肌肉，海鮮陶罐派裡會嵌入一整隻龍蝦尾巴或干貝，或是在布里歐什糕點[20] 裡加入一整條香腸。

腸子／ Intestine

這裡特指豬腸或羊腸，兼具堅韌及細緻的特性，可以做成香腸或其他備料的腸衣，而使香腸具有口感、風味、顏色。腸子依尺寸分類（大多數商家都以腸子可用的直徑大小標示），是絞肉的絕佳容器，有時候也搖身一變成為香腸裡的內餡，如法式內臟腸[21]。也有用牛腸作腸衣，但尺寸過大多筋，吃來太硬。

內嵌裝飾／ Interior garnish

配菜裝飾須具備替主菜增加視覺美感及口感風味的功能，但有些品項的裝飾卻從內部鑲嵌，就像餅皮法國派（pâté）在製作中就要加入裝飾的元素，而花紋圖案只有在切開時才看得到。內嵌裝飾可分為兩大類，一類是「散料」（random garnish），是拌入蘑菇、乾燥水果和醃漬肉丁的內餡；一類則是夾心嵌料，也就是要小心嵌入肉餡中的單一食材。

菜間小點／ Intermezzo

料理專業術語，指在主菜與主菜間上的小菜，有除味點心的功能，就像義式冰沙，令口味再次清爽。

[20] 布里歐什（brioche），放了重乳酪的糕點。法國大革命前人民因沒有麵包可吃而喧鬧，瑪麗皇后竟說「沒有麵包，就吃 brioche 啊！」因而著名。

[21] 法式內臟腸（andouillette），法國傳統菜色，但內餡除了豬血、豬內臟外，還加入剁碎的小腸增加脆度。

碘鹽／Indoized salt

加了碘化鉀的鹽，做法始於1924年，當年內陸地區缺碘問題盛行，鹽中加碘是為了預防缺碘疾病。碘鹽有一股刺激的化學味，並不建議用在烹煮或調味上。今日國人的飲食來源變化多元，已經不再需要碘鹽。

義式蛋白霜／Italian meringue

見**蛋白霜**Meringue。

果醬和果凍／Jams and jellies

水果用大量的糖煮過，加入果膠等凝膠劑，就會變成果醬，如果成品質地乾淨，則是果凍。果醬是甜塔、蛋糕等各式甜點最好的裝飾或塗醬，不只因為甜酸味強烈，也在於它誘人的質地。如果覺得蜂蜜比糖的甜味複雜有層次，如果材料合適，不妨也考慮換用果醬，例如，讓水果塔看來亮晶晶的鏡面果膠就可用果醬代替，如此也增加水果塔的風味。很多果醬都有籽，如果要用果醬調味，可用網篩將籽濾掉。其實果醬也不一定要用水果來做，任何蔬菜甚至乳品都可煮到像果醬一樣的濃度，在技術上其實也可叫做「醬」，如果糖果用果膠細緻地裹上一層，也可稱為果凍。

牙買加辣醬／Jerk, jerked, jerk seasoning

一種原產自牙買加的調味醬，味道辛辣誘人，不管是雞、豬、魚都可用它調味。醬料材料包括辣椒、鹽、胡椒、帶甜味的香料，特別是牙買加當地特產的各種香料，還加上醋。如果某食材用牙買加辣醬醃製，就說是辣醬料裡。

關節／Joints

動物的關節充滿膠原蛋白，經過長時間慢火熬煮就會融出膠質。因此關節是熬製高湯最好的食材，可提供高湯濃度。

豬頰肉／ Jowl（hog）

豬頰肉因為風味及脂肪比例而備受讚譽，可以用醃製培根的方式醃成義式醃肉 guanciale，風乾後，食用方法與培根或義式培根 panetta 相同。豬頰肉的油花豐富鮮美，是做香腸極好的材料。

原湯肉汁，肉汁醬／ Jus

汁液的法文，通常指烹調過程中產生的肉汁，或是肉在切開瞬間流出的原汁，這是一種可以佐肉的醬汁（而 au jus 的意思就是以原汁佐肉的意思），也是利用煮肉原湯做出的快速醬汁，燒完肉的鍋子通常沾著肉油和鍋底殘渣，要做這樣的原湯醬汁，先要把多餘的油倒掉，再用白酒或高湯洗鍋底收汁（只要高湯夠多，可加入任何香草和碎肉，但無論你在煮什麼，千萬不要沖下多少湯就做多少醬），然後迅速煮過，過濾，就可以立刻上桌，味道應該非常新鮮。原湯醬汁的濃稠度應該來自鍋底留下的油，而不是芡粉或收汁濃縮，如果肉汁醬的濃度不如預期，只好用芡粉勾芡。

勾芡後的醬汁／ Jus lié

用芡水勾芡過的醬汁（芡水是澱粉和水的混合物，具有像厚重奶油一般的黏稠度）。

泡菜／ Kimchi

韓國辣泡菜，材料主要包括大白菜及其他許多蔬菜，如蕪菁和蘿蔔就是可能的配料。通常醃製時還要加入大蒜、青蔥和辣椒，是在家操作就十分容易發酵的醃漬品。要得到品質優良的泡菜，在家做也許是最可靠的方法。

猶太鹽／ Kosher salt

沒加碘的鹽，對食物的影響較純淨。其他未加碘的鹽也同樣可用，但

L

猶太鹽便宜又隨處可得,成為料理調味上較受歡迎的鹽。這種鹽的顆粒結晶較大,要多花一點時間才會在肉的表層融化,但顆粒大也讓指尖較易控制鹽量。請固定使用同品牌的鹽,這樣用鹽的手感才會一致。請記得不同的鹽依重量會有不同的體積,所以建議,當用鹽量超過一湯匙時,請用重量評斷而不要用體積決定要放多少猶太鹽。

乳糖／Lactose

牛奶中的糖類,馬基認為:「這種糖類在自然界其他食物中幾乎都找不到。」有人沒有足夠的酵素可以消化乳糖,而患有「乳糖不耐症」。

羔羊肉／Lamb

羔羊肉滋味豐富,特別是天然牧場飼養的羊(牠們是反芻動物)。就像其他陸上動物的肉一樣,羔羊也分為兩大類,一類肉質堅韌,一類較軟嫩。軟嫩的羔羊肉不需煮太熟就可食用,但大多數主廚認為即使很嫩的羔羊也該煮到不要太生才最美味。羔羊腿十分強硬,但上面的肉卻十分軟嫩,可以把貼在羊腿上的結締組織去除,然後就以一般軟嫩肉類的做法處理。越小的羔羊,肉質越嫩,特別是剛出生還沒有吃過草的羔羊肉質最軟嫩。

L

千層麵團,起酥皮／Laminated dough

麵團包入整塊奶油,經過多次反覆摺疊擀製後,成為被油脂分成無數層次的麵團。麵團經過烘焙,就是酥餅或法式千層派(mille feuille)。無論鹹派或甜點千層麵團皆適宜,如可頌或丹麥酥餅。如果奶油裡加上香草、辛香料,甚至用乳酪、巧克力等其他油脂替代,起酥皮會有各式有趣的結果。

豬油／Lard

指提煉出來的豬油,是上好的料理油,也是一度很流行的食材,但在

現今廚房，好像除了過時之外別無可說，但如果是經過適當提煉的豬油，用來煎、炸、半煎炸或油封都是很好的材料。豬油雖是固體，但在室溫下會變軟，所以做起酥皮時，會是很好的起酥材料（豬油雖不像奶油常用在糕點中，但它不含水分，可使麵筋更容易成形，是很棒的起酥材料）。比起其他動物油，豬油的味道較溫和，所以各種用法都適合。

鹽醃豬背油／ Lardo

經過醃漬的豬背油。從豬背上切出一塊厚實如奶油般的板油，再用鹽和調味料醃製，吃時切成薄片再加些許調味（包括橄欖油、胡椒鹽，也許再加點新鮮香草），配上麵包享用。如果稍微煎烤，也可當成乳酪披薩的配料，或配上蛋一起享用。生吃則有奶油般的滑順口感及溫和的醃漬豬肉香。

法式煙燻鹹豬肉／ Lardons

醃漬的豬腹肉，樣子像切成小條狀的培根，可作為沙拉或鹹派上的提味材料，也可作為燉菜裡的調味工具。最好依照自己想要的效果再切成適當大小 —— 如要做細緻沙拉或義大利麵的配料時，就切成小條；如果加在燉菜裡，可切成比較大塊。如果想放在傳統的捲鬚生菜沙拉裡，就要切得相當大塊，長寬約一公分的方形。適合法式鹹豬肉的烹調法是以低溫慢煎逼出油來，讓它外層酥脆而內層軟嫩。

青蒜，蒜苗／ Leek

香味清甜，是廚房的萬用法寶，放在高湯裡極好的提香材料（馬基認為蒜苗具有特殊的碳水化合物，可使高湯凝成膠狀，增加湯頭濃度）。要用青蒜做醬汁和高湯，可將青蒜先煎一下，吊出美味香氣再放入其他材料（味道和奶油及鮮奶油很合），還可切絲油炸。整根青蒜都可放進高湯，但如果要食用，只有白色部分可吃。在青蒜的葉瓣與葉瓣間卡著很多塵土，所以需直條切一半，把根部去掉，用冷水仔細沖洗乾淨。

腿／Leg

動物的腿含有大量結締組織，是經常使用的肌肉（因此很瘦），通常需要長時間慢火燉煮，如傳統菜色中的燜羊膝、燉牛膝及烤後腿臀肉。羊腿上的結締組織把不同肌肉綁在一起，烹煮時容易散開，切片看來就像腰內肉。而某些部位的牛腿肉也相當嫩（如後腿肉）。但一般而言，不管是兔子、雞、鴨或是大型動物的腿肉，以小火慢燉較好。

莢豆類／Legume

有莢的豆，豆莢裡面是豌豆或豆子。種類繁多，蛋白質含量高，新鮮或乾燥後皆可享用。與穀物結合可提供身體所需的必需胺基酸，可做肉類的替代品（有關烹煮的相關資料請見**豆類** Beans）。

檸檬／Lemon

氣味乾淨清新且略有刺激性，是多用途的酸味食材，從鹹點到甜品，無論何種菜餚都可用檸檬增加風味，如生鮮蔬果、煮熟青菜、油膩奶油，還可淋在肉、魚上，加進湯品與燉湯裡，配上卡士達與鮮奶油。只要幾滴新鮮檸檬汁，就可使無數菜餚味道鮮明。就像大廚艾力克・里佩爾所說：「檸檬救了好多菜的老命。」檸檬汁和檸檬皮更是無價的工具。

鹽漬檸檬／Lemon confit

用鹽保存的檸檬，有時也叫作醃檸檬。是誘人的調味工具，可用在沙拉、烤雞、燉菜等各式菜餚，是中東和北非料理的特色。檸檬很容易醃漬，又是很有趣的調味佐料，還可長期保存，做個鹽漬檸檬放在食物儲藏室實在划算。把檸檬對切一半，用鹽包覆，放在不會對酸起反應的容器裡封好，醃一個月，從皮上開口把肉和中間的芯挖掉，食用時把皮切絲切碎都可以，如果要生吃，必須稍微過水把鹽沖掉。

檸檬凝乳／ Lemon curd

檸檬凝乳（或檸檬卡士達）是出色萬用的甜點器具 —— 可做內餡、覆料、配飾或重點特色（如檸檬塔）。檸檬凝乳的材料是檸檬汁、糖、蛋和奶油，烹煮後就變成濃醬。傳統上用蛋黃、糖加上檸檬隔水加熱打發蛋汁，然後一點一點加入奶油攪打。但有很多變形，也有放入微波爐做出來的檸檬凝乳。

檸檬皮／ Lemon zest

檸檬皮是絕佳調味品，散發清新的檸檬味卻不帶檸檬汁的酸刺味（見**義式三味醬** Gremolata）。只要一點檸檬碎皮，所有料理都更增美味。使用檸檬皮或其他水果皮，無論是用手切，用刨刀削，或用磨皮器磨，要記得把白色內膜去掉（除了做水果蜜餞之外，做蜜餞時內膜會讓果皮保持結構，不會變成一塊硬皮或太脆）。對於非常精細的料理，果皮應該過水汆燙，用之前再入水冰鎮，如此可去除苦味。

扁豆／ Lentil

豆莢植物的一種，烹煮時間很短，也不需要泡水。扁豆有很多獨特有趣的品種，有又大又圓的扁豆、法國綠扁豆，以及美國常見長得像小型扁圓碟子的扁豆。

芡糊，奶蛋糊／ Liaison

大致說來，凡是可黏結他物的東西都叫「糊」，就像芡水或奶油麵糊。傳統上的芡糊是蛋黃和鮮奶油的混合物，可拌入醬汁、湯品和燉湯中使湯汁濃稠。傳統菜色白醬燉小牛肉，結尾時就要用奶蛋糊澆上一道，這個動作必須在料理快結束時做，要等醬汁溫度自小滾的狀態降低（因為不想把蛋液煮過熟），小祕訣是將部分醬料先加入奶蛋糊裡平衡溫度，再將全部蛋糊倒入醬汁。一般奶蛋糊的比例為3份奶油對1份蛋黃，且1份濃漿可對3份醬汁。

萊姆／ Lime

味道強烈出色，也許是未被充分利用的調味工具。如果你曾做過萊姆油醋醬，就會知道在各種最酸的柑橘汁中，萊姆汁是最方便取得的。為了平衡萊姆強烈的酸氣，必須加入比檸檬或醋更多的糖或油脂。

萊姆皮／ Lime zest

萊姆皮有萊姆味而無萊姆汁的酸，是出色的調味工具，就像其他水果皮的用法一樣，使用時要把內膜去除，只用皮的部分，入水汆燙冰鎮後可去除苦味。

肝／ Liver

不論就料理與食用的各個層面，肝臟都是十分特殊的食材，可當主角，可做調味工具，可熱吃，可冷食，可整塊上桌，也可切碎享用，甚至可做醬汁的稠化工具。其中，雞肝最常見，稍微煎一下就很出色，但是速度要快，才會汁多鮮美。常用的肝臟包括小牛肝、鴨肝、雞肝及某些魚肝，特別是鮟鱇魚肝（相關資訊請見**肥肝** Foie gras，所謂肥肝是指鴨或鵝被養肥的肝）。

龍蝦／ Lobster

龍蝦肉的口感風味一向被人稱道，有別於其他生物。最好的美國龍蝦來自寒冷的大西洋海域，且剛離水的新鮮貨最好。龍蝦最好現殺現做，無法如此也不要與料理時間相隔太久。適合以小火用水清燙，如果煮過頭，肉質就會變得又老又硬。但龍蝦其實適用各種烹煮方法，可乾燒用烤的，也可用融化奶油以小火慢煮。龍蝦尾巴有豐富的肉，但身上的環節和螯裡的小碎肉才是美味，螯肉肉質與他處不同，兩隻大螯外殼很厚，烹煮時的溫度要更高。有些龍蝦會帶著綠色像內臟的腺體，這是蝦膏，可用來調味。有些母龍蝦懷有珊瑚色的蛋，煮熟後會變成亮紅色，如菜色單調，龍蝦卵是十分鮮活的裝飾與醬汁配料。

M

龍蝦可以做好立刻享用，但若放涼吃冷盤也很美味。住在溫暖海域裡的刺龍蝦[22]（spiny lobster，美國龍蝦的親戚），肉質緊實鮮甜，但不常買到新鮮貨。

腰內肉／Loin

沿著動物脊椎兩邊的腰肉，可分外側或背後（如里肌肉是肋骨裡面的肉），腰內肉多半瘦又軟，烹調速度要快，不然就會又乾又老又柴。

煙燻鮭魚／Lox

用重鹽水醃製的鮭魚，多半經過煙燻。

總管奶油／Maître d'butter

見**綜合奶油** Beurre maître d'hôtel。

油花／Marbling

肌肉內層的脂肪含量或是品質高下都可自油花看出端倪。廚師都喜歡具有美麗大理石油花的肉，條紋狀的脂肪可增加肉的口感及風味。

乳瑪琳，人造奶油／Margarine

奶油的替代品，一度以動物性脂肪製作，現在多半用植物油製成。乳瑪琳比奶油便宜，但奶油種類豐富，品質又高，做菜或食用何必使用人造奶油。如果堅持要用乳瑪琳，請確定它不含氫化作用帶來的反式脂肪（氫化作用可使液體脂肪變為固體），反式脂肪會使血液中的膽固醇升高。

骨髓／Marrow

骨頭裡肥嫩的結締組織，通常以水煮或燒烤的方式料理，搭配任何餐點都是美味的配菜，是提升風味使菜餚更濃郁的利器。現今在食物賣場常見有骨髓的大骨頭。清洗時有個好方法可以放血水，請先把骨髓

22 刺龍蝦就是台灣常見的龍蝦品種。

從骨頭挖出，在烹煮前用鹽水浸泡，血水就可清理乾淨。骨髓是好用
的食材，可以切碎放在醬汁裡，也可提升卡士達的風味，或放在主菜
上當作美味配菜。

髓骨／Marrow bones

充滿骨髓的骨頭是骨髓的最佳來源，清洗時必須泡鹽水才可去除血
水。骨髓可以從骨頭中挖出來或擠出來（這動作說難很難，說容易也容易，
要看骨頭的形狀），不然就入烤箱烤到骨髓融化。髓骨可以用來熬高湯，
但這不是最好的選擇，因為骨頭上只有一點碎肉，而骨髓基本上就是
脂肪，而脂肪會讓高湯混濁。

馬提儂式配菜／Matignon

就是調味蔬菜（mirepoix），或具有芳香氣味的蔬菜，但不同的是，馬提
儂式配菜除了提香功能外，不需丟棄，可當成菜餚食用。通常燒烤禽
類時會墊上一層調味蔬菜，如果這些蔬菜要當成配菜，就是馬提儂。
材料除了洋蔥、胡蘿蔔和芹菜外，還包括蘑菇及培根做為加味的食材。

美乃滋／Mayonnaise

用途很多的油底醬汁（見乳化醬汁Emulsified sauce）。要做新鮮的油底醬
汁很容易，新鮮現做也最美味。但現在店裡也買得到品質很高可供每
天使用的現成美乃滋，如Hellmann美乃滋。加上一點辛香料、一點酸
味、一點洋蔥或紅蔥頭，罐子裡裝的美乃滋搖身一變就是新鮮現做的
完美醬汁，搭配豬、雞、魚都合適。這是一種在緊要關頭做乳化醬汁
的偷吃步。

肉／Meat

通常指動物的肌肉，不同動物的烹調須知請看牛肉、雞肉、羊肉、豬
肉各詞條說明。肉也指水果蔬菜或堅果可食的部分。

蛋白霜／Meringue

就是打發的蛋白，通常加糖增加甜味。是萬用的備料，可做蛋糕的發酵劑，是舒芙蕾的基底，讓慕斯質地輕盈，也可做甜點裝飾。蛋白霜可烤出不同硬度，也適用水波煮。加上杏仁風味再經過烘焙就是達克瓦茲杏仁蛋白餅（dacquoise）。常見的配方比例是2份糖對上1份蛋白，以重量為單位，將糖分次加入，但加糖的方式會影響蛋白霜的質地及用途。有三種蛋白霜，基本蛋白霜的做法是將蛋白打發後再加入砂糖；「瑞士蛋白霜」（Swiss meringue）是將蛋白加入糖後一面打發一面加熱；「義式蛋白霜」（Italian meringue）則是將糖先用小量水融化，燒到極熱，再加入蛋白攪打到最後。如果做好的蛋白霜不拿去烘焙，而是要做慕斯一類，最好使用瑞士或義式蛋白霜，這兩種方式都是一面打發蛋白一面加熱，在食品安全上較放心。如果想做脆口的蛋白霜，則要先將蛋白霜擠出希望的形狀後，再用非常低的溫度烘烤，溫度可能只要200°F（93°C）或更低，將水分烤乾而不起褐變。還有一種濕性蛋白霜，是做蛋白派的原料，但做法上就有一些難度 —— 糖沒有融化，蛋白沒有打發，或過度打發；烤的時間不夠，或烤太久，蛋白霜都有問題，不是出現顆粒，就是會慢慢出水 —— 所以請注意做蛋白霜時的小變化，也請記下各種結果。

麥年醬汁／Meunière, à la

簡單萬用又美味的褐色奶油醬汁，調味料只用到檸檬汁和巴西里。麥年醬汁多搭配白色肉魚，鱒魚就是常見的食材，但也適用其他味道溫和的材料。料理時多半會將食材沾上麵粉，以奶油煎，當煎到發出誘人的顏色和香味時，再加入檸檬汁（一方面為奶油降溫，一方面也避免奶油在燒煮過程中浮起乳固形物），然後再加入巴西里就完成了。

牛奶／Milk

廚房裡很有用的食材，主要用於稀釋食材。如果覺得加入奶油的卡士

達太過肥膩，奶油湯也太濃稠，加點牛奶就可稀釋；薯泥太乾，一點牛奶就可使它鬆軟。它是白醬的主要原料，可讓麵糊香滑。有時也加在麵團和糕點裡，烤過之後，牛奶麵團會呈現漂亮的焦黃色澤。

調味蔬菜／ Mirepoix

具有芳香氣味的綜合蔬菜，用來做高湯或醬汁的提味，高湯完成後就濾掉丟棄。傳統上的調味蔬菜包括2份洋蔥、1份胡蘿蔔、1份西洋芹，大略切一下，放進高湯和醬汁中，就是增甜提香的調味蔬菜。在特色料理中有各色各樣的提香蔬菜，大多都可當調味蔬菜使用，如生薑、大蒜、青蔥的組合就是具有亞洲風的調味蔬菜，而卡津風調味蔬菜還要加上青椒。在廚房提到調味蔬菜時用法並不嚴謹，而洋蔥、胡蘿蔔、芹菜的組合稱為標準調味蔬菜。

味噌／ Miso

發酵的豆醬，源自日本。味噌有很多種類，就像其他發酵食物，可用來增加鹹味的層次深度，而這種味道就是酯味（醍醐味）。可用在不同料理中，如湯品、醬汁、燉物，甚或拿來做油醋醬。

糖蜜／ Molasses

從甘蔗汁提煉出來的蔗糖結晶，是糖漿的副產品，廚房眾多甜味的選擇之一。糖蜜在甜味、酸度及些許苦味外，還具有複雜的焦糖風味（顏色越黑的產品，風味越濃）。由於味道複雜，除了一般用在蛋糕餅乾上，像烤肉醬或醃漬醬這種需要甜度提味的鹹味料理，加一點糖蜜會是很好的選擇。

融化奶油／ Monté au beurre

指整塊奶油融入高湯或醬汁等其他液體中。很多醬汁都用這種方式製作，因為奶油可增加極好的風味、滑順的口感，和令人滿足的濃郁。

要將奶油融入醬汁需注意下列狀況，首先醬汁必須很燙，而且得不斷攪打才能讓冰冷奶油融入，直到所有成分合而為一，成為乳化醬汁才算大功告成（見乳化奶油 Beurre monté）。

母醬／Mother sauces

母醬是醬汁部門的主幹，有母醬在手，再搭配少數基本醬汁，僅只一人就可創造出無數現點現做的變化。傳統上的經典母醬是利用油糊將高湯稠化，這種做法在現代廚房已不多見，大多數的廚房改用高湯，以數種高湯為基底變化出各種醬汁。所謂「母醬」就是可先做好放著的基礎醬底，之後加入各種提香料及調味品，就變化出各種衍生醬汁。主要母醬包括：以牛奶為底的「白醬」（béchamel），以雞、魚等白色高湯為底的「天鵝絨醬」（velouté），以褐色小牛高湯為底的「西班牙醬汁」（espagnole sauce）。有人認為番茄醬和荷蘭醬也是母醬，但此番茄醬是法式「番茄醬」（tomate），而不是義大利的大蒜番茄麵醬。而荷蘭醬與一般母醬不同，很少有人用荷蘭醬再做出各種衍生醬汁，而是利用做荷蘭醬的方法，包括先用提香料和酸性食材熬出濃縮湯汁，以此為醬底，再打入蛋黃和奶油乳化，做出各種變化，這種以奶油乳化醬汁的手法是荷蘭醬的做法，所以荷蘭醬就成為各種乳化醬汁的代表名稱。母醬是各種醬汁的醬底，但所謂「醬底」的概念卻常使人困惑，市面上到處看到掛著「醬底」（sauce base）為名的醬料，那些醬底不是自做的母醬，品質遠遠不及，稱不上好食物，錢花的也不值得。但說到艾斯可菲廚房軍團做出的母醬，或現今大餐廳廚房做出的母醬，想必居家廚師做不出來也用不到，但由基本醬汁衍生出各種醬料的概念卻是家庭廚師可以學習的，如果哪天在家做了高湯和醬汁，就可多加利用。

慕斯／Mousse

法文的泡沫之意，是一種質地如空氣般輕盈的食物，通常是甜的（但有

時也可作鹹食）。基本上任何輕盈如空氣的泡沫都可稱為慕斯，最常見的是慕斯甜點，傳統的做法是將蛋黃和糖打到如緞帶般滑順（現在多半一面攪打一面隔水加熱，可使蛋黃稍微煮過，也幫助糖的融化），然後將蛋白霜拌入蛋液，再用其他食材調味（如可加入融化巧克力或濾過的水果泥），最後與打發鮮奶油拌合，完成慕斯料理。

慕斯林／ Mousseline

一種魚漿或肉泥，味道細緻美味，材料是魚或白肉，再加入蛋白和鮮奶油攪拌成泥狀（基本配方是1磅肉配1顆蛋白，再配上1杯鮮奶油），然後塑形（可用陶罐塑成派狀，或做成橢圓蛋，還可當成內餡），溫和烹煮後食用，是以細緻高雅取勝的菜色。而這個字還有第二層意思，有些乳化奶油醬汁會額外加入打發的鮮奶油使質地更加輕盈，就成了慕斯林奶油醬。

肌肉／ Muscle

我們一般稱的肉就是動物或魚的肌肉，是由結締組織結合蛋白質纖維而成。肌肉運動越多，就需要更多結締組織，肉質因此越來越堅硬。有時主廚要人拿肉時，就是指一整塊沒有切磨過的肌肉。

蘑菇／ Mushrooms

現今在食物賣場可找到各式各樣的蘑菇，就連羊肚菇或香特烈菇（chanterelle）都很常見。蘑菇配上奶油或燒烤類的食材，就是一道口感豐富又美味的佳餚。雖然料理蘑菇的方式很多，但還是以乾熱法最能提出菇類香味 —— 也就是用煎的、烤的，甚至用炙的。透過油的激發，蘑菇的香味散發出些許肉香，這就是為什麼蘑菇和奶油湯或奶油醬如此對味的原因。菇類下鍋煎炒時（特別是味道溫和的洋菇），一定要將鍋子燒得越熱越好，讓蘑菇一入鍋就可立刻褐變，冒出香氣，不要等到出水，要褐變就比較困難。

淡菜／Mussel

淡菜也許是最容易烹煮的生物了，如果找得到很好的貨源，就是最棒的居家料理。它的做法越簡單，越能顯出食物鮮美，但先決條件是淡菜品質要很好。此時蒸淡菜最美味，蒸到淡菜稍稍開一點口，立刻沖入白酒、百里香和大蒜，立刻香氣撲鼻。它是濾食性軟體動物，可能有毒，所以要找可靠的商家，確定淡菜在離水後的處置方式，必須非常新鮮，下鍋前都還是活的。有些貝類像牡蠣，離水還可自行存活一段時間。所以有些主廚到餐廳吃飯，如果他們相信這家餐廳大廚的人格，淡菜就是他們會點的菜色。

芥末醬／Mustard

不只用在醃肉拼盤或熱狗上的美味調味料，更是各種醬汁的萬用調味，只要是不含酸性食材及辛辣提香料的醬汁，都可搭配芥末醬。例如將烤雞塗上芥末醬，香辣好吃，濕性食材加入芥末醬後油脂就會乳化，做油醋醬或美乃滋時，則可利用芥末醬加強乳化效果。芥末粉的原料是磨碎的芥茉籽，Coleman's芥末粉就是綜合芥末粉，味道非常辛辣。還有法國第戎（Dijon）芥茉醬，是芥末粉加上酸和提香蔬菜的混合。各種醬料都不一樣，調味前請先嘗嘗味道，使用狀況也依個人喜好。要做基本的芥末醬，只需在芥末粉裡調入水，再用鹽和糖調味（也可加入醋、提香料，或任何喜歡的辛香料，像是芥末籽、香菜籽或小茴香都是很好的選擇），讓芥末醬發上30分鐘就好了（可直接食用，或之後再熱，但再熱的芥末醬會稍帶苦味）。

海鮮水中游／Nage

一種海鮮料湯（court bouillon）或是燉物湯底（cuisson）。做法是將湯水加入提香料熬煮，而後放入魚、海鮮一起煮，而這鍋湯如果全湯原汁端上桌，就是Nage（或寫成à la nage，字面上是海鮮在湯中游泳的意思）。湯的內容包括蔬菜、魚或肉湯，與燉物湯底不同的是，海鮮水中游的湯無

須經過濃縮勾芡，也不像海鮮料湯，煮過後就丟棄不用了。這是個簡單美味又有效率的烹煮方式，烹煮魚和貝類時很常用。

泰國魚露／ Nam pla

見**魚露** Fish sauce。

拿破崙派／ Napolean

傳統的拿破崙派是一層千層酥皮加上一層奶油餡層層交疊的甜點，但今日已成為形容軟硬食材層次交疊的術語，可用來形容任何有此口感的食物，不管鹹食或甜點都有拿破崙式的菜餚。以「拿破崙風」將各種食材以不同組合創造層次口感，絕對是呈現美食的好主意。

鏡面果膠，膠狀，上膠／ Nappage, nappé, nap

nappage是法文的桌布或覆蓋的意思，而nappage在廚房的用法就是一種蓋在食物上的醬汁。nappé與某種特殊濃度有關，不像肉汁稀薄，也不像荷蘭醬濃重，是濃度質地正剛好的醬汁。而用這般濃度恰好的醬汁澆淋在食物上就叫做nap（上膠）。

脖子／ Neck

主要由骨頭和其他結締組織組成，基本上沒有太多肉，但可增加高湯濃度，特別是禽類的脖子。有些禽類的脖子直徑約與香腸同寬（如鴨和鵝），所以脖子的皮也可當作腸衣，填入餡料做有餡料理。

榛果／ Noisette

見**焦化奶油** Beurre noisette。

麵／Noodles

麵的型態百變，作用繁多，是餐桌上的至寶，也是廚師的最大樂趣。麵的形狀有長條狀、寬帶狀、各式管狀，還有薄片狀。做法可用手捍，也可直接從製麵機裡壓出麵皮再切出形狀。選擇義大利麵的主要考量有二，一是厚度（決定口感），二是麵形狀沾附醬汁的狀態（一般而言，醬汁越細緻，就要選用越細的麵）。在西方，麵食材料多半以麵粉為底，再加入蛋。但在東南亞卻是以米粉做成的麵為大宗（做法是先煮熟再曬乾，等到要吃時再下水簡單煮過），在韓國流行用甘藷做成的麵，而日本以蕎麥麵（soba）出名，所以請不要一想到麵，就只想到義大利麵。

堅果／Nuts

有些大樹或灌木會長出硬殼單核果，這就是堅果，是可食用的種子，烘烤後加上鹽就是零食。它是廚師的好朋友，無論鹹甜美食，加上堅果就有了風味、脆度，甚至是甜味。它也是裝飾，就像綠豆或餅乾上放的杏仁、沙拉上的腰果、烤雞上的花生，或作為菜餚的襯底。堅果適合烘烤，一烤則香味誘人質地變硬，裹上糖霜或灑上香料後還更有味。堅果還是醬汁的稠化劑及增香料，就像西班牙romesco辣醬放的杏仁，或是印度醬汁的基本配料，腰果拌奶油。

內臟，雜碎／Offal，Organ meat

動物的內臟和腳爪尾巴都歸於此類，所以又叫雜碎。但這些又雜又碎的東西卻能提供各種誘人的風味和口感，做出數量與滿意度都超乎預期的各式菜色，美味程度與正常肉塊無異。農業社會基於現實需要，將雜碎物盡其用十分普遍，但諷刺的是，今天除了高檔餐廳，無人再做如此考量。隨著農夫市集或特殊專賣店的普遍，有更多餐廳主廚成為雜碎愛好者，內臟腳爪逐漸端上檯面。雜碎可分為互有重疊的四大類：包括軟或硬、紅與白。所謂軟或硬的內臟就像需要快速烹燒的腎臟，還有需要長時間細火慢燉、燒到軟爛的舌頭與尾巴。而所謂紅白

內臟則像肝臟、心臟、小牛胸腺和腦。其他雜碎還包括動物耳朵、腳爪、腸子、臉頰、頭部、脾臟、胃、雞冠和睪丸，多半具有高膽固醇，富含鐵質及維他命。（對於烹煮雜碎記載最詳盡、最好的資料是理查．歐恩尼〔Richard Olney〕所編的《雜碎》〔Variety Meats〕一書，收錄於 Time-Life 於 1982 年出版的《好廚師系列》〔The Good Cook 〕）。

焦化洋蔥／ Oignon brûlée

從法文字義上來說就是燒焦的洋蔥。做法是先將洋蔥對半剖開，將剖面向下煎到焦黑。將焦化洋蔥加入高湯或湯品中燉煮，不但會增加甜味，還會散發焦香氣。但這不是常用的技巧，很多廚師並不喜歡料理帶有焦味，所以不常用。但是洋蔥在經過深度焦糖化之後，外觀幾乎全黑卻不乾柴，這樣的洋蔥的確會讓高湯的風味充滿深度，也能加重高湯色澤。

洋蔥插丁／ Oignon piqué

用丁香將月桂葉釘在整顆洋蔥上（即使有時候，月桂葉一插就破，只剩一顆顆丁香孤伶伶插在洋蔥上）。這是提香料的備料，多用在製作白醬。至於為什麼要「插丁」，原因其實很簡單，只是當提香料鞠躬盡瘁時比較容易一起拿掉。

油／ Oil

見料理油 Cooking oil 及脂肪 Fat。

橄欖油／ Olive oil

橄欖油香味濃郁，含有大量單元不飽和脂肪及低量的飽和脂肪，這些特色讓橄欖油有別於其他食用油。它常見的用途是調味增香或作為料理油，最好的橄欖油是初榨橄欖油，且不經過烹調及過濾，這種油最好只用來調味嗆香。精練過的橄欖油才可以拿來烹煮。但橄欖油多半比其他料理油貴，所以只有在講究橄欖香氣時才用得上。

橄欖／Olives

有一度橄欖在美國市場上只看得到綠色和黑色兩種（好像只有喝馬丁尼及做披薩時才用得上），但現在食品賣場上已買得到各式各樣的橄欖。它可以直接吃原味，也可以醃過增味，作為開胃前菜，醃醬可用自己喜歡的香草、提香蔬菜、柑橘皮、辛香料，醃泡之後就成了適合自己口味的橄欖。對於廚師而言，鹹香、味酸、氣味強烈的橄欖是最適合做配菜的萬能食材，可讓食物帶有醍醐味。它的用法多元，可全顆使用，可切片、切碎或打成泥，而橄欖泥的用法就像醬汁。還有，在燉湯和燜燒菜上加一些橄欖也是提高深度和複雜滋味的好方法。

煎蛋捲／Omelet

簡單、高雅、實惠、美味，這就是煎蛋捲成為最佳傳統蛋料理的原因。它菜色簡單卻考驗基礎功，所以有些主廚為了測驗徒弟潛力會要他們做個蛋捲瞧瞧。正確的技巧包括打蛋，要打到蛋汁均勻混合看不到一絲蛋白；再把蛋倒入燒得極燙的鍋子，快速攪拌，讓蛋液結成細緻柔嫩的滑蛋；掌握正好定型的時刻，將蛋捲滾到溫熱盤子中。蛋捲千變萬化，看廚師喜好什麼就怎麼變化，有人在生蛋液裡加入鮮奶油或一點奶油，（有些廚師認為要使蛋捲濃厚，則在蛋液裡加入牛奶；要有清淡效果，就由蒸氣中借來少量的水氣；還有些廚師會加入少量檸檬汁或酸味食材，讓蛋凝結得比較細緻）。調味香菜增加風味也是常用的手法，還可包入蔬菜或起司。在蛋捲完成前拍上一點奶油可讓蛋皮泛著一層迷人的光澤。在廚師的壓箱寶裡，蛋捲可是重要的法寶。

洋蔥／Onion

洋蔥絕對是鹹食廚房中數一數二的重要食材，或許站在提香料的觀點，它的重要性還超越其他（雖說最重要的食材應該是水和鹽，但嚴格說來，它們根本不是食物）。洋蔥在每一步料理程序中都用得上，是高湯的根本，也是食物從生到熟一路增香的法寶，而且洋蔥熟了也好

P

吃，可以自己作主角也可搭配別的食材。切洋蔥或烹煮的方式一有不同，洋蔥就有不同風味，可能會有辛辣味，或有濃重硫磺味，也會帶來厚重甜味，它們的芳香甜味是多用途的關鍵。其中，西班牙洋蔥便宜、肥碩，容易取得，是最好的萬能洋蔥。但也不要忽視紅蔥的能耐，它們也具備好用味美的多用途特性。維達里亞（Vidalia）[23]及瓦拉瓦拉（Wala Wala）甜洋蔥非常適合用來做菜，雖然價錢較貴，但帶有辛辣味的硫化物含量較少，生食的菜色就可利用此項特點。如果要做沙拉，可將生洋蔥先浸過鹽水，或用一點酸醋泡一下，可大幅降低洋蔥辛辣的味道（請見青蒜Leek和紅蔥頭Shallot的說明）。

牡蠣，生蠔／ Oyster

這是我們少數會生吞下肚的動物。當牡蠣離水後，這個雙殼動物並不會立刻死亡，仍可活一段時間，因此牡蠣離水後越早食用越具原味。牠必須低溫儲藏，溫度越低越好，最好放在冰塊上，且盡早食用。牡蠣的肉質及風味取決於生長水域的水質和溫度等因素，大致說來，生長在較冷較鹹水域的牡蠣較有價值。生蠔的風味雅緻，不需任何調味，只要一點檸檬汁，或配上風味更濃的米南特醬汁（mignonette sauce，又叫法式生蠔醬，材料是紅蔥頭加上紅酒醋），甚至與雞尾酒醬汁[24]搭配就很夠味。只要生蠔品質好，做法越簡單越能顯現美味，但將它煮熟了也一樣好吃，可以炸，可以燉，可爐烤，就算帶著殼用火烤也是人間美味。

龐多米／ Pain de mie

法文字面上的意義是麵包屑，或是麵包芯，衍生為白吐司的意思（有時也叫普爾曼麵包Pullman loaves），這是一種帶有質樸風味的切片吐司、麵包丁或麵包屑。

奶蛋麵糊／ Panade

澱粉和液體的混合物，用來增加黏性結合食材。麵糊多半會拌入肉糜

[23] 維達里亞（Vidalia）是美國喬治亞州的中部小鎮，是維達里亞洋蔥原產地，以每年洋蔥季聞名。

[24] 雞尾酒醬汁（cocktail sauce），以調香蔬菜入味的檸檬水，多以高腳杯盛裝配海鮮，故稱雞尾酒醬汁。

O
P

派這種以絞肉做的食物，不只用來黏合食材，也增進質感，使餡料更濃郁。麵糊可簡單用麵粉和水調和，但更普遍的情況是利用麵包，因為麵包就是澱粉。而液體部分通常使用牛奶或鮮奶油，也可加入蛋和其他調味料，如白蘭地。有時候泡芙也可做成麵糊。

鍋燒肉汁／Pan gravy

做菜剩下的原湯肉汁可做成多種醬汁，而這些醬汁通稱為鍋燒肉汁。它與原湯肉汁（jus）或現點現做的醬汁（à la minute）並沒有什麼不一樣，但這個詞卻比雕琢的法文聽來多了一層樸實誠摯的待客味道。有些人為鍋燒肉汁下了定義，認為只有直接在原鍋油脂中加上麵粉，炒成油糊，而後加一點原湯肉汁或高湯做成濃稠肉醬，這樣的肉汁才可稱為鍋燒肉汁（如果不加麵粉稠化的醬汁，只能稱作原湯肉汁jus）。

日式炸排粉／Panko

有時又稱為日式麵包粉，這種麵包粉特別粗硬，做成裹粉可使食材煎炸後有非常酥脆的外皮。

巴西里，荷蘭芹，洋香菜／Parsley

餐廳中只要盤子上少了點綠色，放上巴西里就萬無一失。事實上也是如此，在料理中巴西里是萬用的香草，無論高湯、湯品、燉煮都需要它的香味。醬汁在最後完成之時，也要來一點切碎的巴西里提香。還可加入總管奶油中，也是義式三味醬（gremolata）及塔伯勒沙拉（tabbouleh）[25]的基本材料。有兩種巴西里被廣泛利用，分別是捲葉巴西里及平葉巴西里，平葉巴西里有時也稱作義大利巴西里，它的味道不會太過濃烈獨特，口感也較為細緻，大部分主廚都喜歡用平葉巴西里。

義大利麵／Pasta

在義大利文裡pasta是指糊狀的麵團，所以凡屬以小麥麵粉為主要食材

[25] 塔伯勒沙拉（tabbouleh），食材有搗碎的小麥，配上大量的薄荷、巴西里、洋蔥和番茄及蔥白，再以檸檬酸香綜合，口感冰涼清爽，是中東黎巴嫩名菜。

的菜色都可以稱為pasta，就像義大利麵和麵疙瘩，甚至有人認為就連玉米粥（polenta），還有巴黎麵疙瘩（Parisian gnocchi，用泡芙麵團做成的麵疙瘩），都該屬於pasta的範疇。義大利麵的種類繁多，樣式無數，形狀各異，有做成一粒粒小麵團的，如德國麵疙瘩，有像庫斯庫斯的小米狀，也有包內餡的義大利麵。麵團的材料有麵粉、水、鹽，也可加入蛋或其他澱粉類，常見如加入馬鈴薯或蔬菜泥，還可加入芳香撲鼻的香草。市面上買到的義大利麵有乾燥和新鮮的，但各個品牌的品質不一，所以也不好說新鮮的一定比乾燥的品質好，或武斷地說乾燥的一定優於新鮮的。只能說兩者不同，新鮮的義大利麵口感較為柔軟，煮麵時間比乾燥過的麵要短。自己做義大利麵並不難，也許會帶來不同的口感。

多數的義大利麵需要在鹽水中煮到Q軟還帶硬芯，甚至要有彈牙的口感，但絕對不可煮到軟爛以免麵糊掉。煮好後瀝乾水分，拌入油就可食用。有些菜色還要求將麵加入醬汁中以吸收味道與湯汁，同時麵粉也有讓醬汁黏稠的功效。如果煮好的義大利麵並沒有馬上吃，就必須浸泡冰水，瀝乾後拌油冷藏，直到要吃前再拿出來回溫。回溫義大利麵的方法可用滾水，可放在醬汁裡熱，也可利用微波爐，甚至稍微炒一下也很好。

油酥糕點，油酥麵團／Pastry

麵粉混合了油及濕性食材做成的糕餅點心，換句話說，是加了定量固態油脂（豬油或奶油）的麵包麵團。油脂會使麵粉起酥，讓麵筋連結不好，彈性變弱。因為油，油酥麵團不會發到很大，但彈性也受其他因素影響，包括麵粉種類、揉麵的方式環境及麵團酸鹼值。油酥麵團做成的糕點鹹甜皆宜，可香酥或滑口；可層次豐富或口感密實；味道可單純樸實，也可加入不同香氣調味。油酥麵團的特性主要取決於油的處理狀況，如果油是疊揉在麵團裡，就可做成香酥派皮或高雅的泡芙。就像澱粉類的料理有麵團、麵條、馬鈴薯等不

同種類，油酥麵團也有不同功能，可做食物的托底或外盒，或成為主菜。

奶蛋餡／ Pastry cream

見**奶油餡**Crème pâtissière。

派粉，低筋麵粉／ Pastry flour

見**麵粉**Flour。

麵糊，麵團／ Pâte

法文的麵糊和麵團，出現在泡芙pâte à choux或派皮麵團pâte brisée等字中。

肉糜派，餡餅法國派／ Pâté

用肉（或魚、貝類、肝臟）做成肉糜後，再拌上油脂，經過調味，包在派皮或模型裡烹煮，冷藏後，當作冷盤食用。

泡芙，泡芙麵團／ Pâte à choux

所謂的泡芙其實是一種萬用麵團，材料一樣是麵粉、水、奶油和蛋，比較特別的是在麵粉、奶油、水混合後，要先稍稍煮過，然後才加蛋。做好的麵團可鹹可甜，當它烘烤時，麵團會像吹氣似地脹成輕盈高雅的口感，有一種淡雅自然的雞蛋風味，可帶出獨特的鹹甜口味。乳酪泡芙（gougère，起司球）就是用帕瑪森乳酪或其他乳酪加在泡芙麵團中調味的結果，剛出爐趁熱吃，或冷卻後夾入其他鹹味內餡一起享用。還可填入甜味餡料做成閃電泡芙（éclair，就是奶油泡芙），或做成巧克力酥球（profiterole，甜泡芙內夾冰淇淋，再淋上巧克力醬）。泡芙有時會加入奶蛋糊的內餡，一方面可黏合，又增加濃郁風味。泡芙麵團也可用水波煮，結果會變成一粒粒小麵球，

成了「巴黎麵疙瘩」。泡芙麵團的基本材料比例是等體積的麵粉和水，奶油和蛋的比例則各1/2（1個全蛋配2盎司的水）。做法是先將奶油和水煮到小滾，加入麵粉攪拌，邊攪邊煮直到麵團不會黏鍋，甚至有一點乾，這時才可將蛋一次一個加入攪打，麵糊擠到烤盤上用烘烤的，成品就是基本泡芙。廚師都該將泡芙麵團當成最基本的拿手菜。

油酥麵團，派皮／ Pâte brisée

油酥麵團烤過後會有酥脆口感，這就是做派皮的麵團。基本配方是3份麵粉、2份油脂，加上1份水（如果加上糖，做成有甜味的派，就是甜酥派 pâte sucré）。

派皮法國派／ Pâté en croute

這是將肉糜用派皮包住，再烤出的鹹派。有各種不同的樣式做法，要論粗獷，有英式豬肉派；要比精緻，則有極費工，內嵌各色花樣裝飾的派皮法國派。

千層酥皮／ Pâte feuilletée

見**酥皮** Puff pastry。

P

甜酥麵團，甜酥派／ Pâte sucré

油酥麵團或派皮加上甜味，烤出來就是甜酥派。

皮，菜皮，披薩木鏟／ Peel

1. 果皮菜皮又硬又沒味道，很少有人會用在料理上，但只有柑橘類水果皮例外，在料理中撒上一點，就有新鮮活潑的風味。2. 扁平的木托盤，要從烤箱裡送進拿出很重的麵團，就需要木鏟子，特別是披薩，在家用廚房特別方便。

胡椒／Pepper

有黑白綠三種顏色，但一般說到胡椒，或說起胡椒粉，多半是指黑胡椒。胡椒通常配成胡椒鹽，成為「有了就用」的調味料，但也該想想清楚，是否食物會因為胡椒的辛香刺激而更好吃再決定要不要撒胡椒。胡椒最好先稍微烤過，再磨碎或切成細末。其次的做法是將胡椒放在研磨器新鮮現磨。最好不要買已經磨好壓碎的現成胡椒粉，因為很快就走味了。菜餚裡加點黑胡椒也許會使味道變好，但外觀一定會沾上不美的黑色小點，所以有些廚師偏愛白胡椒。

　　胡椒粒的大小會影響菜餚的口感，磨得越細，越能在菜中均勻分布，幾乎沒有人想將胡椒一口吞下，所以最好將胡椒磨到適當大小。若將胡椒粒當成提香料用在高湯上，最好先將胡椒粒用平底鍋的鍋底敲一下，讓它發出香味之後再放到高湯裡。

　　以香味而言，黑胡椒的辛香味較沉；白胡椒的味道就較為鮮辣；綠胡椒的辣味不重卻非常香。黑白兩色的胡椒在市面上都買得到乾燥的，綠胡椒除了乾燥的，還有泡在濃鹽水中的（這種浸在鹽水裡賣的胡椒已經變軟，通常整顆或切碎後用在醬汁中）。

蒜香醬／Persillade

洋香菜和大蒜切細末混合在一起，適合搭配魚和肉，可邊煮邊加，或煮好時趁熱撒上去，就是香味四溢的配料。雖是兩種普通提香料，但混合時作用強勁（見**義式三味醬**Gremolata）。

義大利青醬／Pesto

將羅勒、橄欖油、大蒜、松子放在大磨缽中，再加入佩克里諾羊奶酪（Pecorino Romano）或帕瑪森乾酪（Parmigiano-Reggiano）一起用磨缽研杵磨成細泥，就是傳統青醬配方。雖然現在磨缽研磨已換成食物處理機，也很好。而這種傳統的調醬技巧一樣可用在其他有強烈香味的葉子或以不同的堅果取代，如酸膜或芝麻菜，堅果則用核桃取代，研磨

後一樣也是青醬。

薄葉派皮／ Phyllo dough

Phyllo（希臘文的葉子）是薄如葉片的麵團，十分細緻酥脆，是中東或地中海的甜點材料（如 baklava 千層酥就是薄葉派皮做的）。但現今在一般食品通路可以買到的冷凍薄葉派皮一樣是很好用的糕點材料。可以鋪成塔皮，可以包鹹味的內餡，或者分層調味再烤過變成香脆的裝飾。薄葉派皮十分細緻，水分很快乾掉，一下就碎，很難操作。所以在使用前多半先用融化的奶油刷過一遍，一方面使它多些柔軟度，一方面也可增加派皮的風味，而後烘烤時，也就更容易焦香。已經拿出來但還沒有要用的派皮一定要用濕毛巾蓋上，正因為質地太細太薄，所以多半會層層鋪疊使用。

醃菜，泡菜，酸菜／ Pickle

蔬菜、肉類、或魚都可以醃泡在濃鹽水中變成某種醃漬料理。所謂的 pickle 也就是食材泡出來的酸味，而泡菜最普通的食材就是小黃瓜。天然的泡菜酸味來自細菌發酵，細菌自蔬菜中的糖得到養分而產生乳酸菌，乳酸菌是除了鹽之外的另一種天然防腐劑，這種經過發酵作用而產生的酸味才是天然的泡菜酸味。而醃漬蔬菜用的濃鹽水也有適當濃度比例，以 50 克的鹽配上 1 公升的水配成濃度 5% 的濃鹽水為最佳。這個詞也可指不加防腐而直接在醋裡烹煮或醃漬的技術。

豬肩胛肉／ Picnic shoulder（pork）

這部位的肉是豬前腿的中段，就在豬腳和蹄膀的上面，豬肩胛肉非常硬，最好用慢烤或燜燒的烹煮方式。如果用來醃製，就是常說的野餐火腿（有時候，不經醃漬的豬肩胛肉也這麼稱呼）。

派／ Pie

基本上任何酥皮中間包餡的糕點，無論鹹甜都可以叫做派。（見塔 Tart）

派皮麵團／ Pie dough

由麵粉、油脂和水混合成的麵團，最常見的配方比例為3份麵粉、2份油脂加上1份水，稱為3-2-1麵團，雖然選用的油脂會影響加入的份量、更別提香味也各有不同，甚至麵團的特性都會受到油脂種類的影響（放入豬背油的麵團就和放入奶油的麵團特性大不相同，因為豬背油中的水分已經全被煮掉了，而奶油中還含有水分。所以豬油起酥的效果就比奶油或蔬菜油好，味道中多了一點鹹味的深度）。

豬腳／ Pigs' feet

又名豬蹄，是小酒館的招牌菜。肉少骨頭多，結締組織也不少，所以有些菜需要大量膠質或是要熬豬高湯，豬腳就是最佳材料。豬腳有各種不同做法，但從豬蹄膀上借點肉來用是不錯的主意。有些菜色會將蹄子裡的骨肉去掉，只留皮，塞入內餡，變成豬皮包肉，煮熟後，就像香腸一樣切片食用，甚至還會加以乾醃。

豬皮／ Pigskin

富含膠質，可以加入高湯或燉湯裡增加湯汁濃度，或將豬皮油封，或在液體裡慢煮到軟，再把油刮掉，加入香腸或肉餡裡做豬皮凍。豬皮可烤、煎、煉油，還可炸過變成「碰皮」。

皮拉夫炒燴飯／ Pilaf

一種烹煮穀物的方法，材料多用長米做成皮拉夫炒燴飯（rice pilaf）。做法是先將切碎的洋蔥在油或奶油中煎出香味，再放入1份米略炒，再加入2份高湯及任一提香料或調味料（如月桂葉和鹽），煮到略滾，蓋上蓋子，再放到中溫的烤箱中悶20分鐘。皮拉夫是一種烹煮技法，而不是料理名稱，意思是所有穀類都可做皮拉夫，而穀物和高湯的適當比例，則要看穀物種類決定。

湯用番茄糊，焦香番茄糊／ Pincé, pinçage

關於番茄的罕見術語，pincé 是湯用番茄糊的意思，通常放入褐色高湯和醬汁中，不但可使湯汁顏色變深，也使高湯醬汁的風味更有深度。如果將番茄糊先炒到焦香，再放入高湯或醬汁中增味，這種番茄糊就是 pinçage。

粉紅鹽／ Pink salt

醃漬用鹽的通稱，內含 6.25% 的亞硝酸鈉（粉紅鹽不是法文的 sel rose，雖也是粉紅鹽的意思，但 sel rose 的成分中含有俗稱硝石的硝酸鉀）。

豬肉／ Pork

肉多味美，在料理上用途廣泛，燜燒、香煎、醃漬無一不可，在動物界中無物可比。腰內肉或里肌肉這種軟嫩的豬肉最好用香煎或快烤方式烹調，上桌時肉汁四溢，最是美味。以前旋毛蟲在豬隻上流行的時期，美國農業部認為豬肉需煮到 150°F（66°C）以上才可殺死寄生蟲，但多數主廚不會將軟嫩豬肉煮到超過五分熟，這樣的做法完全沒有問題（馬基認為，只要 137°F ／ 58°C 的溫度就可殺死旋毛蟲，且低溫冰凍也有殺蟲功效），而且目前市售的豬隻已沒有旋毛蟲的問題，所以安全無慮。豬肚肉以及像豬腿肉這種較常運動的豬肉必須慢燉才可燒到軟爛。而自然飼養的豬隻，肩胛肉的肥瘦比例是 30：70，是做香腸絞肉的完美比例。

肩胛肉，胛心肉，梅花肉／ Pork shoulder butt

豬肩膀上的團肉，常聽到稱為肩胛肉、胛心肉，但也叫波士頓團肉（Boston butt）。肩胛肉通常油花分布均勻，是做香腸絞肉的上好肉品，也可以燜燒或慢烤的方法煮到一撕就開的軟爛程度。燒烤煙燻也很合適，基本上適合所有烤肉方法。

馬鈴薯，洋芋／ Potato

種類繁多，但以皮作為區分的重點。烘烤用的馬鈴薯皮質粗厚，皮色赤褐；而皮質較細滑的馬鈴薯是烹煮用馬鈴薯，兩者相較，粗皮馬鈴薯的澱粉含量高。但無論皮質粗細，烹煮方式都隨意，只是口感有些不同。一般都知，澱粉含量高的馬鈴薯以乾熱法烹燒最好（也就是烤或煎）；而澱粉含量低的薄皮馬鈴薯較適合濕熱法。如兩者都用烤的，就會發現粗皮的烤馬鈴薯又輕又鬆，而薄皮馬鈴薯肉質緊實。若要做煎炒菜色，粗皮馬鈴薯較適合。如同樣用煮的，粗皮馬鈴薯因為肉質鬆軟可做馬鈴薯泥，但如果切片就會散開；而薄皮馬鈴薯就適合切片而不適合做薯泥（可做馬鈴薯切片或馬鈴薯沙拉）。如果將薄皮馬鈴薯壓成薯泥，就是黏乎乎的一團，所以各有所用。要煮厚皮馬鈴薯時，最好連皮直接用冷水煮，如此又可以把馬鈴薯煮透，外層也不會因為煮過頭而散開。同時，不可讓煮馬鈴薯的水一直滾，滾水對馬鈴薯不好，會使馬鈴薯煮過頭，用小火微滾的水就足夠了。

燙菜剩水／ Pot liquor

燙菜煮肉時在鍋裡留下的湯水，通常香氣濃郁又營養，做菜時如果想加一些香味或是湯汁，這時可把燙豆子蔬菜或燙豬肉剩下的湯水加入菜餚中。如果還想更精緻有味，還可將燙菜剩下的水過濾到小鍋子裡收汁，則風味更濃。

罐頭肉醬／ Potted Meats

通常罐頭肉醬的做法都是先將肉燒到碎爛，再混入油脂、湯汁、調味料，然後再經冷藏。食用方式隨意，可搭配麵包、芥末做成完美的開胃小點心。而油漬肉醬（rillettes）是最典型的罐頭肉醬菜，肉以油封處理，尊貴的肉糜也因此涉入罐頭肉醬的領域（油漬肉醬的材料多半用豬肉，但也有用鴨、兔子、鮭魚做成的罐頭）。這原來是保存食物的方式，罐頭肉讓質地堅硬的便宜肉也成為美味食物。

禽類／ Poultry

見雞 Chicken、鴨 Duck、火雞 Turkey。

醃漬檸檬／ Preserved lemon

見醃漬檸檬 Lemon confit。

蜜餞／ Preserves

水果用糖和果膠等膠凝劑煮過就是蜜餞，是加工食物的最好例子。如
果季節性的莓果和水果太多，就可以用這種方法將水果變成又好吃、
又可長久保存的食物。

義式火腿／ Prosciutto

義大利文的風乾醃火腿。豬後腿用鹽包住，大約每磅醃一天（重量越重，
醃得越久），但醃製天數還是要取決於製造商，然後將火腿掛起，歷經
數月甚至幾年的時間風乾，最後才成為義式火腿。其中最知名的火腿
來自義大利的帕瑪（Parma），稱為帕瑪火腿，與西班牙的伊比利生火腿
（jamon iberico）為異曲同工的孿生兄弟。義式生火腿的著名品項還包括
巴詠納生火腿（Bayonne）和聖丹尼耶（San Danielle）。在法國，風乾生火
腿稱為 jambon cru，如果再經過煙燻則稱為 spec。義式生火腿具有大
量油脂，食用方式最好切成如紙張厚度的薄片，也可用於烹調，加入
義大利麵、醬汁或湯品中，風味絕佳有深度。但義式火腿也會釋放出
少鹽分，所以調味時要小心。

起酥皮，千層麵團／ Puff pastry

麵團包入整塊奶油，再經過細心摺疊後，就成為細緻的起酥皮，又稱
千層麵團，無論在鹹甜廚房，起酥皮都有各種不同的用途。它屬於「裹
油麵團」（laminated dough）的範疇，也就是裹油後反覆摺疊的麵團，當
加入酵母菌後，裹油麵團會變得十分鬆軟（就像可頌）。麵團層次來自裹

入整塊奶油後的摺疊效果，先將裹好油的麵團擀開，然後四面折成三角形向中間摺疊，就像折信紙，然後再擀開，每摺疊推擀一次，就放入冰箱冷藏數小時，以防中間奶油融化。摺疊的程序通常重複六次，奶油層次以倍數成長。如果冷藏時間不夠，可將折疊過程加快到折三次，擀開三次，結果雖可接受，但層次可能不像傳統的酥皮如此一致。酥皮可以冷凍保存，在很多食物賣場的冷凍櫃中都可找到它（請注意反式脂肪的問題）。當自己做酥皮時，可以考慮用不同風味的奶油，就會變成各種有趣的酥皮。

果菜泥／ Puree

將固體食材磨成均勻鬆軟泥狀就是puree。依照食材質地可有不同的磨泥方式，可用食物處理機、食物攪拌器、食物研磨器，甚至用圓篩都可磨出果菜泥。用食物研磨器和圓篩磨出的菜泥質地最一致，而一致的口感是果菜泥的最高標準。食物攪拌器做出的果泥品質也很好，只有食物處理機做出的果泥會有細塊，要磨澱粉類的食物也會起膠，所以食物處理機是最後不得不的選擇。

純澱粉／ Pure starch

澱粉類食物除去蛋白質及其他成分後就只剩純澱粉，如玉米粉，它可以作很好的稠化劑（見勾芡slurry）。另一種稠化方式是利用麵粉炒出的油糊，比較兩種醬汁，用油糊稠化的醬汁需要邊煮邊撇油，而用澱粉稠化相對快速容易許多，但如果反覆加熱，用澱粉勾芡的醬汁則容易出水，請小心注意。

法式四香料／ Quatre épices

字面上就是四種香料的意思。以黑胡椒、肉荳蔻、肉桂、丁香為法式四香料組合，通常用在肉糜派或某些香腸中。為求新鮮香氣也顧及個人口味，四香最好在家自己做。常用的搭配比例是3份胡椒，配上肉荳

R

蔻、肉桂、丁香各1份,有些食譜建議加入額外的甜味辛香料,如牙買加甘椒(allspice,又稱眾香子)和薑。

蛋丸造型／ Quenelle

像蛋一樣橢圓形的丸子,可用於任何菜色,製作食材多為水波煮過的肉漿,就像傳統的三面蛋丸子就是以兩根湯匙慢慢壓成的。如果食材柔軟,就像要做冰淇淋丸子,造型要求更高雅,此時可用湯匙交互推挖食材,食材就會具有像湯匙底部的橢圓曲線。

速發麵包／ Quick bread

速發麵包不需要揉擀麵團,技術上會用小蘇打這種化學發酵劑發麵,多半做成甜而鬆軟像蛋糕一樣的麵包,就像玉米麵包和美式杯子蛋糕(popover)都屬速發麵包。

兔肉／ Rabbit

只要兔子在雜食的環境中好好被餵養長大,兔肉的滋味就會美妙不已(一般量販飼養的兔肉滋味就很平淡)。兔的里肌肉很嫩,只要稍微煎過就好。有些農莊養的兔子,肉質好到連後腿肉都很柔軟,用來燒烤也適合。但一般而言,兔子的前胸和後腿肉都習慣用來燜燒,雖然骨頭也不少,但燒好的肉也可作香腸或餡料。兔子內臟如肝、心、腎等更是燒烤、油煎、油封的上好食材。

米／ Rice

無論是短粒米或是長粒米[26],烹煮方式都一樣,關鍵都在水煮的過程與澱粉糊化的狀態。煮飯的比例是1份米需要2份水;有些香氣特殊的米,如泰國茉莉香米(jasmine)和印度巴斯馬提香米(basmati),水分比例還需比上述減少25%,而糯米所需的水量更少(煮糯米飯最好先浸泡再用蒸的);還有糙米,因為帶有米糠,水分需要更多。米飯可放在

[26] 一般稻米種類分為籼、粳、糯,也有以長短圓細形狀區分,長粒米是籼種,一般稱再來米,米粒細長,澱粉黏性較低。而短粒米是俗稱的蓬萊米,米粒短圓,煮出的飯又稠又綿。

爐上煮或放進烤箱中燜。某些短粒米的特別品種，像是義大利Arborio和Carnaroli特別適合做義大利燉飯，煮時水要一點一點逐步加入飯中，同時廚師要不停攪動，讓米飯的澱粉質釋出，創造濃稠如奶油的米漿。米飯是了不起的萬能澱粉，無論甜食鹹食都用得上。在亞洲料理中米粉可用來做麵，還可做成春捲皮包餡料。

肉醬／Rillettes

堅硬的肉煮到一撕就開的軟爛程度，再拌入調味料和油脂，冷凍後就是rillette，可做脆麵包或麵包丁的抹醬，或開胃前菜。肉醬的材料多是豬肉，但鴨、鵝、兔和許多魚肉都可做上好的肉醬。肉醬的來源可能基於保存食物的需求，像豬隻身上不用的油脂和豐富的肉都可多加利用。

義大利燉飯／Risotto

米飯料理，主要材料為短粒米（最好用Arborio、Carnaroli或Vialone Nano等品種），配上酒、調香蔬菜、調味料、油脂。與眾不同的是，做燉飯需要一面加入湯料，一面不斷攪拌，最後就是黏稠濃郁，足以登上料理萬神殿的米飯料理。燉飯的正確料理程序如下：首先將洋蔥丁炒到透明，然後開大火，加入米拌炒，份量每次一小把，炒到焦黃且被油脂包覆，再加入白酒一面攪一面煮，把酒精煮掉，聞不到任何嗆鼻的酒味，然後準備美味雞高湯或蔬菜湯加入鍋中，放到剛好蓋過米飯的位置（如果此時用現做的高湯，效果會全然不同）。加入湯後仍要不停攪拌，讓高湯米飯化為一體，拌到湯汁快要收乾時，可再加湯，然後用鹽調味。重複這些步驟直到米飯軟黏。關火後拌入油脂（最好是鮮奶油和奶油），最後盛盤時再灑一些帕瑪森乾酪，而且立刻享用。請注意燉飯也是可以餐前就預先準備好的料理，將燉飯煮到七成熟，再倒到盤子或拖盤上放涼，等到需要時再完成後續程序，當然燉飯做好最好盡快享用。義大利燉飯有各式各樣的變化，有鹹的也有甜的，可用紅酒代替

白酒，再搭配肉或蔬菜，也有將部分奶油、鮮奶油換成蔬菜泥，做出來的燉飯口感更乾淨，更帶著清新菜香。

根莖類蔬菜／ Root vegetables

多指澱粉含量豐富的硬質根、莖和塊莖，如馬鈴薯、番薯、胡蘿蔔、甜菜和防風草根。而軟性的球莖和葉莖則不屬此類，像洋蔥、櫻桃蘿蔔和荸薺就不是根莖類蔬菜。它們為人稱道的是種類繁多，用途多元，價格平易，可長期保存，還可煎到焦香增加菜餚甜味。烹煮方式繁多，可水煮、醬燒、煎炸、炙烤，各種做法各有不同效果。

法式美乃滋，紅椒蒜香醬／ Rouille

主要以橄欖油為基底，加上紅椒、大蒜調味，傳統做法是以麵包做為醬汁的稠化劑，通常搭配馬賽魚湯或燉煮魚類一起食用。現在多半用美乃滋或大蒜蛋黃醬加上紅椒或其他辛香料，就是法式美乃滋。

肉捲／ Roulade

這種菜色需用肉片將食材捲起來烹燒，也可泛指任何被捲成圓筒狀的肉或絞肉。

油糊／ Roux

就是一團用麵粉加上油炒成的糊狀物，可用來稠化醬汁。雖然各種芡粉都可加上油脂用來勾芡，但在傳統上，使湯醬濃稠都是用油糊。配方是用同等比例的麵粉和奶油下鍋一起炒，炒到麵粉脫生（麵粉聞起來有派皮的味道）。如果需要，可把油糊炒到味道更濃顏色更深，事實上，油糊的香味顏色都可依據要稠化的醬汁需求，由淺淡到焦褐自行調配，但油糊顏色越深，稠化的力道就越弱。要使醬汁均勻糊化不起顆粒，要注意冷熱調配，多半是冷油糊加入熱湯裡，若相反將熱油糊加入冷

醬中，那就要迅速將醬汁加熱糊化。一旦加熱到醬汁變濃的溫度，可將醬汁移到火源邊緣，用小火慢煨，浮渣就會跑到鍋中溫度較低的那一邊，除沫就比較方便，湯色則較乾淨口感也柔順。油糊稠化的醬汁需有膠狀（nappé）質地且吞嚥時上顎有滑順感，而不是濃厚黏膩。要做有膠狀濃度的醬汁，油糊與醬汁的比例應該是 1：10（以重量計），例如，40盎司的高湯要配4盎司重的淡色油糊。

背脊肉／ Saddle

多半指羊、鹿、兔子的背脊肉，整塊肉包括動物兩側的肋骨和腰部，其實就是整個背部。背脊肉多用烤的，以前餐廳會將烤好的脊肉整塊端到桌邊，當作噱頭展示這塊肉的精緻，但現在已經不再如此做，脊肉桌邊秀已經落伍了。

沙拉／ Salad

除非例外，現今的沙拉多是冷盤，粗分為三種：蔬菜類、非蔬菜類、綜合類。「蔬菜沙拉」的材料是鮮嫩可口的生菜芽苗；「非蔬菜類的沙拉」包括水果、豆類、切細絲的綜合根莖類蔬菜，還可拌入澱粉類的主食、蛋、魚，肉也是主要食材。「綜合沙拉」多半由下列數種食材互相搭配，包括肉、乳酪、青菜之外的蔬菜，生的或經汆燙冰鎮的蔬菜皆可（柯布沙拉[27]就是最傳統的綜合沙拉）。

　　蔬菜沙拉的基本原則很簡單，生菜越新鮮，沙拉越好吃（重要性再三強調也不為過）。將蔬菜洗乾淨小心去除水分，撕成方便食用的大小，食用前再淋上醬汁，油醋醬或單純只用油或醋，如果用油或醋當成醬汁，擺放次序就很重要。首先將生菜加上鹹味，撒鹽之後讓它融化使味道均勻，然後上油，使每片生菜均勻裹上油脂，再用醋調味。非蔬菜類的沙拉由醬汁、調味、口感決定品質高下，例如青豆沙拉、馬鈴薯沙拉、義大利麵沙拉等（因為它們已是軟的，所以加入一些爽脆的食材可增加不同的口感層次）。綜合沙拉是家庭廚房容易做的菜色，卻不常出現，無論是

[27] 柯布沙拉（cobb salad），是1937年舊金山Brown Derby餐廳首創的菜色，餐廳主廚Cobb在打烊後隨手拿起冰箱所剩葷素食材，全部沏塊拌上醬汁，就是柯布沙拉的原型。

經典的尼斯沙拉或是泰式沙拉，沙拉上放上滾燙的肉或噴香的烤肉，卻是吃冷的；也有簡單將熟食與生菜拌在一起的綜合沙拉（有時稱為希臘冷盤）；它們備料快速，既健康又令人滿足，最適合家家廚房。

薩拉米香腸／ Salami

義大利文的乾醃香腸，特色是內餡使用粗絞肉和觸目可見的油脂。

鮭魚／ Salmon

養殖鮭魚和野生鮭魚最大的不同在於品質及烹飪技巧。野生鮭魚多了一層細緻風味及誘人口感，顏色多半較深，也較瘦，廚師應特別注意。而你更需要知道的是，野生鮭魚通常價錢較貴，牠們多半產自太平洋或大西洋等冷水海域，種類不同，味道也別具特色；養殖鮭魚相較起來就少了一點特殊風味，肉卻較肥。野生鮭魚應該用非常溫和的手法烹煮，絕對不可煮過三四分熟，煮過頭的鮭魚不但乾柴無汁更無風味；養殖鮭魚則較耐火力烹煮。證據顯示養殖鮭魚因環境衝擊而受害，更別提風味喪失的問題。建議若價錢許可市場上也買得到貨時，請買野生鮭魚。料理方法很多，可將鮭魚做生食料理（雖然只有用野生鮭魚做生食料理最好），還可醃漬煮熟，燒烤煎燙也適宜。

肉丁，果丁／ Salpicon

法文，指拌入醬汁中的肉丁或魚丁（還有扮入糖漿或鮮奶油的水果丁 fruit salpicon），用來做備料或內餡。

莎莎醬／ Salsa

義大利文和西班牙文的「醬汁」，但現在多指墨西哥莎莎醬。材料是切碎的番茄、提香蔬菜和辣味調味料。醬料顏色有綠色的（用綠番茄和綠色辣椒做成），有紅色的（材料是紅番茄和紅辣椒），有煮過的，也有生的，通常冷食。而 salsa 這個字在義大利、西班牙和墨西哥通稱醬汁。

S

鹽／Salt

無疑是廚房最重要有力的食材。很多大廚認為，用鹽是廚師畢生最重要的技巧，它廣泛運用在不同料理中，鹹食或甜點、蛋白質、蔬菜、穀物都會用到鹽。鹽是最了不起的防腐劑，可改變肉和蔬菜的味道口感。用鹽調味的規矩不多，只有如下講究：永遠別用碘化鹽，碘化鹽有刺激的化學味，猶太鹽是做料理調味最好的萬用鹽，海鹽也不錯。市面上充斥各種不同的特殊鹽，有特殊風味的鹽，有產自特定的岩層或年代的鹽，對於這些不常用的鹽，先試試味道再使用。

　　食物加鹽的時機與吃下肚的時間起碼要相隔一段時間，這樣鹽才有時間融化分布均勻。在料理程序中，鹽用得早比用得晚好，就像肉，料理之前就要用鹽醃好，但也有可能會加入太多的鹽，但絕沒有用鹽過早的事。肉塊越大，要越早用鹽。但細嫩的魚就不可如此，如果太早調味，魚肉可能會被鹽「燒傷」，用鹽時機應接近下鍋烹煮時間才好。煮穀物、義大利麵和豆子的水要加鹽，加鹽後請嘗嘗鹽水味道如何？鹹味必須與食物完工時一樣，有美味的調味，而不是死鹹（見**鹽水**Salted water）。

　　很多人被警告不可吃太多鹽。太多鹽的確對你不好，今日大多數被我們吃下肚的鹽都藏在加工食品裡，但正常飲食多是自然與未加工處理食物，除非你有高血壓或水分代謝不良，用鹽對你應該不是問題。（見Part1「3. **鹽**」）

S

鹽漬鱈魚／Salt cod

因為鱈魚可被妥善保存的特性，堂堂登上西方文明歷史中最重要食物的寶座。鱈魚保存的方式多半用鹽，加鹽醃漬後風乾，就是鹽漬鱈魚，是最古老的加工食物，在現今廚房中仍是萬用食材，也是很多地區流行的主食，也作為許多菜色的材料或重點裝飾。鹽漬鱈魚的品質不一，只要隨處放一會時間就沾染雜味。最好的鹽漬鱈魚是在家自做的鱈魚，做法是用鹽裹好後放一天，然後沖掉鹽分，在冰箱風

乾直到全部變硬。烹調方式也多，可整片下去水波煮或煎炸，配上簡單醬汁食用；也可切碎後拌入鮮奶油、大蒜和馬鈴薯做薯泥烙鱈魚（brandade），也可加在魚湯裡，或像義式火腿一樣切薄片吃生的。所有鹽漬鱈魚在使用前必須先泡水淡化鹽分，至少要放在經常更換的冷水中浸泡一兩天。

鹽水／ Salted water

煮不一樣的東西就要用不同濃度的鹽水，抓了一小撮鹽放在水裡，這並不是所謂的鹽水。就如煮義大利麵、穀類或豆子，煮水的鹽分加得夠多，嘗來才夠味，這樣的鹽水需要每加侖加入2到3匙莫頓猶太鹽（Morton's kosher salt），或其他非碘化鹽1或1.5盎司，讓鹽水嘗起來就像在喝調味適當的湯。水中鹽分的份量會反應食物吸收鹽分的多寡。如要煮綠色蔬菜，建議用極重的鹽水，大概每加侖的水要加入3/4杯到1杯的莫頓鹽。當用體積衡量放入的鹽分多寡時，食鹽的品牌就很重要，就像猶太鹽的另一品牌，鑽石晶鹽（Diamond Crystal），品質與莫頓鹽一樣好，只是味道稍淡，所以請用重量來衡量放入的鹽量，如此，食鹽的品牌就不再重要。

鹹豬肉／ Salt pork

醃漬材料只用鹽的醃豬肉，通常選用厚塊豬肚肉或豬肩肉，醃好後用來做湯、燉物或豆類的調味，很少當成主菜食用。很容易在家自做，將鹽分塗滿豬肩肉片或肉塊上，包好，放在冰箱一個禮拜，拿出來再抹鹽，再包好，再放入冰箱一個禮拜，然後拿出沖洗乾淨拍乾就是鹹豬肉。如果妥善包好，在冰箱裡可保存數星期，放在冷凍庫則可永久保存。

煙燻肉品／ Salumi

義大利文的風乾臘肉和香腸，如義式火腿prosciutto和義式蒜味臘

腸 soppressata（而相似字 salami 只指義式香腸）。（也請參考「熟食」的法文 charcuterie，醃肉的範圍廣泛，還包括肉糜派和油封等熟食）。煙燻肉品這門手藝應該源自保存食物，且要感謝豬的貢獻，至今在義大利美食傳統中仍充滿活力，也成為美國料理文化的新生樂趣，當代大廚對醃製自家鹹肉香腸多感興趣就是證明。煙燻肉品通常當成開胃小菜在餐前享用。

醬汁／Sauce

大多數菜餚都以醬汁作為基本組成。凡任何風味、調味、口感具互補作用且具有濃郁功能的油脂、酸性或液體食材都可作為醬汁。當我們以為醬汁是品項獨特且要特別製作的料理元素時，請想想義大利麵的 Bolognese 肉醬、牛排的 béarnaise 白醬、火雞的 giblet gravy 肉醬、烤洋芋的奶油淋醬、鮪魚沙拉的美乃滋、綜合蔬菜的油與醋，甚至鬆餅上那一球冰淇淋，醬汁處處可見。（見 Part1「2. 醬汁」）。

香腸／Sausage

雖說只是絞肉、油脂、鹽和調味料拌在一起直到黏結緊實的肉品，但香腸的學問不只如此。香腸有無數烹調方法，如要做小肉餅，香腸就是絞肉內餡，要夾在麵包裡，香腸要先灌入腸衣，炙、烤、煎或水波煮都很合適。如果你有絞肉機，要做香腸十分容易，基本配方有肉和油脂（油脂所占比例應是全部重量的 25% 到 30%），每磅要加入 0.25 到 0.3 盎司的猶太鹽，大約是半匙的莫頓鹽（如果以容量當當的度量標準，鹽的品牌很重要，如果是用另一種常用的猶太鹽，鑽石晶鹽，也是好鹽，但同樣容量，鹹度比莫頓淡 40%，但如果以重量計算，則無明顯差別）。香腸也可視為某種料理技術，可以將堅硬肉塊軟化，也可將食材由一變百。所有料理香腸的手法都在於讓堅韌的便宜肉類變成精美細緻的食物，料理的美好莫過於此。

鹹食／Savory

甜點以外的都是鹹食。這字可指特定的一道菜是鹹食，菜單中也有

S

鹹食的品項，寫著鹹食套餐（savory courses）和甜點套餐（sweet / dessert courses），或者廚房本身也可以鹹食表示，以區別和甜食廚房或糕點廚房的不同（這才是端出甜點的地方）。

紅蔥頭／ Shallot

食物儲藏室裡，紅蔥頭可說是洋蔥第一品牌，因為一下鍋就會散發溫和香甜又濃郁的風味。而在醬汁裡，這種甜味特別寶貝，用法可熟可生，可放在熱鍋隨熱醬一起烹煮，也可生的加入油醋醬或美乃滋。用生紅蔥頭入菜要小心明快，把紅蔥頭浸在醋裡，就可消除辛辣味，因為生紅蔥頭的辛辣味容易揮發，最好在要吃的那一天再切開處理（也就是先不要把它們加進油醋醬，放在冰箱好幾天，味道就散了）。紅蔥頭煎一下即可作為裝飾配菜，其他如炸的、整顆用烤的，或是用蜜汁醬燒的都很好吃。

腱子肉／ Shank

位於牛蹄或羊蹄的上方，是運動量大的肌肉，有很多結締組織，需要小火慢燉，通常適合燜燒。

有殼類海鮮／ Shellfish

有殼類分為兩種：甲殼類和貝類，擁有許多共同特徵。牠們的肉通常柔軟，所以不需煮太久，如果要煮很長時間，必是帶著太多腥味，或吃進髒東西。

　貝類包括鮑魚、淡菜、蛤蜊、牡蠣、扇貝和魷魚（魷魚的殼在體內），大多數只要迅速溫和烹煮，就很美味。當然牡蠣例外，也許牠是我們唯一生吞下肚的動物，因為充滿獨特風味及口感，深獲好評。甲殼類包括龍蝦、螃蟹、蝦、小龍蝦，有各式各樣的烹煮方式 —— 水波煮、爐烤、燒烤、煎炒都適用。請勿煮過頭，不然吃來就像嚼橡皮，所以即使有強硬的甲殼，最好還是溫和烹燒。

肩肉／Shoulder

豬、羊、牛的肩胛肉是常見的肉塊，也是經常運動的肌肉，需要用能對付強韌結締組織的方式燉煮（慢火燉燒或磨成絞肉）。豬肩肉通常叫做夾心肉、波士頓團肉或梅花肉，因為脂肪含量豐富，可用來做香腸。

橫膈膜，裙肉，肝連／Skirt

裙肉是特殊的牛肉部位，是有一道道橫紋的隔膜肉，十分美味。豬羊也有裙肉，是肋骨衍生出的肉塊，而肝連則是豬的橫隔膜，也很好吃。牛裙肉非常有嚼勁，做法可用煎炒、燒烤，或切成細條，還可當成牛肉絲快炒。肝連口感還要更堅硬，需要小火慢燉才會煮到軟爛（口感就像沒有骨頭的排骨）。

培根厚片／Slab bacon

對於廚師來說，培根厚片十分好用，因為可以切成特殊規格，若要燉煮，就切成塊狀；要做沙拉，就做成燻肉片，或者什麼也不動，整塊拿去烤再切片，也是人間美味。

芡水，勾芡／Slurry

玉米粉和葛粉等純澱粉加上水後的混合物就是芡水，可用來勾芡醬汁。常看到芡水與芡汁（lié）一起合用（jus de veau lié 就是以芡水勾芡的小牛高湯）。芡水需要調成像高脂鮮奶油一樣的濃稠度，加入前還要快速攪動（因為芡粉在冷水中雖不會結塊，但會沉澱在底部），然後細細一條加入湯裡，並且要不停攪動湯汁（當湯汁快煮開時才會黏稠，若加太快，會黏成一團一團的）。如果做菜最後一步才需要勾芡，用芡水最方便，但請記得如果這份菜之後要再加熱，或還要將這道菜變成別道料理，勾芡容易化水。最好目測確定芡水加的份量夠不夠，慢慢加到熱湯裡直到夠濃。適當芡水的比例是1匙玉米粉對上1匙水，這樣的芡水可使一杯水達到中等濃度。

S

舒芙蕾，焦糖布丁／Soufflé

做舒芙蕾的技術得利於蛋白的發泡能力，細緻的泡泡讓舒芙蕾成為優雅的菜色，甜鹹皆宜。製作方法並不像外界傳言的如此脆弱困難，因為配料（即一般所說的基底，也是香味的來源），以及打發的蛋白都可事先準備好，看要直接拌合或先冰起來都可以，所以舒芙蕾的製作方式可說很簡單。常見的配方是同等重的蛋白和配料，配料的味道要夠重夠濃，因為還要拌入未調味的蛋白。常見的配料包括搭配鹹味舒芙蕾的白醬，以及搭配甜味舒芙蕾的鮮奶油或果泥。製作舒芙蕾時，要記得是將打發的蛋白拌入配料裡，動作要輕，不要讓打發的泡泡消掉，拌到均勻為止，然後將焗烤盤塗上一層奶油，灑上糖或糖粉，再將拌好的蛋白混合物用湯匙舀到焗烤盤中，送去熱烤箱烤20分鐘左右。做完要立刻吃，舒芙雷充滿熱空氣時味道最美，裡面的氣泡如果冷卻，舒芙蕾就會垮下來。事先打發蛋白和配料這等事都可慢慢來，但在烤前拌合的動作必須要快。不然就先拌合，再分成一杯一杯冰起來，之後再烘烤。將舒芙蕾冰起來雖然合理，但還是一拌好立刻烤、烤完現吃的味道最好。

湯／Soup

湯的範圍廣大，分為三種：清湯（clear）、奶油濃湯（cream）和菜泥湯（puree），這些類別告訴我們如何思考湯的意義。清湯是固體食材和高湯或清肉湯的結合，在未結合前兩者分別獨立（如雞湯麵或洋蔥湯就屬此類）。奶油濃湯傳統上是以澱粉勾芡的湯（無論是用油糊，還是用加了油糊的母醬，如白醬或天鵝絨醬做湯的稠化劑），最後再加入奶油（如奶油花椰菜濃湯，或奶油磨菇濃湯）。而菜泥湯的湯色也是濃稠不透明，這是出自主食材磨成泥後的效果（如西班牙涼菜湯gazpacho或黑豆湯）。無可避免還有跨界的湯類，特別是今日流行的樣式已少有用澱粉勾芡的湯（但用澱粉勾芡的湯十分精緻，不該貶抑它的價值），卻有很多最後打入奶油的菜泥湯，或者不以芡粉勾芡的蘑菇奶油湯。但當你想要煮湯時，請先想想要做哪

種類型的湯是有幫助的，然後再想想要用何種食材，而不是瞪著食譜上的長串湯名。請先想著「清湯、奶油、菜泥」，然後跳到料理形式、調味方法，一路而下。清湯的品質取決於所用湯頭的品質及湯料是否煮得好（將湯料煮到大滾，只會使湯頭混濁，有損配料的細緻質感）。奶油濃湯的品質則與主食材的質地及適當的味道皆有關，濃湯的主要湯料不該搶味，也不該被湯頭刷淡，更不該在高溫下烹煮過久，煮過頭的濃湯味道只會令人不悅。而菜泥湯的質地雖然較粗，但取決於主食材的質地，用來烹煮湯料的高湯，及用來替湯頭增香的提香蔬菜。其次的議題則包括調味及配料，奶油及菜泥湯與酸性調味特別合適，比方扁豆湯可用雪莉酒醋調味，奶油花椰菜湯可用白酒醋調味。

酸麵團，老麵／ Sourdough

酸麵團應是一種技術，而不是一種麵包。酸麵糰麵包不是用化學發酵物而是用天然酵母菌發酵的（見麵種starter），因此麵包裡充滿酵母菌放出的香氣，其中的酸味來自天然酵母菌所釋放出的酸，這也是酸麵團名稱由來，但麵團也不可過酸，太酸就是酵母菌發酵作用太強烈了。

辛香料／ Spices

辛香料最需注意新鮮度──最高準則是越新鮮越好。為了最好的品質，購買辛香料時量要少，且要買整顆而別買磨好的，如此辛香料就不會在櫥櫃或香料架上長長久久。辛香料的油分易揮發，一受熱，就會發出香氣，所以磨之前最好先放在乾鍋上烤一下，以增加辛香料的效果。如果辛香料放太久味道淡了，最好在使用前先嘗一點，評估一下好壞。

海綿蛋糕／ Sponge cake

用全蛋做為乳沫膨脹的基本原料而做成的蛋糕，叫做海綿蛋糕。原料有全蛋和糖，通常先將糖煮到融化，打發成泡沫狀，然後將剩餘材料全部加入拌勻，為了留住越多空氣，會立刻送入烤箱烘焙。

澱粉／ Starch

1. 澱粉是由糖分子組成的多醣體。因具有黏稠的功能，廚師特別用來勾芡。澱粉吸收水後會膨脹，而將較小的澱粉分子丟出，以致具有稠化的效力（欲見相關細節圖示及照片，請見馬基的書）。澱粉可分為兩種不同類別，一是穀類澱粉，一是根莖類的澱粉，而特性皆不相同，對於廚師而言，主要只有純澱粉與不是純澱粉的差別。純澱粉已經和蛋白質及其他分子分離，如玉米粉就是純澱粉，而麵粉不是，若以奶油分離穀類澱粉，將麵粉做成油糊，一樣可稠化醬汁，但是過程中，麵粉中的蛋白質（不溶性穀蛋白）及其他分子必須燒掉，或讓它浮到湯汁表面，廚師再撈掉它。但若用純澱粉勾芡，就不需要撈浮沫。2. 若在廚房說到澱粉，已是一句俗語，指傳統膳食中的「澱粉類碳水化合物」（就像「蛋白質」指肉、「菜」是「蔬菜」的廚房用法）。

高湯／ Stock

風味迷人，由蔬菜、提香料、大骨和肉以小火慢燉熬出來的湯汁，用來加在其他菜餚或他種料理應用上。高湯品質主要由兩項因素決定，其一，食材的品質；其二，火候是否保持和緩慢燉的狀態（溫度不可超過160°F到180°F／71°C到82°C），熬煮時間是否適當，足夠讓每樣食材釋放精華卻不損傷（大骨需要較長的熬煮時間，而蔬菜如果也用一樣時間熬煮，絕對會煮爛，影響風味又傷害湯質）。對於食材的數量，大可用目測，適當的肉湯比例為8磅的大骨要用8夸脫的水，和1磅的調味蔬菜，如此可做出1加侖的高湯。如果減少水量，增加骨頭和蔬菜，結果都會熬出風味更強烈的高湯。除了傳統的提味蔬菜，若有其他合適的提香蔬菜也可一起放入，例如青蒜或番茄。高湯中也會加入香料袋，裡面的食材包括巴西里、百里香、月桂和胡椒粒。熬湯只能用具有風味或帶有甜味的食材，別將你的高湯鍋當成垃圾筒（見Part1「1.高湯」）。如果你要用店裡買回的高湯，請避免高鈉的產品，請記得市售高湯的品質差異極大，對於成品會造成巨大影響。結果

總是市售的高湯永遠比不上自做高湯的品質。如果手邊沒有高湯，而食譜上卻註明要放，這時候用水就好，要知道，自來高湯的能耐可比罐頭高湯要強多了。

牛板油／Suet

牛腎臟周圍的脂肪，在室溫下非常堅硬，可以熬出牛油做料理油，或拿來做油條或油片，是味道豐富、飽和脂肪極高的油。

糖／Sugar

糖有很多形式，也來自不同的原料，有的來自甘蔗、甜菜根、楓樹或玉米。純砂糖可説是了不起的東西，與鹽並列成為廚師最有用的料理佐料。將糖融於帶酸味的水中，加熱後，就變成可以淋在雪酪上的糖漿。或是煮久一些，就變成糖絲籃子的經線緯線。一道菜裡，通常吃不出糖的味道，所以無法知道它的效用，或説糖的力量只有在咬得出嚼勁及嘗得到苦味時，才知道厲害。還可以將香草豆莢放在糖裡，只要幾天工夫，你就聞得到令人感動的香氣，手上拿著是可以打發鮮奶油的香草糖。

其實，多數料理的風味不過是酸、甜、苦、鹹的交互作用。當甜的元素較少時，只要一小撮糖，就可以達到味覺所期待的和諧感。在準備鹹味菜色時，糖通常是被忽略也被低估的調味料。

若你想讓東西變甜，請記得，在食物儲藏室裡，除了純砂糖外，還有其他更多選擇。要讓高脂鮮奶油變甜，砂糖不是唯一選擇；像紅糖這類複合糖會帶給你更複雜的甜味口感。打發鮮奶油該如何享用呢？如果搭配檸檬蜜餞，不妨淋點上等蜂蜜增加甜度。或許在醃料汁或醃漬物裡加點糖蜜，吊出一點糖蜜苦味以平衡鹹味，也是不錯的想法。在廚師的壓箱寶中，無可否認地，砂糖永遠是有效且經濟實惠的好幫手，但請記得它並不是讓菜餚有甜味的唯一選擇。

至尊雞，頂級醬汁／ Supreme

1. 雖是區區一塊雞肉但做法講究，首先要將雞胸肉去骨，然後留下一隻翅膀關節（也有法式的做法，是連雞翅膀的骨頭都要剔掉）。這是將食之無味的雞胸肉換個食來高雅的製作方式。有時這個字也可當成常用的「菲力」解釋（fillet，是去骨魚排的意思），甚至可當成去皮的水果。2. 這個字也可以形容經典醬汁，如以鮮奶油、蘑菇和奶油完成的天鵝絨雞醬汁（chicken velouté），就可稱做頂級醬汁。

小牛胸腺／ Sweetbread

從小牛身上取下的腺體，因為濃郁口感而備受稱讚。傳統上的做法是先浸在水裡去血水，然後放進海鮮料湯以小火慢燉，然後再冰鎮，讓胸腺外面的膜都泡掉，而且冷卻時，需要重量在上面壓，一面壓，一面冰，口感更加有味。小牛胸腺可做成各種各樣的菜餚，或當成陶罐派裡的內嵌花色。

尾巴／ Tail

豬尾巴及牛尾都可以拿來烹煮，成品十分美味。尾巴必須用燜燒法烹調，以小火慢燉，大多數尾巴都含有豐富的膠原蛋白，這也是高湯及醬汁膠質及濃度的來源。

牛油／ Tallow

牛脂肪熬煮之後，就是牛油。以前的專業廚房會拿來做油脂雕刻放在食物上裝飾，現在已很少用。

塔／ Tart

説到「塔」，就想到某種淺平酥皮做出的造型。首先，應將它視為一種料理和造型方法，焦點集中在塔內主食材，而塔皮本身也是食材，外皮與內餡對比，可引出相對的風味及口感。其次，塔還是載器，大概

除了湯沒辦法處理外，它可以集中拖住任何材料，從鹹的到甜的，從一餐的開始、中段，到結束。塔皮外殼可用模具做出，或以手工自由塑形。麵團通常以麵粉為底，但也可加入堅果或其他食材，甚至利用泡芙麵團或薄葉派皮（phyllo dough）都可以。最後，塔是一種創意，鍋裡一團焦糖化的洋蔥可能一點也不起眼，但用酥脆金黃的塔皮裝著，調好味道，就出現了一道焦糖洋蔥塔。

茶／Tea

茶有各色各樣，但無論何款茶飲都有人愛，不只如此，茶還可以當成調味工具，無論是液體還是膠狀，或是用葉子燻出來的煙氣，都可替食材增添一份香氣。真正的茶是由茶樹的葉子做成的，但現在這個字已可以擴及任何泡過東西的液體。

天婦羅／Tempura

傳統日本料理，屬於深炸法，炸得好的天婦羅必須麵糊要輕盈酥脆。傳統上，麵糊的比例為相同容量的水和麵粉，每2杯食材要加1個蛋黃，麵糊調好後要立刻使用，食物沾上立刻下鍋去炸。現代大廚都喜歡在麵粉裡摻上純澱粉以減少麵糊筋性（麵筋會讓麵糊質地變硬，不夠細緻），也會加入小蘇打或蘇打水增加發酵。要裹麵糊的食材需先沾上一層麵粉，好讓麵糊沾得住。

里肌肉／Tenderloin

陸地動物沿著脊骨與肋骨內側的肉就是里肌肉，而禽類也有里肌肉，是靠近胸部的細長肌肉，也可直接叫做「里肌」。一般而言，這個位置的肉不太可能經常運動，所以肉質非常柔軟。

肌腱，豬腱，牛筋／Tendon

連結肌肉與骨頭的結締組織，因為全由結締組織構成，是豐富的膠質

來源，非常適合加入高湯增添湯頭濃度。在某些料理中，特別是中式料理，會將牛筋與豬腱單獨拿來做料理（做法是用小火慢燉，端上桌時裡面是濃厚的醬汁，配上辛辣的調味料，吃來對比有層次）。

陶罐派／ Terrine

所有用陶罐模具做出的料理都可叫做陶罐派（如肉糜，若放在陶罐中烹煮，技巧上就叫做**陶罐肉糜派** Pâtés en croute）。

百里香／ Thyme

無價的提香香草，從高湯到成品裝飾，烹調有關的料理過程百里香都可派上用場。也因此，新鮮的百里香在專業廚房無處不在。它是多年生的強壯植物，種在花園和窗台都很容易生長。

豆腐／ Tofu

凝固的豆漿，很像乳酪，市場上多成塊成塊賣，但依照製作過程也會有不同包裝和質地。在亞洲，豆腐幾世紀以來一直是主食，通常切片或切塊應用在料理中。豆腐沒什麼味道，所以得借助其他風味，可能淋上熱的辣油或搭配味噌做出細緻的味噌湯。但是它帶有顆粒呈凝乳狀，常常會被碰損，所以多半會先煎過或炸過，讓豆腐外皮焦脆，這也是一種保護。在無肉飲食中，豆腐是很好的蛋白質來源，豆腐還有煙燻做法，將煙燻豆腐加在豆類菜餚中，就像是火腿或培根，也可拌入素食醬汁，增加濃度。

蝦膏／ Tomalley

龍蝦頭上軟綠美味的腺體，一般也稱作龍蝦肝，可以生食，或放在醬汁裡做調味，也可放在奶油裡做調合奶油，加入醬汁裡融化，剛好可配龍蝦。

T

番茄／Tomato

番茄在廚房裡做的可是重活。是沙拉或三明治的標準配菜，現在這種搭配方式已是不經思考的反射動作。也可等熟透了，先切片，再放鹽，少許調味，就這樣吃，最後證明越單純的越美味。番茄也是萬用食材，是料理元素，可替無數菜色增加甜味、酸香和顏色。用於高湯上，特別是褐色高湯，多半會加番茄糊，無論生的或熟的都可以，而這樣的番茄糊稱作湯用番茄糊（pincé），對於成品十分關鍵。它們也是常備醬底，依照番茄做生的、煮熟的、煙燻的種種料理程序，可發展出不同的衍生醬汁。甚至去掉番茄肉，剩下的豐富果汁也可做為風味強烈的調味汁。有關番茄的基本須知不多，但品質差異很大，選購時要注意（夏秋時節，可大量使用番茄，到了冬天就節制些）。李子番茄到處都可買到，要做醬汁或其他用途，這品種好像成為公認的番茄選項（如果冬天要做醬汁，請挑一個你喜歡且品質較好的罐頭番茄）；也有一年到頭都可買到的水耕番茄，紅紅一片沒有其他色摻雜，但與那些當地種植、要吃之前才拔下莖蔓的番茄相比，水耕番茄就沒什麼番茄味了。請勿將番茄冰在冰箱裡，將有損它的風味。番茄可切片或切碎，早些撒鹽較好，可突顯強調番茄的風味。

番茄碎／Tomato concassé

法文中，concasser是搗碎切碎的意思，所以基本上tomato concassé是生的番茄碎，但也要看用途，而有不同狀態的番茄碎製作方法。傳統上，番茄碎是由李子番茄做的，先將番茄燙過冰鎮去皮，切成四等分或對半分，拿掉番茄籽，再將番茄肉切成小塊。如果番茄不切碎，而是去皮去籽分成四等分，這樣的番茄肉叫做番茄花瓣，可以切成條狀，或切成菱形做配菜裝飾，或切碎成番茄碎。

番茄花瓣／Tomato petal

番茄一分為四，去皮去籽，切成菱形，可做配菜裝飾或切碎了作番茄

碎，要做番茄花瓣最好用李子番茄。

舌頭／ Tongue
羊舌和牛舌是寶貴的內臟肉，質地很硬，需要小火慢煮才可軟化，然後剝除舌苔。亞洲有些國家也把鴨舌頭當成人間美味。

下腳／ Trim, trimmings
腦袋裡老盤算著切菜剩下的下腳料該如何利用，如果是蔬菜切下的就放進高湯；如果是切肉剩下碎肉，用處就多了，可加進高湯增添肉味，也可絞碎了做香腸；如果切下來的是油塊，還可逼出油來再利用。但有些下腳料，像肉裡的筋（也是一種結締組織）或是蔬菜皮，就不需要太省了；這種廢料和可再利用的「下腳」是不一樣的。

牛肚／ Tripe
牛肚是牛胃裡的摺子，需要放在有大量提香蔬菜的美味高湯裡，長時間慢火烹燒才最好吃，是有獨特香氣、味道及口感的食物。

蹄膀／ Trotters
就是豬腳，也是一般小酒館端出的小菜名，並以此名稱聞名。蹄膀多用來燜燒，還會填入餡料。實際上，蹄膀的肉很少，而骨頭卻很大，所以現今的蹄膀料理多半會加上整塊腱子一起燉，以補足沒有肉的缺憾（見**豬腳** Pig's feet）。

火雞／ Turkey
一年有12個月，竟有11個月輕視火雞肉的存在。火雞胸如果烹調適當也是多汁味美，有各種烹調方式，可整隻放進爐裡烤或架烤肉架炙燒，或用拍壓式燒烤（見**拍壓式燒肉** Paillard），也可煎或燒（煙燻的風味與火雞十分搭配，所以燒烤是最適合的烹調法）。雖然火雞腿的軟骨多肌腱厚，但

吃起來味道不錯，且火雞腿也許是整隻雞中最精華的所在，肉多又有味，烤的、燒的、吃冷的、吃熱的都好吃。火雞骨頭可熬製上好的高湯，烤剩下的火雞架子是熬湯的大宗食材。市面上賣的冷凍火雞與新鮮天然飼養的火雞一比味道就較為平淡。火雞的內臟，如火雞胗、火雞肝也很美味。

無鹽奶油／ Unsalted butter

許多主廚都偏好無鹽奶油，風味較純粹，不會影響食材，而廚師則可依照自己的口味調味。

香草／ Vanilla

甜點中，香草是最受歡迎、最具影響力的風味了（甚至某些鹹點也會放香草）。可以分成兩種類型：一是香草豆莢，一是液體香草（又可分純香草汁和濃縮香草精）。沒有東西可替代香草豆莢，它的主產地在馬達加斯加，是某種熱帶蘭花的豆莢發酵而成，用來搭配卡士達和鮮奶油。通常取出香草籽放入鮮奶油，而豆莢改做他用。用過的豆莢放入糖中，整罐糖都充滿香草香，對於這麼昂貴的東西，是再次利用的好方法。香草味的效果在於乾淨醇厚，在很多菜色中是一種基礎香氣或調味，如蛋糕、餅乾及各式點心，都聞得到香草味道；其中很多是用香草精調味，它比香草豆莢容易取得也便宜許多。有天然香草精，也有經過工業副產品調出來的香草精，很方便取得，風味上也很類似。

香草醬汁／ Vanilla sauce

見**英式奶油醬** Crème anglaise。

碎肉／ Variety meats

見**雜碎** Offal。

小牛，犢牛／ Veal

乳牛產的小公牛，出生第一個月就遭屠宰，因為小牛肉的風味及質地
細緻，骨頭和關節有豐富的膠原蛋白及天然風味，是備受讚譽的食
材。一般而言，幼齡動物具有豐富柔軟的結締組織，融化之後成為膠
質，所以小牛骨頭和關節是非常寶貴的高湯材料。較堅硬的肉塊如肩
胛肉和牛腱則用來做燜燒最好。

　現今在一般食物賣場上也買得到小牛了，但是比犢牛大的小牛，多
以圈養且餵食豆製的配方奶，確保牠們雖然長大了，肉的味道仍不沾
腥羶，肉質也軟。還有一種包柏牛（Bob veal），即所謂的胎牛，是犢牛
生下來第一週，無法圈養也還無法自然進食草料的胎牛。最好的小牛
是不經圈養也還沒斷奶的犢牛。現在也有越來越多不經圈養、不餵配
方奶的小牛在市面上購得，雖然肉質比以前紅，也沒那麼細緻。

小牛高湯／ Veal stock

有褐色與白色的小牛高湯，差別在於肉與骨頭是否先烤過，烤過的是
褐色小牛高湯，沒烤過的則是白色小牛高湯。但無論是褐色還是白
色，因為含有豐富膠質及天然風味，都是廚房萬用的高湯。（見Part1
「1. 高湯」）

蔬菜油／ Vegetable oil

蔬菜油是萬用油，品質卻因種類不一而有差異，有便宜的棉花籽油，也
有好用實惠的玉米油，還有價錢昂貴的葡萄籽油。（見料理油 Cooking oils）

蔬菜／ Vegetables

廚房裡將蔬菜分為互有重疊的幾個類別：綠色蔬菜（大部分只需要略為烹
煮）、根莖類蔬菜（除非生食，基本上需要完全煮熟）、提香蔬菜（用來增添高湯
和醬汁的風味）。

V

植物酥油／ Vegetable shortening

經過氫化的植物油，在室溫下維持固態，可用於烘焙和料理。但氫化的過程造成反式脂肪，對人的危害相當於飽和脂肪或更糟。但現在也有將反式脂肪抽離的植物酥油；如果要用植物酥油，請用沒有反式脂肪的油。

天鵝絨醬／ Velouté

用油糊稠化的白色醬汁（主材料可以是魚、雞或小牛），且是醬汁和湯品的醬底（見母醬 Mother sauces）。奶油濃湯、蛤蜊巧達湯基本上就是用油糊稠化的天鵝絨醬。它也是醬底，在某個特定主味中，樹立濃度與基礎風味——如白酒醬汁，就是天鵝絨醬加上白酒與紅蔥頭的風味，磨菇白醬則是蘑菇與天鵝絨醬的搭配。這類衍生醬汁或複合醬汁，通常最後會加入奶油、鮮奶油或奶蛋糊再次稠化。

酸葡萄汁／ Verjus

用未熟的葡萄提煉的果汁，充滿酸香，用法如醋，可調味醬汁或做油醋醬，甚至做雪酪。

油醋醬／ Vinaigrette

應該將油醋醬當成大的醬汁類別，而不只是作沙拉淋醬。有些大廚甚至認為應該把油醋醬當成第五種母醬。製作油醋醬的基礎原則，就是油脂加上酸與調味，成為用途廣泛的酸味醬汁。利用的油脂可以是中性的油（如芥花油），也可是有味道的油（如培根的油）。酸味食材的取材範圍也廣，可是萊姆汁、柑橘汁、醋、酸葡萄汁，還可加入各種提香料和辛香料。油醋醬的標準比例是酸性食材與油脂比為 1：3，但也會依據不同的酸及個人口味調整油脂比例（如用萊姆汁，油脂就要多加一些；如是酸葡萄汁，則可少一些）。混合調味料和醋的基本方式如下：先加鹽讓它融化，再慢慢加入油脂攪打，最後打成質地一致的醬汁。如此會達成暫時的乳化。如果用電動攪拌器攪打可打成穩定的乳化油醋醬，也有

加了蛋黃乳化的奶油油醋醬，事實上，乳化油醋醬看起來就像稀薄又帶酸味的美乃滋。芥末也具有乳化的性質，常常放在油醋醬裡，保持它的乳化狀態。

醋／Vinegar

廚師手裡最重要的調味工具之一。主要功能就是增加酸度，幫助分辨味道的基礎特質。而對於某種食材或菜餚來說，要搭配何種提香蔬菜，則要看用什麼種類的醋而定。一道菜永遠該嘗來有適當層次的酸度，就像也可分辨菜的鹹度一樣。無數菜餚都能調整到令人滿意的美味層次，只要在最後一刻加上幾滴的醋。有的備料則全靠醋來提味，比方油醋醬、西班牙著名的醋醃冷盤（escabeche），或是法國著名的甜酸醬（aigre-doux）。

醋的種類很多，有來自酒、水果、穀類（麥芽醋）等加工製作出來的醋，也有特別種類的醋，如義大利黑醋和雪利醋。醋之所以產生，是因為有醋酸菌這類特殊的細菌，它會消耗酒精產生醋酸。醋也可以從純酒精中提煉，進而做成白醋和蒸餾白醋，這種醋沒有額外的香味，也沒有充滿風味的成分。

白醋是一種很好用的清潔液體，還可入菜，但很少是用醋時的首選，多是由質地優良的葡萄酒醋雀屏中選。醋的品質差異很大，通常是一分錢一分貨，但不是那麼絕對。請嘗一下，評估一下，比較各類的味道。當醋是某料理的重要組成時，選擇一瓶好醋就很重要。葡萄酒醋是廚房裡做最多事的醋，且通常是紅酒，但適合用白酒醋時也會用白酒醋（如在白色醬汁中加醋時），或是依照味道而有不同要求。

自己動手做的醋永遠勝過買來的酒醋。所以需要一個能培養細菌的環境和「種菌」，也就是「醋酸種菌」這種膠狀物質，你可以在某些專門店買到，或透過網路購買，或者在市售的醋瓶底找到。酒中加入種菌或醋酸種菌後，讓它與空氣接觸（細菌也需要氧氣），兩三個月後，酒就會變成醋了。

義大利黑醋（balsamic）是義大利生產的好醋，從特殊葡萄的未發酵果汁中提煉出來，然後放在木桶中熟成。然而它們的品質差異極大，請避免用太過廉價，或是普通雜貨店賣的義大利黑醋（它們並不是真的義大利黑醋）。（見**義大利黑醋** Balsamic vinegar）。雪利醋（Sherry）在西班牙製造，是陳年釀造的醋，越陳越香。同樣地，若要用到雪利醋，請選用品質優良的雪利醋（如法國巴紐斯 Banyuls 所產的同名醋，是廚房裡珍貴的調味品）。

水／Water

廚房最重要的食材及工具，影響無所不在。請注意水的特性及效果，要知道如何運用，例如水的沸點（也就是在海平面，水固定會在212°F／100°C沸騰），還要注意水的密度，蒸發的份量，以及鍋內還剩下的水量，這些都是烹飪的基本。

小麥／Wheat

小麥籽的構造分為胚乳（endosperm）、麩皮（bran）和胚芽（germ）三個部分。胚乳是小麥籽的主要成分，麩皮是胚乳的外層，而胚芽又稱麥芽。若以麩皮和胚芽相比，胚芽特別有營養，卻在精練麵粉的過程中去除。小麥的主要差別在於蛋白質的含量，包括讓麵團具有彈性的麵筋。高筋的小麥做出的麵粉適合用來做麵包，而杜蘭（Durum）小麥雖是高蛋白質的麥種，卻常磨成做義大利麵的粗粒麵粉。全麥麵粉包括小麥籽中的麩皮和胚芽，蛋白質成分很低，因此由全麥麵粉做成的麵團製品材質較密。胚芽的成分也包括脂肪，所以除非經常使用全麥麵粉，最好還是將麵粉包好放在冰箱冷藏或冷凍。

乳清／Whey

製作乳酪的副產品，做乳酪時，牛奶凝結後剩下的液體就是乳清，可再次烹煮後就是義大利乳清起司（ricotta，義大利文的意思是「再煮一次」）。

打發的鮮奶油／ Whipped cream

鹹點甜食風味各有不同，但是打發的鮮奶油絕對是它們的萬用配料，可做成鹹、酸、辣、甜等各種口味，成為增添豐郁口感的增味劑。

打發的鮮奶油／ Whipping cream

高脂鮮奶油（heavy cream）或高脂液態鮮奶油（heavy whipping cream）的同義詞。如果想將鮮奶油打發，請避免使用「特殊高溫殺菌」的鮮奶油。請記得液體鮮奶油越冰，越容易打發。

白色醬汁／ White sauce

通常指白醬（béchamel），但有時也指天鵝絨醬，或以白醬和以天鵝絨醬為底的醬汁。與褐色醬汁最大的不同在於褐色醬汁有烤過的焦糖味，而白色醬汁沒有。

白色高湯／ White stock

為了保持白色高湯的乾淨細緻，製作過程中大骨沒有烤過，提香蔬菜也沒有經過焦糖化（而褐色高湯就有烤過的香氣和顏色，風味多了燒烤的複雜深度，也多了蔬菜經過焦糖化後的濃厚甜香）。做白色高湯前，大骨需要經過汆燙，這會讓成品變得很乾淨，但大骨沒有經過汆燙，廚師就需要在湯漸漸熱起來時小心地撈去浮沫，拿掉凝固的蛋白質和開始浮到表面的浮沫。

料理酒／ Wine（cooking with）

紅酒既是調味工具又是烹煮介質。原則是請不要用你不會喝的酒來烹調食物，且品質越好的酒用來做菜的效果越好，但通常酒精的味道嗆辣刺激，不太適合放進食物，所以必須先煮掉。如果想在醃漬滷汁裡放酒，最好也將酒精先煮掉（再以提香料泡酒），醃料需先冷卻，才能醃漬，以防止酒精使肉的表面變性，事實上，使肉變性這件事留待烹煮時完成就可以了。

W

即溶麵粉／Wondra

原是麵粉的廠牌名，製造所謂的「即溶麵粉」，是一種已經預煮過的低蛋白質麵粉，所以加水後也不會起一團一團的顆粒，這類的麵粉十分適合做細緻的麵糊，也可以用來稠化現點現做的醬汁。

蛋黃／Yolk

由水和蛋白質及脂肪這類營養混合物所構成。對於廚師而言，不論作為食材還是工具，蛋黃都是無價之寶。蛋黃若作食材，無論鹹甜的各色料理，只要加入蛋黃就多了風味與豐厚感。若當工具，藉由其中卵磷脂的作用，蛋黃可以幫助廚師做出像荷蘭醬或美乃滋的乳化醬汁，也可以稠化醬汁，做出像英式奶油醬的濃稠醬汁（見Part1「4. 蛋」）。

柑橘皮／Zest

柑橘類水果的皮。柑橘類水果色彩鮮豔，外皮充滿精油，是很好的調味工具。有許多方法可將柑橘皮刨下來，可用削皮刀、蔬菜削皮器、刨刀，或是果皮搓磨器。而其中磨皮器和果皮搓磨器是最有效的工具，可以只取柑橘皮，而不會碰到會苦的白色內膜。如果使用刀子或削皮器，就要小心地除掉內膜。但柑橘皮也可能會有些許苦味，用於精緻的菜色，最好在使用前先將橘皮汆燙冰鎮數次，如此才更有風味。

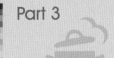
工具＆器皿

烤盤／Baking sheet

見**烤盤** Sheet pan。

削菜器，刨片器／Benriner

見**日式削菜器** Japanese mandoline。

食物調理機／Blender

廚房裡重要的工具，可用來煮湯、調醬汁和做需要快速乳化的奶油醬汁，以及乳化油醋醬，攪打果菜泥做飲料。它甚至可和圓錐形過濾網一起使用，取代榨汁機的功用（蔬菜用調理機打成果菜泥後，再用濾網過濾出果菜汁）。（見**手持式攪拌機** Immersion blender）。

廚用棉線／Butcher's string

廚房的法寶，主要用來紮鳥和綁肉，使受熱較均勻，形狀較一致，成品也更美觀。棉線的綁紮方法不難，值得學以致用。它有無數用途，綁香草束、香料包，綁肉捲，還可以紮香腸條。

蝴蝶刀／Butterfly

廚師的刀工之一，將整塊肉切開不斷再攤開放平，通常用來去骨，如小羊腿的脛骨。切成蝴蝶刀的肉可以攤開料理，但更有趣的是，廚師多喜歡把肉的內層加上調味，或填料進去，然後再合起來用繩子綁成原來的形狀，這是一種使內層豐富而後料理的方法。

蛋糕烤盤／Cake pans

各種材質形狀的蛋糕烤盤現在隨處可得。鋁容易導熱，是烘焙最佳材質。烤盤材質越厚，食物受熱越均勻。各種表面不沾的器材及矽膠做的脫模也廣泛使用。擁有幾件好的萬用烤盤是不錯的主意，但是像蛋糕中空烤模（戚風蛋糕模），或是圓形附彈簧扣烤模（springform pan），或

B
C

是捲心蛋糕烤盤都是屬於特殊造型的烤盤，端看你喜歡做哪種蛋糕。

砂鍋，陶鍋／ Casserole

配有蓋子的烤皿，也可以指用砂鍋烹煮和盛裝的料理，它是一種烤菜（而不是燜燒料理）。回想起美國50、60甚或70年代的廚房，那時砂鍋料理正流行，但現在這個詞就不常見到。原版的《料理之樂》編入砂鍋一類，再此項下大概列出一整欄的砂鍋料理，但在1997年的修訂版本中，砂鍋料理完全不見，2006年的版本又再次重現，也許是某種砂鍋又東山再起了。

鑄鐵鍋／ Cast iron

若保養得宜，鑄鐵鍋會是極佳炊具，不貴又耐用，因為密度高傳熱慢，一旦溫度到達一定程度，就會非常燙且持久恆溫。如果「養鍋」養得好，鑄鐵鍋幾乎和最高檔的不沾鍋一樣好，不，其實是更好，因為耐摔耐磨。但是鑄鐵鍋對酸和鹽會起反應，所以別在鑄鐵鍋裡用鹽醃食物，而番茄裡的酸會使鑄鐵鍋染上番茄汁（請記得，鐵對你有益，但番茄對鍋有害）。鑄鐵鍋應照以下方式養鍋：先在鍋中倒入一公分高的油，以高溫燒到油滾燙，或是把鍋放在300°F（149°C）的烤箱中烤一小時左右，然後讓鍋子完全冷卻。接著把油倒掉，用餐巾紙擦乾（事實上，如果你用鑄鐵鍋做炸雞或炸馬鈴薯，同樣也在養鍋）。絕對不要用清潔劑刷洗鍋子，若想清潔只能用磨的（用砂紙或猶太鹽輕磨），如此就能把鍋子養得很好，也絕對會光亮如新。一旦你疏於照顧，就得重新養鍋。即使用了很久快要丟棄的鑄鐵鍋都可以再次清理、保養之後，就可重生為一等一的好鍋子。

瓷漆鑄鐵鍋（或叫搪瓷鍋或琺瑯鍋）就是鑄鐵鍋外層鍍了一道搪瓷外衣 —— 如此，它對於鹽和酸就不起反應，而且不可養鍋。這類鍋子也是極佳的烹煮鍋具，可用在爐上或烤箱中，特別適合做燜燒，因為瓷漆鑄鐵鍋並不是完全的不沾鍋，接觸鍋底的食物仍可產生褐變，燒出有深度的焦香。

粗棉布／Cheesecloth[1]

十分有用的廚房工具，可用來過濾水分，也可包著提香料做成香料袋使用，好讓香料在貢獻出香氣後，就可從食物中輕鬆拿掉。它的另一個用途是用來覆蓋水波煮的食物——如做肉醬或鵝肝醬要用的濕布。使用粗棉布前，最好先洗淨除去脫落的棉線。請注意，其他材質的布也有一樣的功能，通常效用更好也更便宜。比方買幾條新手帕，做個廚房專用的記號，就是極好的過濾工具（而且不像粗棉布，手帕可以重複使用）。餐巾或棉質的抹布也很有用。

餐後乳酪盤／Cheese course

酒足飯飽之後，端上一盤乳酪做為大餐總結。有些高級餐廳會推上乳酪車任君選擇，不然就會端上一盤各色乳酪，成為以乳酪為主的餐後點心。

主廚刀／Chef's knife

也許是主廚最有用的工具，有時也叫法式刀，長約20到30公分，寬約5公分，刀面寬，越往上越集中縮小到一點。一把好的主廚刀應該可以處理廚房大多切工，與削皮刀是廚房料理唯二的基礎刀具。材質應該是高碳不銹鋼，握在手上有沉甸之感卻很順手。握刀之法和刀具一樣重要，用姆指和食指扣住刀片控制走向，後面三隻指頭則拖住刀柄。（見Part1「6. 器具」）

粗目網篩／China cap

廚房對圓錐形金屬漏勺的暱稱，用來過濾較大或需要擠壓的食材，如處理龍蝦殼或蝦蟹殼時，要盡可能擠出味道。若要再次過濾則可用漏斗形濾網篩（chinois）過濾。

C

細目網篩／ Chinois tamis

中式網篩的法文，通常指漏斗型濾網篩（有別於平底網篩或鼓狀圓形的篩
子）。這種圓錐形細網篩可用來過濾高湯、醬汁或湯品，是很好用的工
具。想要使料理更精緻也用得到它，濃厚渣多的醬汁或菜泥湯一經過
濾就變成天鵝絨般的質地。或者，把生的蔬菜泥從攪拌器裡倒進細目
網篩中，從網篩中壓出的就是純果汁。若要把醬汁過濾到極為細緻，
可以輕叩圓錐網篩的邊緣把汁液濾過網子，請不要用湯勺去壓網篩，
這樣會使原來要濾掉的細小纖維被湯勺壓過細網，又回到醬汁中。

濾布／ Cloth

好用的廚房工具，凡是棉布、棉質餐巾、碗盤抹布或手帕，只要是料理
之用，可用來過濾高湯和醬汁的布都是濾布。見**粗棉布** Cheesecloth。

漏皿，滴水籃／ Colander

廚房重要工具，最好至少有個堅固的金屬漏皿，而不要用品質差的塑
膠貨較好。

熱風對流烤箱／ Convection oven

內部裝了風扇的烤箱，有些烤箱的熱能雖由電路散發卻以風扇循環，
有些烤箱的熱能就直接以風扇出風口送出。溫度循環確保烤箱內的溫
度平均，不然烤箱內就有較熱的與不熱的地方。循環熱能有很多好
處，包括降低烹飪時間、使受熱平均、增加燒烤物的脫水程度（如雞
皮）。還可以加速料理，讓細緻表面變乾，如卡士達醬和蛋糕。

銅質廚具（銅鍋、銅盤、銅碗）／ Copper

銅製湯鍋和平底鍋基於導熱快速均勻，加上造型美麗，深獲讚賞。但
缺點是很貴，要保持光亮又費事。但銅碗的確有助於打蛋動作穩定（見
馬基書中說明）。

軟木塞開瓶器／ Corkscrew

要從瓶子裡拔出軟木塞，有各種工具可用，如開酒器、餐廳侍者用的口袋開罐器，但最佳選擇還是軟木塞開瓶器。它的價錢平實，不占空間，需要轉動的部分也不多，故可經久不壞。但是要操作開瓶器還真的需要練習，但學習是值得的。

甜筒，牛角模具／ Cornet

原是號角的法文，在餐飲用途上，這種像牛角的圓錐筒是一種方便的形狀或器具。許多人用甜筒裝冰淇淋，瓦片餅乾也可用牛角模子塑型後，當作基本餐前小點心。經典的法國配菜像是火腿切片和醃燻鮭魚薄片都用這個模具塑型，而奶油捲心泡芙則是會用到牛角模具的甜點，做法是先將酥皮捲在牛角模具上，送入烤箱烤過，再填入奶油形式的餡料。

食物調理機／ Cuisinart

見**食物處理機** Food processor。

刀具／ Cutlery

見**刀具** Knives。

砧板／ Cutting boards

切菜時墊的東西，木質的最佳，最好用楓木這種結實的木頭（最佳砧板材質）。太硬的木頭也不好，絕對別用比刀還硬的砧板；聚丙烯和橡膠做的砧板用來差強人意（但是會越用越醜）。如果砧板不起刀痕或缺口，硬度絕對比刀硬，這樣的板子會傷害刀，如果你一刀下去，聽得到敲在砧板上的響聲，就是不好的兆頭。也請避免所謂的抗菌砧板。有人說木頭砧板比塑膠砧板不衛生，這種說法是誤導。要避免細菌感染最好的方法是用極燙的肥皂水清潔，然後直立風乾。若要完全消毒，就要

用稀釋的漂白水清潔。再次提醒，請用木頭砧板，耐操好用不說，對刀子、食物，還有你的雙手和眼睛都好。

絞肉機／ Die

絞肉的機台。專業用的絞肉機可絞不同尺寸，但大多數家用絞肉機只可絞大小兩種尺寸，大的約1公分，小的約0.3公分。大顆粒較粗，小的較常用。做肉醬或香腸的絞肉必須絞得細些，絞兩次較好，先用粗的再用細的絞一遍。請用手清理絞肉機和刀片，並小心保存，勿使機器變鈍，刀面和機台需要定期送去給專業修整磨利。

雙層鍋，子母鍋／ Duble-boiler

內有小碗的鍋子，可以蒸煮，做需要溫柔對待的料理。某些形狀的子母鍋在備菜時非常方便，比如融化巧克力或用蛋黃乳化奶油醬汁時，因為子母鍋可溫和加熱，十分好用。你可買個內有雙層鍋的鍋子，但用個鋼盆或有點像醬汁鍋的玻璃碗也一樣好用。

圓篩／ Drum sieve

見**網篩**Tamis。

荷蘭鍋／ Dutch oven

一種有蓋的深鍋，通常是鑄鐵鍋燒上搪瓷（琺瑯），用來燉煮及燜燒，重的特性在於材質極重，火力均勻且可上蓋保溫。是悶燒鍋的首選，可一鍋完成將肉過油上色及燜煮的任務。算是可貴的料理工具，但嚴格說來並不絕對必要。其他有蓋的厚材鍋具都可達到同樣功效。

陶鍋／ Earthenware

陶土做的烹煮器具，具有加熱慢，冷卻慢，與食物無應的特性，特別適合用在燉煮燜燒等需要小火慢燒的料理。只是陶鍋會裂，不太適合

以高溫直接加熱，但放在爐火上也不是不可以，只是要小心（塔吉鍋就是常常放在爐火上的陶鍋，是鍋蓋像甜筒的淺鍋）。因為保溫效果佳，食物不易冷卻，當盛盤容器也很好。很多亞洲的燉燒料理都會標明「砂鍋料理」。值得注意的是，無論用不用陶鍋，陶器製品在視覺及質感上都極具美感，特別是手工做的鍋子，用這種手作鍋準備菜餚，有一股調和的美。

電動打蛋器／ Egg beater

廚房裡的便利工具，但不建議使用，要用也請適量，因為大多類似工作用手動打蛋器就可完成，也該多學著善用這重要工具。egg beater 也作低脂蛋液，是一種商品，雞蛋的低脂替代物，也不建議使用，要用就請用真貨。

平台爐／ Flattop

有些爐子有爐嘴，而這種則是平台式的爐子。平台爐的檯面是重鋼或鑄鐵做的，加熱火源在檯面下，可達極高溫度，且保溫效果持續。如果鍋子底部是平的，使用平台爐的效果和用瓦斯爐一樣好（那些燒得滾燙冒煙，又直接放在水下沖的平底鍋放在平台爐上就沒什麼效果，最終還會變型）。現今很多廚師都偏好一種漸進式平台爐，這種爐子的火源在中心點，廚師可以移動鍋子距中心的位置來調整溫度。

派皮切花器／ Fluted pastry wheel

是有管狀紋路或起伏波紋的派皮切割器，雖然不是廚房的必備工具，但可替糕點和麵食邊緣加點小趣味。

食物研磨器／ Food mill

廚房裡的法寶，可將水果蔬菜磨成泥。研磨器有個手動的曲柄可將食物壓進研磨槽裡，食物和皮、籽、纖維就此分開成為泥狀，最後成為

形狀一致的果菜泥。當然也有其他工具可做類似工作，但它的獨特優點在於既是研磨器又是過濾器。研磨盆可容納大塊食物（馬鈴薯就常放進食物研磨器磨成薯泥，且不會使馬鈴薯黏在一起）。食物研磨器的研磨槽有不同尺寸，供廚師選擇果菜泥的粗細。

食物處理機／ Food processor

這是可切塊、剁碎、攪拌，還有其他無數功能的多用途裝置。堪稱無價的廚房法寶，但某些準備工作也有它做不到的地方。食物處理機可以在數秒內粉碎洋蔥，但有些洋蔥卻打成汁，形狀大小也不一；手工切洋蔥的結果就好得多。還有，它無法像食物研磨器一樣磨出菜泥，只是切碎食材。用食物處理機前，請想清楚你在做什麼及為何如此做，然後評估用手做是否更恰當。當食譜上寫著請將「某物速攪一下」（process），意思是要你用食物處理機的「瞬動鍵」（pulse）將食物速攪一兩下；如果食譜要你將食材「攪拌」一下（blend），意思不是要你用食物處理機絞碎它們，而是用食物調理機或用手拌一下就好。器材不同，用在食物上的效果就不同。

平底鍋／ Frying pan

隨著廚房越來越先進，烹調設備也越來越花俏，平底鍋一度曾泛指鍋緣較低的鍋子，但這個説法越來越少用。我們可以且應該把所有鍋緣較低的鍋子加以區別，正確説出名字才好，像鍋邊慢慢斜上去的是深炒鍋（sauteuse），鍋緣垂直的是煎炒鍋（sautoire），還有鑄鐵鍋（cast iron，又稱 Griswold，是早期做鑄鐵鍋的著名廠商）。

漏斗／ Funnel

最好準備幾個漏斗在身邊，小型漏斗可把辣椒等香料灌到瓶子裡，而大漏斗則用來灌湯汁液體。

壓蒜器／ Garlic press

假設你要先切掉大蒜上的青苗，準備將大蒜直接下鍋，壓蒜器對一般家庭料理十分好用。但它也有爭議，在主廚的世界裡，這工具並不專業。壓蒜泥是為了圖方便才不得已的妥協，因為整顆蒜瓣被壓蒜器壓過，組織遭破壞，如果沒有立刻下鍋，一下就會冒出嗆臭味。顯然是因為大蒜被壓擠時，蒜苗中的酵素起了反應，將香味蒜味一股腦釋出。但如果一開始就去除蒜苗，壓蒜泥時就無此顧慮。還有，高溫也會消除酵素，這就是為什麼帶蒜苗的蒜泥要立刻下鍋。料理人應該明白不同刀工對大蒜造成不同效果，蒜碎、蒜末，以及用刀面來回切抹的蒜泥味道都不一樣，請注意分辨其差異。

瓦斯爐／ Gas（burner）

一開火就來，理想好用的烹飪工具，不像電磁爐或平台爐看不見爐火，廚師直接可看出火力大小。但瓦斯爐的火力不見得比電磁爐高，只是快。

刨絲器，研磨器／ Grate, grater

對於乳酪或肉荳蔻這種切也切不好的東西，研磨器實在很實用，放在大塊食材上刨出特定數量即可。好的研磨器有不同尺寸，是值得推薦的廚房工具，便利的程度超過一般熟知的用途，有創意的廚師拿它做的事比刨乳酪絲多太多了。可以用它把番茄的肉從皮上直接磨掉；可以把大蒜直接磨到醬汁裡；蔬菜切過後，很快用研磨器磨一磨加入高湯或海鮮料湯，效果比切丁的綜合香草還好（見刨刀 Microplane）。

絞，磨／ Grind

要製作法國肉糜派、香腸及漢堡，研磨是重要關鍵，大部分的絞肉機至少都有兩種尺寸的機台——即肉被壓出的平板，有大小兩個尺寸，若是更精細的絞肉機，機台尺寸就不只兩個。機台尺寸越小，磨出的絞肉就越細緻，質地也越光滑。

研磨機／ Grinder

有專為絞肉設計的研磨機，也有食物攪拌機具有此功能。專為研磨所用的研磨機，配有手動的曲炳，依照不同料理種類，研磨器十分好用。不管肉剁得多細，或用食物處理器磨出肉泥，都做不出絞肉的質感。食物處理器有時可做研磨器的替代品，但一個磨出顆粒狀，一個是泥狀，兩者結果不同。如果沒有細心照顧，研磨器上的刀片和機台很快就會變鈍，無法絞出絞肉該有的質地。最好手工清洗晾乾，如果使用頻率極高，請帶給專業磨刀。

手持式調理棒／ Hand blender

見**手持式攪拌機** Immersion blender。

節能散熱板／ Heat diffuser

有些菜色需要長時間慢火烹煮，這時候用上節能散熱版就可讓溫度維持最低程度。它很好用，但如果手邊沒有，可以用錫箔紙包上金屬環墊在火上抬高鍋子，也是不錯的替代方案。

方形餐盤／ Hotel pan

有各種深度尺寸的長方形鋼盤 (5公分深的叫200pan，10公分深的叫400pan，以此類推)，卡在自助餐保溫台的格子裡，也放在廚師工作檯上當作事先調配食物的料理盤。用途十分多元，可直接烹煮，或當作盛放、貯存食物的容器。

製冰淇淋機／ Ice cream machine

幾乎所有液體、卡士達或果菜汁，鹹的也好，甜的也行，都可用這台機器凍結成冰。雖然方便性無庸置疑，但兩個容器加上大量的冰和鹽，一樣可做冰淇淋。製冰容器須一大一小，小的正好可裝進大的裡，加上一個木湯匙或硬質抹刀，就可以創造同樣的冰凍效果。

手持式攪拌機／Immersion blender

尾端有攪拌器的手持裝置，可直接插入滾燙液體中攪拌。非常重要的工具，可將鍋中菜泥打成醬汁，或在醬汁中打入融化的奶油。有些機組還附有附件和調理杯，十分方便。

電磁爐／Induction burners

電磁爐中有電磁線圈，可使電流在鋼或鐵中快速運動使鍋具均勻加熱，也就是說，只有鐵製的器具可用電磁爐加熱，因為只有鐵鍋可受熱且加熱迅速，做菜時十分好用。它的另個好處是空氣不會像用瓦斯爐或電熱爐一般變得躁熱不堪，所以在氣候炎熱的地方，電磁爐特別受歡迎。它也容易清理，就算食物濺在上面也不會燒起來。電磁爐對玻璃及陶器的容器不起作用，所以若你習慣用塔吉鍋作菜或只有康寧百麗鍋，電磁爐就不太方便，但多數廚師會用電磁爐，也覺得好用。

即顯溫度計／Instant read thermometer

所有廚房都需要一支。有些食物內部要燒到某一熱度才好，或是水波煮的水溫也要固定在某一熱度，要知道是否達到正確溫度，有一支即顯溫度計就很重要。但溫度計也不是萬無一失，俗話說，溫度計的能耐也不過與用它的人一樣，特別是在測大型肉塊時，正確使用溫度計就很重要。你得知道哪個部位的肉會測得何種數據結果，也請記得金屬探針的溫度會稍微影響肉測出的數據。確定溫度計正確與否也很重要，可以將溫度計放在冰水浴（32°F或33°F／0°C）或沸水（211°F或212°F／100°C）中定溫，指針式的溫度計是可以調整的。

鐵鍋／Iron pans

見**鑄鐵鍋**Cast iron。

日式刨絲器／ Japanese mandoline

廚房重要器具，可將食材刨成片狀或絲狀。很多廠牌都在賣各種花式刨刀器，但專業主廚愛用的還是日式刨絲器。刨絲器或刨刀操作簡單又不貴，調整厚度時，只需將刨絲器底下的螺絲調整一下。有些刨刀間隙很寬，兩旁的螺絲都要調整，因為很難將兩邊螺絲調到同樣位置，以致削出的食材厚度不均，這種做法並不建議。刨絲器上的刀片銳利，即使戴上手套顯得累贅不順手，還是戴著較好，或者一開始先慢慢刨，再逐漸增加速度，這樣不論刨片還是刨絲，都不會天外飛來蛋白質加菜了。

廚具／ Kitchenware

見 Part1「6. **器具**」。

磨刀器／ Knife sharpener

最好的磨刀器具是磨刀石。要不自己學會用磨刀石磨刀，要不就送去給專業磨。石頭的粗細程度不同，品質也有差，磨刀時需要水或油作潤滑劑。不論你讓刀恢復鋒利的方法是什麼，請多用磨刀棒，如此就不需常常磨刀了（磨刀棒並不會磨利你的刀，但是有助保養刀鋒）。

刀具／ Knives

廚師的主要工具。雖然各式刀具都有用，但嚴格說來，你只需要兩把好刀，一把大的和一把小的就夠了。當然買下整組刀具及專業用刀可備不時之需，但剛開始最好同樣的錢投資在品質較好的刀具上，如主廚刀和去皮刀得是不鏽鋼刀具，還有保養刀鋒的金屬棒或金屬棍。好廚師就要有本事只用主廚刀和去皮刀就處理每項需要用刀的工作。

湯勺／ Ladle

重要廚房器具。很多湯勺都具有測量容量的功能，有時候盛湯舀醬汁

J
K
L

需要一份一份固定容量，這種湯勺就很好用。廚房裡最好準備2盎司、4盎司和8盎司大的湯勺。

矮櫃／ Lowboy

小冰箱的俗稱。

切片器，刨絲器／ Mandoline

用來切片刨絲的精巧器具，有時也稱「法式刨絲器」，可將蔬菜刨成形狀一致的片狀、絲狀或蜂窩波浪狀。堅固耐用，但價錢昂貴，且要架好操作，使用起來比日式刨絲器複雜。日式刨絲器是法式刨絲器的簡化版，雖是塑膠材質，但切片刨絲一樣好用。

大理石面板／ Marble

大理石做的廚房工作檯，因為檯面冰涼，擀揉奶油含量豐富的麵團時，可保持接觸面乾淨不黏，深受糕點廚師喜愛。但壞處是它的孔隙較大，容易藏污納垢，而且不耐酸，一碰到酸性物質，大理石板就會起坑洞，因此有品牌的大理石板多會先上一層模。在家裡放一塊小的大理石板很方便，可和烤盤收在一起，要做糕餅或甜點前，先冰一下再用。

筒狀深鍋／ Marmite

一種鍋具，鍋身高，口徑窄，用來做法式清湯或熬製高湯十分好用，也可用來做某些需要長時間燉煮而不希望水分蒸發的燉菜。

量杯／ Measuring cups

分為兩類，一類適用乾性食材(容量特別分為1/4、1/3、1/2和1杯)；另一種則適用液體(是透明量杯，兩邊刻有不同的度量衡)。為了方便起見，最好兩種量杯都要有。

絞肉機／Meat grinder

對家庭廚房而言，絞肉機不是絕對必要工具——手工細切或用食物處理機都可代替它的功能——但絞肉機的確讓香腸和漢堡肉具有獨特質地。絞肉機有單獨一台，也有附屬在直立攪拌機內的形式。不只做香腸、餃子內餡、漢堡肉很好用，還有其他功能，比方把培根磨碎做調味料，蔬菜磨成泥萃取葉綠素，也是使肉軟嫩的工具：如果買到的肉質地堅硬，卻沒有太多烹煮時間，就可以把肉磨碎調味後用某種腸衣包起來，是鬆是緊都無所謂，烹調後一樣美味。

微波爐／Microwave oven

用微波爐煮熟食物，大概不是個好主意，但如果要將料理加熱回溫，微波爐實在是個好工具。因為有太多專業廚房都將食物預先做好，等到端上桌前才加熱，微波爐此時派上用場並不少見。適當使用沒什麼不行，基於同樣理由，微波爐也是家庭廚師的無價之寶。燉煮類、澱粉類、烤過又冷掉的肉食，甚至煮過再經冰鎮的青菜都可用微波爐回溫，平日準備晚餐時可加速備餐速度，週末要準備晚餐派對也很方便。在不斷嘗試錯誤後發現，緊要關頭時，青菜和根莖類蔬菜可直接用微波爐料理，結果還不錯。

刨刀／Microplane

原來是刨刀品牌的註冊商標名，現已成為好用刨刀的通稱。價錢不貴，磨柑橘皮、帕瑪森乾酪、巧克力、肉豆蔻等各項食物都很好用。

模具，黴菌／Mold

1. 模具或塑模的意思，料理人總想把食物做成特別形狀，使用模具就可辦到。食品材料行可買到各式模具，如做法國派會用到的陶罐、小型矽膠模、烤蛋糕的環型模，而一般廚房的常見小物如保鮮膜、錫箔紙、烘焙紙、粗棉布或抹布，也都是有用的塑模工具。2. 黴菌的

意思，有些食物上的黴菌是有益的，可增加乳酪的風味，長在乾醃臘肉的外層也有保護作用。有些黴菌則是有害的，像食物上長了有毛、綠色或色彩鮮豔的黴菌，就不是正常食物發酵會長的黴菌，一定要去除，甚至連發霉的食物也該一起丟掉才好。

磨缽和研杵／ Mortar and pestle

古老的料理器具，但對廚師而言，缽杵仍是寶貴的工具。磨缽和研杵有大有小，材質多元，如石頭、瓷器、木頭等，各種材質都有。現今多用在研磨食材，如乾燥辛香料和新鮮蔬菜都不是問題，且可做出獨一無二的莎莎醬和大蒜蛋黃醬。雖然研磨機在使用上也許比缽和杵方便，特別是磨乾燥辛香料等乾性食材時，但軟性的濕性食材（就像傳統的莎莎醬）用缽杵來磨就有特別的質感，與一般食物攪拌機磨出的菜泥十分不同。

無應鍋具／ Nonreactive

這種鍋具質材不會對酸及鹽產生反應，也就是材質不是金屬的鍋具。例如，鑄鐵做的小煎鍋就會對酸有反應，所以會影響到番茄醬汁的品質。對於需要長時間醃製的食物，也不適合放在金屬容器裡醃製。基本上，玻璃、搪瓷（琺瑯）及塑膠材質才是無應材質。

不沾鍋／ Nonstick pans

不沾鍋適用於某些特定烹煮情況，不是理當擁有的鍋具，也不是新手入門的首購鍋具。只有需要溫和烹煮的食物才可用不沾鍋，例如魚和蛋，但是如果鍋子沒有燒熱就把食物放入，鍋子一樣會沾黏。大多數的料理最好使用鍋面平整的金屬鍋具，如鋼鍋、鐵鍋或搪瓷鍋，因為食物在這種鍋子裡容易褐變，烹燒過程中又可以發展出更複雜的風味及口感。不過每個裝配齊全的廚房免不了都有一兩個寶貝又不常使用的不沾鍋。

O
P

傾角抹刀／ Offset spatula

傾角抹刀的刀面有角度,所以當它平放時,把手約上揚45°。這樣的設計可輕巧地翻轉食物,也可將食物擺放得恰好到位。傾角抹刀有不同大小尺寸,雖然不是絕對必須的工具,但強烈建議經常下廚的人都該有一把。

蛋捲專用鍋／ Omelet pan

專為煎蛋捲用的圓型鐵鍋,鍋邊極淺,上開角度極大,蓋上鍋蓋可完全密合。切忌以清潔劑洗滌,確保這種鍋具只用來煎蛋捲,如此就會形成不沾黏的表面,也容易維持。

烤箱／ Oven

廚師的主要工具,擁有一個控溫靠得住的好烤箱是重要的。還要用烤箱溫度計不時檢查,確保烤箱溫度正如設定。無論你的烤箱是用瓦斯還是電力,實際可達的最高溫及最低溫都會比機器設定的低一些,而這兩種溫度的準確性也就成為評斷烤箱品質的標準。請記得烤箱裡總有些區域受熱過高或受熱不足,所以料理過程中不時移動食物位置會較好。但如果是內有電扇可循環熱能的熱風對流烤箱,就不會有受熱不均的問題,也可加速烹煮食物的時間。

烤箱溫度計／ Oven thermometer

確定烤箱溫度是否正如所想的有用工具。放進烤箱各區域,不管前後或上下層,再設定溫度……設定425°F(218°C)好了,看看狀況如何,如此不但可了解這些地方的實際溫度為何?而且可以了解烤箱內的溫度是否平均,這會幫助你更能妥善利用烤箱。

槳型攪拌附件／ Paddle

這是攪拌器上扁平形狀的攪拌附件,有人叫它攪打棒,用來攪拌泡芙

麵糊或麵團，也可用來拌肉餡。另外常見的附件還有和麵用的弧鉤型及線網形，這三種配件用法各自不同。

隨手貼／Painters' tape

因為撕下時毫無痕跡所以在廚房十分有用，可以貼在塑膠容器外做記號。

圓角抹刀／Palette knife

又長又窄的金屬圓頭抹刀，在廚房十分方便好用，可用來翻轉食物或替蛋糕抹糖霜（通常也稱為蛋糕抹刀），或把麵糊抹平做成瓦片餅。它與傾角抹刀一樣，具有多種尺寸，是很有用的工具。

平底鍋／Pan

淺淺的平底鍋是烹飪的主要器具，所以至少要買一大一小兩個好鍋，質材要越厚越好，鑄鐵鍋是上好的選擇，但使用鋼鍋也不錯。食物入鍋時總是冰冷的，鍋子越厚，導熱效果越好，食物受熱也越均勻。除了某些需要小火烹調的細緻食物之外，如魚和蛋，請避免使用不沾鍋。一旦有了兩把好鍋，才談得上擁有其他鍋子 —— 是的，為特別品項準備一具不沾鍋是可以的，但必須使用過後立刻清潔，妥善維護。還需要鍋緣傾斜的深炒鍋（sauteuse）及鍋緣筆直的煎炒鍋（sautoire），還要有附鍋蓋的鍋子。只要好好養鍋，鍋子的品質會持續永久，食物也可燒出一致的口味質地。鍋子有很多質材可做選擇，從價錢便宜的鋁鍋，到貴重美麗的銅製鍋具，但對於大廚而言，一個厚材平底鋼鍋或鑄鐵鍋是最好的選擇，理由無他，不過划算而已。

烘焙紙／Parchment paper

烘焙紙經過矽膠處理，隔熱，防油，也防水。通常用於烘焙，好讓蛋糕餅乾不會沾黏。還有其他多種用途，例如可做任何料理器具的襯

墊。作燜燒料理時也用得上它，燉物放在烤箱燜燒收汁時，表面會燉出一張薄膜，為了防止薄膜產生，也讓水分得以揮發，這時候就會用烘焙紙蓋在燉物上。還可以折成防水小包做紙包料理；或捲成管狀做成擠花袋，替蛋糕或小糕點擠上甘納許巧克力；也可捲起總管奶油或是糕餅麵團；或是擀麵時用幾張烘焙紙夾住麵團，擀起來就方便許多；它可以捲成各種形狀的漏斗；可以綁在小烤盅上支撐舒芙蕾膨脹的高度，廚師的萬能小幫手當然非烘焙紙莫屬。

削皮與削皮刀／ Pare, paring knife

「削皮」（pare）這個字是由「準備」（prepare）衍生而來，意義著重在修掉不要的。而削皮刀的刀刃短（大概只有8公分），廚房中只有兩把刀絕對必要，削皮刀就是其中之一。

巴黎式挖球器／ Parisienne scoop

挖球器在美國比較通行的名稱是香瓜挖勺（melon baller），這是一種特殊器具，可將食物挖出圓形。雖然很多大廚的工具箱裡都看得到挖勺的蹤影，但它不是必要工具。挖勺有不同尺寸，通常用來將蔬菜挖成好看一致的形狀，例如胡蘿蔔與櫛瓜就常用挖球器挖出塑形。

義大利麵製麵機／ Pasta machine

心血來潮要做義大利麵時，如果手邊有義大利麵製麵機實在很方便。這是製麵的特殊裝置，或是某件廚用設備的附件，嚴格說來並不是必需品，但可以將麵輕而易舉碾到無法用手擀出的薄度，也可將麵切得比手作麵條更細更一致。比起手工擀麵，因為製麵機可以把麵筋逐漸輾開，所以可以擀出比手工麵條更細更有彈性的義大利麵。製麵機有兩種，一種可擀出麵皮，一種除了擀皮之外還可切麵條。擀麵團的材料要用高筋粗粒的麵粉加水，但擀完後常常一下就乾掉，請小心注意。也有手搖的擀麵機，這種機器還可以將焦糖碾成細片，或將

變硬的甘納許巧克力壓成薄片，或者可將兩張有延展性的薄片碾成一片。

擠花袋／Pastry bag

圓錐形的袋子，材質通常是塗有聚氨酯的綿布，可擠奶油餡、馬鈴薯泥和泡芙麵團，甚至灌香腸時也用得到它。雖不是家庭必備用具，但有個擠花袋在家的確用處很多。拋棄型的塑膠擠花袋到處都買得到，是個很好的選擇，綿布做的袋子比較牢固，比塑膠做的便宜，但清理時則要花一點時間。拋棄型的塑膠擠花袋除了方便好用外，還有另一個好處，不會把味道帶給食物，而帆布做的擠花袋則會傳味。

毛刷／Pastry brush

毛刷有一公分寬，像支刷毛平整的水彩筆，可做各種廚房工作，可替油酥麵團刷上蛋液，替肉刷上油脂，還可在鍋子各邊刷一點水，預防糖或焦糖燒焦。

滾輪刀／Pastry wheel

可切下長條麵團的切割器，有各種不同尺寸及刀口，有平整的也有波浪狀的。用波浪狀的滾輪刀切麵，就會出現裝飾性的花紋。

削皮器／Peeler

好的蔬果削皮器是廚房的重要工具，請勿買太過便宜的便宜貨，也不要買最新發明的神奇產品。但請注意削皮器削的厚度，有些削皮器削得太深，最後浪費就可惜了。

胡椒研磨器／Pepper mill

廚師的重要工具，不管在烹煮時或最後擺盤，只要胡椒研磨器在手就可輕易磨出新鮮胡椒達到調味目的。選擇胡椒研磨器的要點在於機器

磨出碎末的粗細大小。胡椒粒又硬又礙口，所以好的研磨器要能把胡椒磨到夠細，吃不出明顯的胡椒粒。

洞狀漏勺／ Perforated spoon

有孔洞的勺子，液體湯汁可以從孔洞中流出，漏勺有洞狀溝狀，但不論孔洞形狀為何都是做菜時的好幫手。

鐵板燒／ Plancha

食物不用煎鍋煎烤，而是放在鐵板或鐵網表面直接受熱。這種器材多為餐廳使用，非常方便，可保持熱度，一次煎烤多項食物。

鍋子／ Pot

基本廚具，鍋子的尺寸大小部分決定了料理狀態，有各種不同形狀的重鍋雖然重要，但是倒不如用一個適當大小的鍋子就夠了（要選就選窄口深鍋，比起寬口的鍋子，窄口徑的鍋子受火力時間較長，湯汁也不會蒸發太多）。大多數廚房工作只要一大一小兩個鍋子就可應付，但是有各種尺寸的小鍋操作起來也較方便。

禽鳥剪／ Poultry shears

這種廚用剪刀十分有力，剪小骨頭、關節或硬殼時都很方便。但是它所有的功能，刀子也能做，除非真的要切很多雞鴨鵝，不妨把它當成圖個方便的工具，而不是廚房的必要。

壓力鍋／ Pressure cooker

廚房器具，可讓食物在高於沸點的水中烹煮（根據馬基的研究，壓力鍋中的水溫可達250°F／121°C）。可很快就煮好乾豆子。在高海拔地區水的沸點會降低，此時用壓力鍋就十分有用。

R

百麗系列鍋具／Pyrex

百麗是耐熱玻璃的商標名，是適合烘烤的良好材質，現泛指適合烹煮的玻璃鍋具。

碗架，肋排／Rack

1. 稍微高起的金屬網架，在廚房非常有用。有些食物需要放涼，有些食材需要乾燥，都需要放在通風的地方，還有些食材裏上了麵包粉，底部一片濕黏，要用架子墊高，才能受到烤箱熱力，這些時候就是碗架出動的時候了。碗架也可以放入蒸籠裡，讓墊在上面的卡士達或肉糜派蒸得更均勻。烤肉時食材也可墊在上面，如此食材就不會浸在逼出的油和肉汁裡。2. 這也是從陸生動物的背上取下的大塊肋排肉，整塊肉包括脊髓、背上的肋排和腰內肉。

筏網／Raft

做法式清湯時，大量的凝固蛋白（以及碎絞肉和提香蔬菜）浮到鍋子頂部，筏網就是這些細碎渣子，混濁的高湯也因為筏網的作用變成清澈的法式清湯。還未放入鍋中的蛋白混合物仍是液體，叫做澄清劑。（欲知這項技巧，請見**蛋白澄清法**Clarification）

小烤皿／Ramekin

邊緣直立的瓷製小餐具，用來盛裝食材，是烹煮器具（通常可用來隔水加熱），也是上桌時的盛盤。廚房裡有一組烤皿在預備食材時非常方便，一切就定位後可直接烹煮，又可直接端上桌。

冷凍櫃／Reach-in

伸手可取式冷凍櫃的簡稱，與大型冷藏室（walk in cooler）是不一樣的冷凍工具。

食譜／ Recipes

食譜不是工作手冊,你不能將它當成烤肉架的組裝說明或是乒乓球台的拼裝指示,食譜是製作步驟的指導建議,就算是同一步驟也有細微差異。它是樂譜,同樣的巴哈無伴奏大提琴協奏曲,有初學者的演奏版本,也有馬友友無與倫比的詮釋,同樣的音符,同樣的素材,卻有不同的結果。

如何使用好食譜?首先讀過一遍,仔細想清楚,在腦海中預演一回。想像這道菜盛盤上桌時看來如何,試著先知道結果,再動手做。須將食譜從頭到尾通盤讀透,而不是大略了解就好,而且要讓工作更有效率,避免犯錯或繞遠路。也許在操作過程中,麵團需要一小時的冷卻,也許肉要用鹽醃24小時,也許湯汁需要撈去浮沫後再冷卻。食譜只會建議在某時間點加入麵粉、蘇打粉、鹽,但也許你一面在等雞蛋中的奶油融化,一面提前拌好所有乾性食材。花一點時間讀食譜,在腦海中預演一遍,不但可節省時間,還可避免犯錯。

請在開始前,把所有食材量好準備好,不要到了洋蔥該入鍋的時候才記起洋蔥該切末,請之前就把洋蔥切好放在保鮮盒,要用一杯牛奶半杯糖,也該準備好放在手邊,一切就定位的功夫做得好,可使料理程序更簡單有趣,食物也會更美味,成果是沒有做準備功夫的人無法相比的。

如果不確定製作步驟,請以常識推斷。既然在腦海中已有成品的印象,用上你所有感官就可達到目的。

如何完美應用食譜?一做再做是不二法門。注意其中細微變化,然後再做一次。這就是大廚成功之道。通常煮得一手好菜就只是一次又一次小心操作的結果。完美廚藝的祕訣只在熟能生巧,將食譜內化為自然技巧或料理知識。

冰箱／ Refrigerate, refrigerator

不只是隨處可見的食物儲存箱,而該把它想成某種料理工具。有些食

物煮好要先放涼再食用，就像義大利燉飯、蘑菇、炒青菜，這些食物冷得越快風味越好，冰箱就可派上用場。冰箱也是解凍食材的安全地點，適當溫度應低於37°F（約3°C）；冰箱也和烤箱一樣，內部有溫度較高與較低的冷熱點，擺放時應該注意。請將食物包好再放到冰箱，以免味道互相沾染，包好的食物應做標記，拿取時才容易辨認（也不容易忽視或忘記）。擺放食物要有條理，要注意交叉感染的問題（勿將放生肉的淺盤放在乳製品和食用前才煮熟的蔬菜上）。

壓泥器／ Ricer

根莖蔬菜煮軟後的壓泥器具，功能就像食物攪拌器，處理少量的軟質澱粉類很方便。

環形蛋糕模／ Ring molds

環形金屬箍，具有不同寬度，可將食物塑成碟型的一致形狀，也可用來做料理，如法式鹹派和迷你塔。還當作零散食材的塑形模具，就像沙拉裡的蔬菜就可以用環形模堆出高高的形狀。這是特別的料理器具，塑膠軟管也可以裁切成需要的寬度，當成環形模具替食物塑形。

烤盤／ Roasting pan

大小不同的烤盤是廚房的好工具，但請記得不是只有烤盤才可燒烤，平底鍋、鑄鐵鍋或湯鍋也都可以放進烤箱。依照不同食材選擇烤盤尺寸十分重要，要顧慮烤物旁邊說不定還要放上提香蔬菜，滴油流汁的狀態也會被烤盤大小影響，還有用深鍋來烤東西應該不是個好主意，因為這會變成蒸的而不是烤了。還有一個小祕訣，可將碗架墊在烤盤裡，肉塊燒烤時，底部就不會烤焦。

食物攪拌機／ Robot Coupe

專業食物攪拌機品牌，在職業廚房中很流行，但現在已成為食物調理

R

機的通稱，也可當攪拌食物的動詞用。

擀麵棍／ Rolling pin

做麵團怎麼可以少了擀麵棍，食材需要壓破捻碎，也是擀麵棍最順手（例如敲碎橄欖做普羅旺斯橄欖醬或壓碎胡椒粒時）。至於形狀材質是個人喜好的問題，還是要看使用時機，如果要擀很多奶油麵團，當然用總是冰涼的大理石擀麵棍，如果要帶著烹飪工具箱旅行，小而輕的棍子較適合。

淺圓鍋／ Rondeau

鍋邊垂直的淺圓鍋，附蓋，兩邊各有一個鍋耳，有各種不同尺寸。

香料袋／ Sachet d'épices

增添高湯和醬汁風味時，將各種提香料包入棉布袋中做成香料袋，方便用後拿掉。傳統上做香料袋的材料有：百里香、巴西里、月桂葉、大蒜、胡椒粒。用後方便去除，但如果高湯要經過濾，提香料也可直接加入高湯中。

上火烤爐，明火烤箱／ Salamander

餐廳廚房用的明火烤箱火源在爐子上方，因為專替食物變顏色，所以特別以「蠑螈」（salamander的原意）命名。這種爐子多用在淋醬上色（glaçage）、做焗烤、使食物焦香。

醬汁鍋／ Saucepan, sauce pot

鍋邊高起的小平底鍋，直徑越大，鍋邊越高，容量通常有1到2夸脫，用這樣的鍋子煮醬汁，醬汁可溫和收汁。技術上，鍋子的鍋身高，而平底鍋的鍋身低，但醬汁鍋通常也是一種平底鍋。

炒鍋／Sauté pan

鍋緣斜上的淺鍋，又叫做深炒鍋sauteuse。

深炒鍋和煎炒鍋／Sauteuse, sautoire

兩種不同類型的淺鍋，深炒鍋鍋緣是斜的，翻鍋時很好用，可使食物「跳躍」，也比較不會讓水分留在鍋裡。而煎炒鍋鍋緣筆直，有時配有鍋蓋（半蒸煮時很方便）。好的煎炒鍋可用來做半煎炸，但是鍋緣無法像斜邊鍋子一樣有助排出水氣，只有深炒鍋可用來做盤烤。

磅秤／Scale

一台好的數位電子秤是廚房的重要工具，因為它最能準確測量食材，準確測量對烘焙特別重要。同樣一湯匙的鹽，不同品牌重量不同；但是一盎司的鹽，無論何種品牌結果都一樣。用杯子測量麵粉和其他細粉類的食材，同樣一杯的量，重量也各異。建議做工嚴謹的廚房都該有一台磅秤。

鋸刀／Serrated knife

刀刃上有明顯的鋸齒，切麵包時很好用，還有些品項外皮酥脆，此時有把鋸刀就很順手，廚師應該要有一把，但用途有限，因為用鋸刀鋸開食物，食物難免損傷。

Sharpie簽字筆／Sharpie

簽字筆的老牌子，用來標誌食物時間品項最好，請和便利貼一起放在工具抽屜。

烤盤／Sheet pan

做烘焙的重要工具，花錢買個好一點的厚材鋁盤是值得的，好的烤盤才不會扭曲變形或將食物烤焦。厚一點的烤盤導熱效果較好，只要你

不將滾燙的盤子放入冷水裡，它會一直保持平整牢固。市面上較容易買到淺平烤盤。

細網篩／Sieve

細網篩子，食物壓過網篩後，質地可成一致，也能除去雜質（例如做慕斯林時，就要用網篩濾去結締組織）。To sieve（細網篩過）是指將食物壓過網篩。法文的細網篩叫做tamis，模樣像鼓。而圓錐形的網篩通常用來過濾醬汁和高湯，又叫細目網篩（chinois tamis）。網篩是使食物細緻的工具，雖不是廚房的必要工具，但是準備特殊菜色時又很方便順手。

切片刀／Slicing knife

刀刃又長又薄，沿著刀刃有一條溝槽，頂端尖圓。食材需要切成非常薄的薄片，如切鹽漬鮭魚時，切片刀的長度正好可切長刀，有助切出乾淨俐落的薄片。

槽狀漏勺／Slotted spoon

勺子上有溝狀的洞可使湯汁漏出的漏勺，無論漏勺孔是洞狀還是溝狀都是廚房好幫手。

煙燻爐／Smoker

做煙燻食物時，需要各式容器與鍋爐，主要依照不同煙燻型態劃分類別。市面上最常見的煙燻爐長得像大水壺，燃料在鍋底部燃燒，食物一邊燒一邊燻，這樣的煙燻方式為燻烤。還有一種煙燻爐的燃煙點在鍋爐或烤箱外，爐火溫度受到控制，培根、火腿等食材煙燻的時間也可依你所願，還可做冷燻魚。用於室內的有爐上型的煙燻爐，像是端坐在爐火上的附蓋鍋具，鍋底的木屑塵土等直接受熱，冒起濃煙直接煙薰食物。標準的筒型烤肉爐也可用來煙燻食物。

S

抹刀／ Spatula

為了對付轉、攪、剷、抹，產生了各種不同形式的抹刀，設備完備的廚房最好也準備幾個不同形式尺寸的抹刀。也許最有用的樣式是傾角抹刀，它具有兩個角度，比起其他只有一個角度的抹刀更容易翻轉食物。抹刀是翻轉食物最順手的工具（比用夾子順手多了，用夾子夾，食物反而會損傷）。而橡皮抹刀是攪拌、拌合最重要的廚房工具，也是將麵糊從某個容器移到另個容器的最好器具。

蜘蛛網勺／ Spider

大型網狀湯杓，用來從熱油中撈起油炸物，在廚房中戲稱蜘蛛網杓。

可卸底式蛋糕模／ Springform pan

這種蛋糕模的盤底和模身分開，而用一個金屬夾子扣緊，如果夾子沒扣上，盤底鬆落，盤中的食物就會從模具脫落。有些食物若用標準蛋糕烤模烘烤，脫模時有困難，像乳酪蛋糕，此時可卸式的模具就可派上用場。

磨刀棒／ Steel

廚房中用來磨刀的器具，但不是磨利刀子，而是保養刀刃。刀刃上有細微鋸齒，當鋸齒磨平時刀就變鈍了，磨刀棒就是來調整這些細微鋸齒的工具。你無法用磨刀棒將刀子磨利，但經常使用磨刀棒卻可保養刀鋒邊緣。

高湯鍋／ Stockpot

容量至少有一加侖半的厚材大湯鍋，在廚房是很好的熬湯工具。更大容量的湯鍋熬大量的湯時很方便，還可以用來醃漬大塊的肉或整隻雞鴨。

過濾器／ Strainer

市面上有各種不同的過濾器，但是選擇的著眼點只在濾網的細緻度。通常細目網篩（chinois）是濾網較細的過濾器，用來過濾高湯和醬汁。全功能的廚房過濾器及粗目網篩（China cap）濾孔就比較大，可以讓更多液體流過，但無法像細目網篩一樣抓住雜質。

廚用棉線／ String

見**廚用棉線** Butcher's string。

湯匙／ Tablespoon

一湯匙的容量約是 1/2 液體盎司，大約 15 毫升。三茶匙等於一湯匙。

塔吉鍋／ Tagine

陶做的淺鍋，有著圓錐形蓋子，特別用在北非料理。塔吉鍋可放在爐台上燉燒（放在煤碳上也行）；烹煮時，圓錐形蓋子會吸收水氣，所以雖然鍋蓋蓋住，卻不會有很多蒸氣凝結在鍋蓋上，也不會掉回食物中。這個字也可以指塔吉料理，即用塔吉鍋做出的菜，通常是充滿辛香料的燉菜。

細網篩／ Tamis

「細網篩」（sieve）的法文，也叫鼓狀網篩（drum sieve），將食物壓過網篩張平的細網，就可過濾雜質，創造出細緻質地。做慕斯林時就常用細網篩過濾，才放入模具中燒烤。

塔皮烤盤／ Tart pan

圓形的淺盤，用來替塔塑形；有各種尺寸，特色在於底部可卸除，烤盤邊緣有流線波紋。

茶匙／Teaspoon

一茶匙的容量約是1/6液體盎司，約5毫升。三茶匙的量等於一湯匙。

陶罐模具／Terrine mold

陶罐有各種大小樣式，有些還有特定目的，比如專門料理陶罐肉糜派的陶罐，陶罐底部特別設計成可拆卸式。但一般常用的陶罐模具多是長方形，材質有陶土、瓷器、琺瑯鑄鐵（通常有蓋子，十分方便）。

溫度計／Thermometers

對於家庭廚師來說，溫度計有三種重要樣式。第一種是「口袋型即顯溫度計」，是重要的必備器具，主要用來測知液體和肉塊內部的溫度；市面上可買到類比及數位兩種顯示方式，無論用哪一種都可以，雖然數位顯示好像比類比顯示更加「即時」一些。第二種是「數位溫度計時器」，雖然不是必備工具，但使用很方便，數位溫度計時器連接著一條電線，烹煮時，可監測菜餚內部的溫度狀況。第三種溫度計是「製糖用溫度計」，可以測量油溫和糖溫等高溫。一度流行用來測量肉塊熟度的「肉溫顯示器」已經過時，並不需要。烹煮就是食材由某溫度變成另個溫度，所以有支好的「即顯溫度計」很重要，而且又不貴。但擁有溫度計只是第一步，妥善使用才是重點。有句廚房諺語說：「溫度計要有人會用才是好東西。」請注意溫度計放置的地方，了解要測量食物的哪些部位，還要不時放在冰水和沸水中確定溫度計的溫度準確與否，也要記得大型測量儀器若處在低溫，測出的肉溫會比你讀到的低。

鼓型模具，杯子烤模／Timbale

替食物塑形的圓型模具，可做小甜塔和卡士達，或是為蔬菜塑形。

食物夾／ Tongs

要從熱油裡把東西夾起來，從烤爐中把炒鍋搬出來，把鍋裡的東西翻個面，食物夾堪稱是廚房裡的法寶。但使用時請小心，不然，細緻的食物一下就被扯爛、撕開，或是這裡擦到一點，那裡碰傷一下的。而又大又重的食材，用夾子翻面時，也可能因為食物太重而使菜餚損傷。食物夾的品質有好有壞差異很大，請買比較有力耐用的。

工具／ Tools

見 Part1「6. 器具」。

抹布／ Torchon

「抹布」的法文，也是鵝肝的備料動作，準備鵝肝大餐時，先將鵝肝緊緊捲在棉布裡，用水波煮很快煮一下，然後放涼，解開棉布再切片，這也是 torchon。

廚用蠟紙／ Waxed paper

塗上一層蠟的紙，黏手的食物待冷卻，用蠟紙墊著很方便，也可包住調和奶油。因為蠟紙只能在低溫狀態下使用，而對於其他不黏手的食物，烘焙紙的功用已完全取代蠟紙，就像冷卻糖果是蠟紙最擅勝場的時候，但包仵了就不能再煮，所以烘焙紙還是比較方便。

攪打棒／ Whip

攪打用的金屬器具，也叫打蛋器。對於打發蛋白和乳化醬汁這種大事，你一定要準備一支大的攪打棒（打發功能較好，也較有力），但奶油加入醬汁後要攪勻融化這點小事，用小的攪打棒就可以了，它又叫做醬汁攪打器（工具較小，在醬汁鍋裡操作也較靈活）。

Z

煙燻用木頭／ Wood

用來煙燻的木頭只能用硬木，如胡桃木、楓木或蘋果等果樹的木頭，大廚多愛用果樹來做煙燻，因為味道細緻微妙。千萬別用軟木做煙燻，特別是松木或其他常綠樹，因為燒出來的煙有樹脂味。常綠木材或加工木材也不適合做煙燻木料，會讓食物沾上嗆刺味。

木匙／ Wooden spoons

廚房的無價之寶，是溫和的器具，不會傷害鍋具也不會損害食物。木匙的尾端是平的，可以沿著鍋具的底部滑動到角落，十分好用，可說是廚房不可少的器具。

磨皮器／ Zester

磨柑橘皮時的器具，要使用大量柑橘皮，磨皮器很方便，但使用柑橘皮的機會不多，用刀子刮一下，一樣可達到同樣的效果。

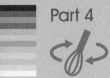

Part 4

Cooking & Technique

廚藝 & 技法

打發，充氣／Aerate

在食物或液體中（如麵糊、蔬菜泥、卡士達醬、醬汁）打入空氣或氣體，工具可以是打蛋器、攪拌器，也可用蒸的或灌的。打發會使食物蓬鬆，增加質感，沙巴雍醬（sabayon）就是打發的醬汁，經過充分攪拌才有濃稠度。烤麵糊時也有加入汽水的做法，汽水中的二氧化碳會增加麵糊蓬鬆度。卡士達醬打到起泡後可以將食材包在裡面。而現代的廚師會用攪拌器或瓦斯槍的打發技巧來創造泡沫。做糕點時，打發是發酵的三種手法之一（若採化學方法發麵，可以用蘇打粉或泡打粉；如採有機的做法，則用酵母菌）。要讓蛋糕增加一點鬆脆度，蛋糕麵糊就須打發，使其中的小氣泡發揮作用（如天使蛋糕中打發的蛋白）。

切成火柴棒狀／Allumette

高雅的刀工名稱，多用在切蔬菜，以形命名，食材切成「火柴棒」形狀，約0.3公分寬、5公分長才合格，通常用在馬鈴薯，如火柴棒薯條（pommes allumettes）。

美國地方料理／American regional cuisine

美國特定區域發展出的菜餚或料理方法，例如新英格蘭地區的海鮮巧達湯、路易斯安那州的jamabalaya什錦燉飯、肯塔基州的burgoo雜燴湯，以及北大西洋沿岸的鮭魚料理。地方料理反映了地域、氣候、文化和歷史，餐廳也藉此保持當代料理的活潑生氣。美國料理就像美國人民，天生帶有流浪因子，從一區散布到另一區。當年只能在某地取得的食材，如今遍及全國，像是威斯康辛州的帕蘭諾辣椒（poblano pepper）、堪薩斯州的緬因河龍蝦（Maine lobster），地方美食慢慢變成家庭廚師口中耳熟能詳的詞彙，因為它依據季節及環境，讓季節支配我們該拿什麼東西下鍋，而下鍋的東西正好來自附近生產製造的作物。以地域概念思考家中食物也是有效策略，因為有太多來源遍全國的食材如今伸手可得，可能對於某些特殊地方美食，以眼見為憑的觀念出發較好。現在大家

B

對於地方料理的概念似乎習以為常，但是探索地方美食的動力曾一度沉潛。1979年，保羅·普多姆[1]在紐奧良開設K-Paul's餐廳，以地方菜色「焦黑魚」[2]贏得全國讚譽，為地方菜的金石之作。但要到1980年代早期，餐廳開始流行後，地方菜色才得以推展。首先，美國廚藝學院的邦迪餐廳（Bounty Restaurant）在1982年開幕，而1983年An American Place餐廳也在曼哈頓開張，都是以正宗美國菜色自詡的重要餐廳。

前衛料理／ Avant garde cuisine, or cooking

21世紀初期開始流行的料理形式，是西班牙廚師費朗·阿德里亞[3]引領的飲食風潮，將傳統經典的料理加以解構，用泡沫、褐藻膠、洋菜、真空管和一些打破成規的食用方式，顛覆經典。有時又稱為「分子廚藝」（molecular gastronomy）。

隔水加熱，隔水保溫／ Bain-marie

一種熱水保溫法，通常餐廳供餐時，為了保持醬汁或其他備料溫熱就會用到此法。也是一種隔水加熱法，對於需要溫和調理的菜餚，如卡士達醬或陶罐肉凍派（pâté en croute），就會放進烤爐隔水加熱。隔水加熱時，容器外的水必須保持低溫。還有像巧克力這類需要溫和調理並融解均勻的食品，也會用到隔水加熱。雙層鍋在隔水加熱時有很好的效果，是溫和烹調的器具。Bain-marie也泛指放在熱水裡的容器或盤子，有時也簡化為美國用語 brains。

包油片／ Bard

把肉用一層脂肪（多是豬油）包住後，再送去燒烤。肉要包油片多是因為肉太瘦，經過長時間燒烤後，表層可能會烤得太乾，這和先包油網再去燒烤沒什麼不同。為菜餚添加額外油脂，或以油作為烹煮媒介，通常都不是壞主意。包油片和「穿油條」（見穿油條Lard），都不再是司空見慣的烹飪技巧，只有在處理肉比較瘦的野味時，才特別有用。

[1] 保羅·普多姆（Paul Prudhomme），年過70的美國知名大廚，路易斯安那的文化背景使他擅長做使用各種香料、混合了法、印及黑人傳統的卡津料理（cajun）。

[2] 焦黑魚（blackened fish），將塗上辛辣醬汁的魚丟進燒燙到滾燙的鐵鍋中速煎十秒起鍋，表面全黑如焦炭但內層極嫩，吃時全嘴香辣，魚汁滿口。

[3] 費朗·阿德里亞（Ferran Adrià），被《餐廳雜誌》（Restaurant Magazine）列為全球最有影響力的廚師，他的餐廳El Bulli每年只營業六個月，訂位要等三年，曾四度蟬聯世界最佳餐廳。但自2011年宣布休息兩年以尋求新靈感。

澆油，淋滷汁／Baste

將烤盤中的熱油澆淋在食物上，可增添食物的香氣、顏色和口感。你可以用湯匙、刷子或噴嘴，將油或肉汁覆在烤雞上，也可以在烤花椰菜上澆上焦黃牛油。澆油背後的重要概念是：鍋中的油溫度高，澆在禽鳥上，皮就會緊繃；淋在爐中煎魚上，魚皮就更焦脆；潑在菜上，為蔬菜增色，同時也幫助食物均勻受熱。而且，在燒烤的肉上淋油時，濃縮的肉汁和油裡的渣子會附著在肉的外層，使香味更加濃厚。此事千真萬確，特別是淋油中參有牛油時。牛油中的固體脂質一經褐變特別具有風味，會巴在燒肉或烤蔬菜的表面。而且比較瘦軟的肉才會用平底鍋來燒，肉質不像燒烤的肉一般厚實，如果加一些牛油在鍋裡，再用油澆，這是平底鍋燒肉時很有效的料理方法。

切成細棒狀／Baton

一種切菜的刀工，意思是切成如細棒的寬度大小，法文的說法是bâtonnet，通常用在硬根類的蔬菜。細棒狀要如直直的長條形，通常是5公分長、0.6公分寬。

汆燙，焯水，預炸／Blanch

對不同的料理人及做法，也有不同的意思，所以得附加某些條件或解釋。技術上，焯水的意思是將蔬菜丟入滾水中一分鐘左右，使蔬菜的皮較容易剝除（如番茄或桃子）。或讓綠色蔬菜的生鮮綠色改變或定色，以免菜還沒有下鍋就黃掉。有些廚房將這個字用作預煮的意思，也就是將蔬菜煮到半熟，再用水冰鎮，等之後要做時再拿出來。薯條通常先以低溫油預炸，之後再用高溫的油二次炸，如此不但炸得快，而且炸得酥。還有可將蔬菜丟進加了重鹽的滾水裡煮（鹽水的適當比例是一加侖的水對上一杯猶太鹽），蔬菜煮熟後，移到冰水裡冰鎮（見冰鎮shock），這是很多廚師認為的汆燙意義。另外，用冷水蓋過大骨，煮到水滾，過濾後再將大骨沖水洗淨，這是要做白色高湯的清淨程序，

B

也是一種氽燙。

盲烤，預烤派皮／ Blind bake

將還沒有填料的糕點外殼或是派皮先送去烘烤。如果派皮或基本酥麵團[4]填入的材料是濕性材料（如法式鹹派）或是生料，派皮就得先烤過[5]。為了避免派殼的底部會膨脹起泡，必須放入一些重量讓派皮在烘烤的過程中保持平整。烘焙石於是應運而生，使用十分方便，但是在烘焙紙或鋁箔紙上放一磅乾豆也可達到同樣效果。

濃度，醇度／ Body

當我們用此字說明液體的狀況時，多指上顎感覺到的液體重量和質地。濃度不是味道的表現，請將水當作基準0 —— 水的濃度為0，如果此液體嘗來幾乎與水無異，必定沒什麼濃度。如果感覺質地較扎實，如濃厚的雞高湯，則說這湯很濃醇。

滾煮，沸點／ Boil, boiling, boiling point

嚴格說來只有綠色蔬菜需用滾水煮，而需要剝皮的蔬菜、煮白色高湯的大骨，還有義大利麵都只需用水燙，只是水溫要盡可能高。而其他多數情況下，高溫和激烈滾動的沸水會讓食物外層熟得太快，食物因此碎裂，也會讓浮渣乳化回湯汁裡，有時甚至連前述高溫水燙的情況都是如此，料理人都應該警覺大火滾煮的影響。這就是馬鈴薯和乾豆子需要小火慢煮，而燉高湯的火力只需看到湯面起著微弱動靜的原因。而沸點是水滾開時的溫度，這是另一項需要注意的事，但或可進一步利用，尤其在隔水加熱時要特別注意，在沸水裡加熱容器（盛著包保鮮膜的食物），這是確保火力溫和穩定的方式。

　　另外還要注意的是，當食物過油上色時，只要鍋子裡有水，即使很少量，都會讓食物無法受熱，而水要達到沸點以上的溫度（即212°F／100°C），鍋裡的食物才可煎到起褐變反應。

[4] 基本酥麵團(pâte brisée)，派皮麵團的一種，多做塔皮之用。

[5] 因為濕性填料烤熟的時間較派皮短，若派皮不經預烤而與生料一起放入烤箱，則會造成餡料熟了而派皮沒熟的狀態。

去骨／Bone out

廚師的行話，表示把骨頭拿掉，或指已取下骨頭的肉（例如去骨小羊腿）。

燜燒／Braise, braising

先將肉在熱油裡煎過，然後浸在液體裡用小火慢燉，這就是燜燒法。這方法適用於肉質較硬的肩胛肉和腱子肉，還有帶有結締組織的肉也需要慢火燜煮，好讓膠質在肉軟爛前慢慢釋放出來。有時候，燜燒法也稱為混合型的烹飪法，先煎烤（用熱油先煎過）再蒸燉（低於沸點的溫度下）。它與燉煮的差別在於，燉煮不需先過油，且通常用來煮較小的肉。

做好燜燒的關鍵如下：首先，用來燜燒的肉先要煸到香味、顏色、口感都出來，如此湯汁也不會混濁。若把肉白生生地直接放進湯裡燉，會有像灰色渣子的血水和蛋白質冒出來，所以肉不是要先汆燙（在白醬裡）就是要先過油，這兩種方法都可減少湯中冒起的浮渣數量。要燜的肉先用鹽、胡椒稍稍調味，沾上麵粉後，再入鍋煎。鍋子的容量需夠大，材質也要好，容得下肉翻身，鍋子也有足夠熱度使肉褐變。如果鍋子太小肉太擠，水氣騰不上去，鍋子溫度無法升高，如此就是蒸肉而不是給肉上色了。第二步是結合燜肉、燉湯和提香料。先在爐上把湯汁煨到要滾未滾，然後用鍋蓋或烘焙紙蓋上，留點空隙（這是為了讓燉湯收汁，溫度再高，湯也不會激烈滾動，根據食物專家馬基的說法，烤箱中鍋子有蓋會比沒蓋的溫度高20度）。然後把鍋子移到溫度不超過300°F（149°C）的烤箱中持續加熱，要注意湯底不可滾沸 —— 事實上，理想的燜燒溫度應該只有180°F（82°C）。肉要煮到用叉子一拉就開才夠軟爛（但如果所有肉味都燒到湯汁裡，而肉卻變得又老又乾，那就是煮過頭了）。之後，讓肉浸在湯裡一起冷卻。最後，把燉湯裡的浮油撈掉，這個動作可在剛離火時就做，也可等燉物冷卻、浮油凝結時再撈，冷卻時撇油還比較容易。燜燒料理是一道熱騰騰享用的菜餚，回溫時最好溫火慢燒。

B

裹粉的標準程序／
Breading, standard procedure

多半是需要炸的食物才需要裹上麵包粉。步驟如下：首先將食物沾上麵粉，等乾了後，再掛上蛋液，麵粉上的蛋液有黏度，裹上麵包粉後也較容易沾附。沾粉的次序及邏輯很少更動，細節卻多變。例如，麵粉可用中筋麵粉、全麥麵粉或杏仁粉，換成玉米粉這種純澱粉也行。蛋汁可加水稀釋，或加上調味。麵包粉也可以事先調味，有人用軟麵包粉，也有人用硬麵包粉（見日式炸排粉 panko），還有人用其他穀類或磨碎的堅果代替。請記得標準的裹粉程序，而其他粉類盡可天馬行空。

油水分離／ Break, broken

不相容的材料合為一均勻的混合物，稱為乳化液，當乳化液中不同原料各自分開時，則稱油水分離。像奶油是一種乳化液，放在鍋上加熱就會油水分離，原來合而為一的澄清奶油會分成水和乳固形物。備料上會油水分離的多半是乳化醬汁，如荷蘭醬和美乃滋，這類醬汁都將油脂乳化進少量的水和蛋黃中，醬汁因此奶滑豐美，一旦油水分離，油就會與水分開，重新自我聚集成為一碟油脂。油水分離多是因為油加太多，溫度太高也會使乳化的奶油醬油水分離，或是沒有完全混合的醬汁也會因不穩定而分層。油水分離的醬汁若重新再乳化就可避免分層，在油水分離的醬汁中加入一顆蛋黃，也可加入油脂，再次攪打，如此乳化狀況就會回復（見馬基書中對乳化過程的詳細描述）。香腸和肉派等絞肉食品，油脂均勻分布在肉品中，也該視為乳化物，熟了之後也會油水分離 —— 油脂和肉的其他部分分離。這多是因為食材在攪拌時，肉和油脂的溫度過熱。如果是這樣，已經油水分離的餡料在煮過後是無法再回復的。

分切／ Break down

肉店老闆的行話，指從大塊的肉或整隻動物上切出單獨小份。

濃鹽水／ Brine

是鹽的溶液，也是處理食物的重要技巧，不但可醃肉或醃魚，還可以醃漬食物增添風味。新鮮蔬菜用濃鹽水醃漬於室溫下就是天然泡菜，因為細菌在鹽水中會產生微弱的酸性。鹽水的濃度多有差異，適當的鹽水比例是一加侖的水對上一杯猶太鹽（分量約是6到8盎司），鹽量多寡要看所用鹽的種類，如此會產生濃度約5%或6%的濃鹽水。如果要取精確的標準量，最好以公制計量 —— 每公升的水要加50公克的鹽，如此會產生濃度5%的濃鹽水。永遠使用猶太鹽或海鹽，最好用秤量，而不要看它的體積。一個濃度5%的濃鹽水是料理綠色蔬菜的絕佳液體（見Part1「3. 鹽」），也是醃製泡菜的理想濃度。濃鹽水中往往也會加入少量的糖以中和鹽的澀味。提香料也可加入濃鹽水中，補充肉或蔬菜的風味（就像醃雞時可加龍蒿和柑橘，醃豬排就加大蒜和鼠尾草，做泡菜則加大蒜和辣椒）。當鹽融於水後，提香料應該先在鹽水裡用小火煮過，然後放到完全涼後才加入肉或蔬菜，用過的濃鹽水要丟掉（絕對不可一用再用）。泡過鹽水的肉在拿出來後要先放一下，讓鹽平均分布。且鹽水處理過的肉吸飽了水分，會脹大10%到15%，肉完成後也會較多汁。

炙燒／ Broil, broiling

就像燒烤，炙燒是一種料理方法，屬煎烤類，不需要油和水作料理媒介。用來炙燒的肉類必須軟嫩有味，風味不是來自燒烤的煙，而是來自炙燒前褐變的過程，也就是肉要先過油，讓外層上色後，才是炙燒的風味。

褐變反應／ Brown, browning

將食物過油上色增加風味就是褐變（見過油上色sear）。但應與焦糖化（caramelize）一詞有所區別，焦糖化是指糖在高熱下焦化，而褐變是所有物體都會焦化，不只是糖，這樣的變化又稱為梅納反應。梅納反應

B

主要涉及蛋白質及碳水化合物的焦化，所以與烤牛排上的焦炭有關，與烤雞上被烤得金黃的雞皮有關，與麵包脆皮有關，總之，與各種複雜風味的生成有關，甚至只要看到褐變景象就很開胃。褐變需要在高熱下發生，溫度要高於水的沸點，所以如果鍋裡還有水或汁液存在，甚至連鍋子的高度稍微高些，水氣聚集在肉的四周騰不上去時，褐變現象就不會發生。

焦化，焰燒／ Brûlé

法文的「燒焦」，多半用來描述糖衣焦化，就是以烤箱烤或噴槍燒，使外層糖衣變成焦糖化的脆殼（焦糖布丁就是最好的例子）。

切小丁／ Brunoise

一種裝飾性的蔬菜切工，切成骰子般大小，介於0.15到0.3公分之間。現今的廚房多用日式削菜器把蔬菜刨成細條，再切成小丁。

自助餐／ Buffet

一種用餐形式，採自己服務自己方式，自行決定要何種菜色。菜色包括可放在室溫下的食物，如：熟食、希臘蔬菜拼盤（à la grecque）、蔬菜豆子沙拉、卡士達、餡餅。也有妥善保溫的熱食，如烤肉和燉菜。但是自助餐的用餐形式並不適合享用精心調配的好菜和即做即食的菜餚，像是瘦肉魚、燉飯、熱的綠色蔬菜就不合適。

燒焦／ Burnt, burned

廚房中很多錯誤都可以修正、回復、拯救，但只有燒焦無法救。燒焦食物的苦澀味揮不去也藏不了，一鍋好菜通常就這樣毀了，只有少數例外。有些主廚會在湯裡加上插香丁的洋蔥，但會留下半顆洋蔥放在烤盤或平底鍋裡燒到帶焦色，這是為了加深高湯顏色；用來做醬汁的番茄有時候也要帶點焦香味才好；還有紅椒也會以焰火燒到焦黑，如此才

好去皮。雖然大多數主廚喜歡食物帶點焦香，但要注意如果濃湯或醬汁煮到黏鍋底，整鍋味道都會受到影響。

鄉村／Campagne

法文的「鄉村」，泛指簡單質樸的菜色，例如拌入動物肝臟、口感粗糙有顆粒的肉醬（pâté），以及皮厚酥脆的大麵包。

掛霜，拔絲，上糖衣／Candy

掛霜、拔絲基本上是用在鹹點上的烹飪技巧，鹹甜相遇就有一種衝突的滋味，有時還會增加酥脆的口感。掛霜通常用在堅果類，先將堅果用稀薄的奶油糖漿、糖和調味料煮過，然後用烤的。或者輕輕掛上一層澱粉、糖及調味，然後用炸的。因為糖的作用，掛霜通常會讓食物沾著一層酥脆外殼，有時候馬鈴薯或地瓜等澱粉類也會用上糖，這類菜色叫做拔絲。

焦糖化／Caramelization, caramelize

技巧上，糖分子受熱、分解、成為另一化合物的作用稱為焦糖化。純糖焦糖化時，糖會散發不同色澤及複雜風味。「焦糖化」通常用在食物褐變時，或者也指洋蔥或其他蔬菜出水時發生的變化（幾乎所有在烹煮過程會產生褐變的食物，都會焦糖化）。但是在多數情況下，褐變比較像梅納反應中焦化的結果（梅納反應的範圍有二，蛋白質和碳水化合物遇熱焦化的反應都屬梅納反應），並不完全等於焦糖化。但是焦糖化這個詞仍具意義，比起字較多也拗口的梅納焦化反應，用焦糖化來形容水果蔬菜經烹煮發生褐變的狀況，用來也較不奇怪。

餘溫續煮／Carryover cooking

熱食廚房中的基本認知及事實。把食物迅速從烤箱拿出或從爐火上拿開，食物餘溫仍會讓它繼續熟成，烤物越大，內層越熱。褐色奶油可

以瞬間由絕妙好滋味變成焦黑苦澀味，除非你把奶油快速從平底鍋倒出或是加入一點檸檬汁冷卻。焦糖布丁需要隔水加熱，如果看到布丁在烤箱中即已微微晃動，看起來和成品一樣完美，那就是烤過頭了，因為餘溫會繼續加熱，要事先拿出才會讓它大功告成。正在烤的堅果，脂肪含量高，應該要在烤好前趕快從烤箱中拿出來。評估某物何時完成，就像以顏色、香氣、觸感為判別因素一樣，餘溫加熱也該視為重要的考慮因素。根據經驗法則，物件離火後還會往上升 10°F（6°C），但是如何拿捏餘溫加熱的程度，還有很多因素要考慮，比方物品有多大？含多少脂肪？食物靜置的地方環境溫度是多少？又要靜置多久？種種因素讓離火餘溫由 5°F（3°C）到 30°F（17°C）皆可能，端看狀態如何？但一般而言，肉越大，離火時間要越久。

雪紡切／ Chiffonade

一種細緻刀工，和切細絲的刀法很像，有些香草要做成料理的某種裝飾，就會用到此刀工。如將羅勒、鼠尾草或其他葉子切成雪紡細絲，需先疊成一堆，捲起壓緊，以逆紋切成絲帶般的細條。

切塊／ Chop

把食物切成塊狀的通稱（強調與切片或切絲不同），用在不講究食材形狀的時候。製作高湯或醬汁的提香料時，「大致切成塊狀」（rough cut）便是常見的指令，意即切成 1 到 2.5 公分的大小，形狀並不重要，重要的是尺寸。這也是切塊時要考慮的地方，切成大塊的提香料比小塊的需要花更多時間才會產生香味。如果切塊的食材會留在成品中，切小塊要比切大塊好。

蛋白澄清法／ Clarification

用蛋白混合物加進液體中去除雜質的方法，淨化後的高湯、酒或醬汁會呈現晶瑩剔透的清澈（見法式清湯 consommé）。所謂的蛋白混合物

除了蛋白外還包括碎絞肉、調味蔬菜、番茄和蛋殼，混成蛋白糊之後，不煮，就以生的加入湯汁中，隨即加熱，蛋白漸漸凝結，浮起一張「筏網」[6]，這是澄清的最後階段，所謂的「筏網」是肉和蛋白凝結成的小圓屑或細渣子，其實就像是蛋白質形成的網，用來抓住湯汁裡混濁的雜質。在湯以文火煮了一小時左右後（請放輕動作，避免把抓滿雜質的筏網又攪散了），用湯勺把清湯舀到鍋中（如果量大，可用虹吸管原理處理），再以咖啡濾網過濾。過濾高湯只用蛋白是不夠的，蛋白質形成的筏網不知為何會削減清湯的味道，所以要在蛋白混合物中再加入肉和提香料。

凝結，凝結作用／ Coagulate, coagulation

蛋白質凝結之意，在某些特定狀況下，蛋白質才會抓附在一起。經過烹煮，肉類和魚中的蛋白質會凝結成較硬的肉，乳製品也會結成凝乳，蛋會變成炒蛋或是卡士達。其次，鹽和酸也會造成蛋白質凝結，蛋主要的凝結工具還是高溫，不同的蛋白質凝結的溫度各有不同，從120°F到180°F（49°C到 82°C）皆有可能（請參考馬基的書，以確定有哪些特定的蛋白質）。當溫度增高時，蛋白質凝塊的強度也增加，細緻的蛋白網會堆成密實的結塊，於是，炒蛋變得強韌有彈性，卡士達結成一團，肉類和魚肉嚼如乾蠟。蛋白質的凝結作用在烹飪過程中無處不在，是需要講究的細節和重要概念，廚師得多加注意，才能完善。

溫泉蛋，溫水泡熟法／ Coddle

一種溫和料理方式，多指帶殼的蛋放在焗烤盅裡，或是放在緊閉的保鮮盒隔水加熱，以低溫泡到蛋白固定。

冷燻／ Cold smoke

食物未先煮過而直接以煙燻，此法是在低於90°F（32°C）的溫度下煙燻

[6] 筏網（raft），原是木筏之意，指蛋白糊形成的懸浮灰渣飄到水面，形成紗布狀的一片網，就如一張浮筏的意象。

C

肉類、魚類或乳酪。鮭魚傳統上就是冷燻食物，而乳酪等品項也會放入冰箱中，以低於40°F(4°C)的溫度冷燻。

混合烹飪法／ Combination cooking

多指煎烤、蒸燉兩種方法皆用的烹飪方法，常用在傳統的燜燒菜，肉要先在熱油上煎到焦香變色，再放進湯中以慢火燉到軟爛。有一種器具叫做「萬能蒸烤箱」(combination oven)結合不只一種的烹飪功能，多半可蒸可烤，迅速有效地料理食物。

油封／ Confit

法文的「保存」之意，是一種烹飪技巧。油封的肉要先用鹽醃過一天以上，沖洗乾淨後放在油中慢泡直到軟爛，然後在料理油中放涼冷藏，要吃時，再除去油脂重新加熱。這種技法原來始於保存食物，肉類經過適當醃製、烹煮和冷卻，可放在冰冷的食物櫃裡數月不壞。事實上，油封技法與時俱進，而當我們不需再用這種方法烹調食物時，卻因為油封食物滋味美妙，仍然彌足珍貴。鴨和鵝通常用自己的油油封，豬以此法料理最好，任何適合長時間慢火料理的食材都適用此法。油封法做成的肉，味道濃郁肥美，多汁又柔軟。如果回溫做得好，肉皮會又脆又美味。一般而言，油封的東西也可指任何醃漬保存的食物，如檸檬油封就是用鹽包住的檸檬。

黏稠度／ Consistency

醬汁和湯品經過調味，也確定了湯汁風味，還需考慮湯頭太濃或太稀的問題。此時還有機會調整，若湯頭太濃如糖漿，可加高湯或水稀釋，但應該在做菜的各階段時時注意較好。事實上，有些主廚認為另外加湯加水的動作表示醬汁做壞了。醬汁的適當濃度和調味及風味一樣重要，特別在以蛋為底的醬汁上，黏稠度OK即代表大功告成。

燒了／Cook off

廚房裡的行話，表示某物已經煮好且放涼備用。比方可説：在我整治那些雞之前，我要先燒了那些四季豆。

鄉村（此指式樣）／Country（style）

泛指粗獷的塊肉、扎實的質地、豪邁的風味，以及價錢平實的食材，例如鄉村肉派或鄉村麵包。當冠以鄉村之名時，很容易賦予料理某種期待，但雖名為鄉村，絕不是指沒有質感或隨便。

加蓋／Covering（pots and pans）

為湯鍋和平底鍋加蓋，此舉十分明顯，是為了保持更多熱度。如果鍋子有蓋，醬汁燒得更猛，水滾得更快，烤箱中有蓋子的燉湯也會比沒蓋子的湯來得熱。

　　但要燙綠色蔬菜，一定不可蓋蓋子（用小鍋子煮青菜時，可暫時先蓋上鍋蓋讓水煮滾）。將醬汁蓋上蓋子，無論蓋上一部分，還是蓋全部，都會阻礙醬汁收汁 —— 但如果你的醬汁還沒煮熟，而湯卻快要收乾了，則要加上蓋子再煮。如果想要既保持熱度，湯汁又可收掉一些（就像燜燒之後的湯汁收汁），蓋子就可半開半合。只要把烘培紙修剪成適合鍋子的形狀，就可作蓋子來收汁用，又可防止表面形成一層膜，還可以保持溫度。

糖油拌合法／Cream

烘培技術中，所謂「糖油拌合」就是將糖和油脂打成同一質地，如此會使蛋糕（餅乾、瑪芬蛋糕或磅蛋糕等）具有細緻的質地（或鬆酥的口感）。此法在西點備料中十分基本，自成「糖油拌合」一類（見蛋糕Cake）。打發的奶油和糖應該呈現明亮又有空氣感的質地，通常之後會分次加入蛋再打發。有時候，此字也可指糖加入蛋黃打散的動作。

C

上了奶了／Cream out

廚房裡的行話，表示已將醬汁湯品調上鮮奶油，完成現點現做的最後
一道程序。

交叉紋路／Crosshatch

通常是指烤肉上燒出的交叉裝飾紋，但也可以是皮肉上的交叉切紋，
就像在鴨胸上的交叉線。此交叉切紋可加速油脂排除，也可讓皮烤得
更焦脆，甚至還增加吸睛效果，這也算交叉切紋的次要收穫。交叉紋
路不可切成直角，這會變成方形，而要打斜刀切成鑽石的形狀。要切
成美麗交叉紋，首先要把刀打在五點鐘方向，然後交叉，轉到七點鐘
方向。做燒烤紋路也是同樣道理——把肉由五點鐘的角度換成七點鐘
的角度（烤架或烤盤必須非常非常燙，才會做出美麗的燒烤紋。）

燒，收汁成醬／Cuisson

從字面上看，這是一種烹煮程序——吊燒的法文是cuisson à la
ficelle，意思就是用線綁著燒；以蒸氣烹煮是 cuisson à la vapeur，也
就是蒸的意思；也可以指用液體烹煮，如燜燒燉煮時要加燉湯。但在
某些廚房，這字有第二層的衍生含義。當菜餚完成後，將剩下的燉湯
收汁做成完成醬汁，剛好可配燉湯煮出來的主菜，這就是 cuisson 的第
二層意思。通常也用在水波滾煮的技巧，常魚用水波煮過，從鍋中移
出，廚師就會把剩下的湯汁濃縮，加上香草和奶油，再勾點薄芡，這
就是一道現點現做的醬汁。

凝乳作用／Curdle

蛋白質結塊的作用，更普遍的說法是凝結同質的混合物變成塊狀和液
體。有時凝乳作用正合所需，有時則不，就像卡士達醬的結團或是油
水分離的荷蘭醬就不需要凝乳作用。

D

C
D

醃漬，醃漬物／ Cure

1. 一種保存食物的方法，幾乎都是先以鹽醃漬，再烹煮或風乾（見**鹽醃鱈魚** Salt cod、**培根** Bacon、**義式火腿** Prosciutto）。2. 一種用來醃製肉類的混合鹽，成分除了鹽還包括亞硝酸鈉、糖和其他調味品。用來醃漬的鹽可以是乾性的（如鹽和調味料），也可以是濕性的（如濃鹽水）。乾性的醃漬鹽（dry cure）與風乾法（dry curing）兩者不可混淆，風乾法是食物經過鹽醃製後，掛著風乾來保存。

淡菜除鬚／ Debeard

淡菜（孔雀蛤）長有淡菜鬚，是纖維狀的堅韌細條，讓淡菜在潮夕往來間附著在穩固物體上。淡菜除鬚就是拔除淡菜身上的黑色纖維，只要用手輕輕一拉就可拉掉。

醒酒／ Decant

指將酒緩緩由瓶中倒入另一個容器，即醒酒器（decanter）中。任何液體都可藉由「醒」的動作而將沉澱物去除（就像香草油也可用這個方法除去香草雜質）。醒酒的原因也在於紅酒與空氣接觸後，氧化作用可增進酒的風味與香氣，特別是年代久遠價格昂貴的紅酒，但對於年輕豪放的紅酒也有良好作用（如金芬黛[7]）；反之，對於那些極易揮發的紅酒，醒酒則是一種傷害（如黑皮諾[8]）。

油炸／ Deep-fry

將食物完全浸入大約 350°F（177°C）的熱油中炸，油越多越好（但也不要忘記油並不便宜需要省著用的事實）。油炸是極為快速的烹煮方法，因為油的密度可以迅速導熱，且滋味美妙，食物炸得外層金黃、焦香、酥脆，香氣十足又有口感。但這需要很多油，所費不貲也是事實，而且一炸東西，會冒出大量含有微小顆粒的煙，到處都弄得油膩膩的，如果通風沒做好，不但弄髒廚房，整個家裡都有味道，缺點不少，但以

[7] 金芬黛（Zinfandel），主產區在加州的葡萄品種，是香氣奔放、口感甜美的葡萄酒。

[8] 黑皮諾（Pinot Noir），是紅酒品種中最受氣候環境影響的酒種，酒色淡、果香濃、酸度高、單寧細緻，是極高雅細緻的酒。

成果看，油炸還是值得的。基本上，油炸是一種「乾熱法」(dry-heat)，也就是烹煮時不加水，食物不會直接接觸水分的烹煮法。油炸食物必須乾淨、酥脆、香味撲鼻，並不一定比用半煎炸或煎的食物來得不健康，因為油炸食物不該吃油。高溫使食物出水，在油裡竄出一顆顆水泡，東西炸不好，多半是因為油的品質不好或是沒有控制好火候，這時候，溫度計是測量油溫的最好工具，筷子也可派上用場(如果油溫夠熱，木頭會立刻冒起小泡泡)。做油炸食物，油量充足很重要，但如果一下加入大量冷油，油溫會急遽降低，食物就不會快熟。但如果把油燒到起煙，就是溫度太高了，這很危險，事實上，濃煙會引來火勢，這時不要驚慌，用蓋子蓋住燃燒的油，讓它降溫。如果沒有冒出異味，也沒有耗費太多，油可以過濾再用。

　在專業廚房裡，必須注意下列問題：是否每天過濾餘油？是否只在備餐時間才把油燒熱？是否注意油質慢慢變差的問題？站在食物成本及菜餚成品的角度，保存炸油是很重要的。

水波深煮／ Deep-poach

將食物完全浸入有味道的湯水中，以低於沸騰的溫度約160°F(71°C)，小火慢泡。這種烹煮技巧屬於蒸燉類(此類項目隱含低溫烹煮之義)。通常用來煮雞或魚，像鮭魚這種肉多肥美的魚多半會以水波深煮烹調，基本上所有蛋白質都可用這個方式烹煮，只要它們不用具備過油後的色澤及焦香味(這是以高溫煎烤才會達到的效果)。水波煮魚多半配以高湯或是海鮮料湯。海鮮料湯(court bouillon)的原文意思是快速的湯，材料是水、香草、提香蔬菜、辛香料，再加上酒或醋，水煮之後，並不常把剩下的湯汁收作完成醬汁(而水波淺煮後的湯水則會)，但是若以肉湯水波淺煮雞或牛肉時，剩下的肉汁則會收汁作為完成醬汁。

洗鍋底收汁／ Deglaze

把水、酒、高湯等液體澆入沾滿蔬菜和焦香肉汁、又有美味碎皮肉屑的

鍋中，用意在澆入湯水把鍋內餘香及沾在鍋裡的碎肉渣子全煮出來，以萃取風味。洗鍋底的湯汁可收成醬汁，給予鍋內食物最初的香味。

除油，脫脂／ Degrease

將高湯、湯品、醬汁中的油脂除去，此工序對於成品的清澈、口感和風味有極大影響，可以不同方式處理。高湯除油要用湯勺，用湯勺底部將清油趕到鍋子邊緣，然後把湯勺稍稍壓低舀起油脂，順勢舀起的高湯越少越好。高湯除油需趁早，一來，早點撈對隨油舀去的少量高湯來說，因為煮的時間不夠久也不夠濃，所以並不珍貴；二來，早點撈油，也讓油脂再乳化到湯裡的機會少一些。法式清湯只會有少許幾圈小油滴浮在表面，用餐巾紙掃過湯面就可除去。燜燒菜幾乎都要除油，因為燉菜要先冷卻才可提味，凝結成凍就是除油最有效的方法。

去腸泥，剝絲／ Devein

指去除貫穿整個蝦背的腸泥，也指把食材剝絲拉皮的動作。蝦子去腸泥最普遍也是最容易的方法是用尖銳的削皮刀在蝦子背上剖出長長一道然後挑掉。蝦子價錢稍貴，費工去腸泥是值得的，以上方法就可節省很多時間。

魔鬼料理／ Devil

一般而言，這是食物加上刺激芥末和辛香辣味的料理方法，如今多用在魔鬼蛋和魔鬼肉抹醬（deviled ham）上，或者有些吃剩的大骨上還有很多碎肉（如牛肉肋排），也可刮下塗上辣味和芥末就成了魔鬼料理，烤到熱再吃。

切成小丁／ Dice

將食材切成骰子般形狀一致的丁狀，尺寸大小多有差異，根據美國廚藝學院的做法：較大的塊狀長寬約2公分，中型的塊狀是1.3公分，而

小丁則有0.6公分。大的塊狀看來矮矮胖胖又不優雅，多用在高湯燉料，或是材料需要烹煮很長時間最後再丟掉的料理。放在燉湯裡的材料也可切成大塊，如燒烤的根莖類。最小的丁狀叫細丁（brunoise），長寬約0.3公分的碎丁，還有細達0.16公分的細丁。最小的細丁多半先用削菜器將蔬菜削成細條後再切丁，當作高雅美味的裝飾配菜。

直接加熱／ Direct heat

在煤碳上燒烤，火源直接來自下面的煤炭而不是旁邊，兩旁的火源則是間接加熱。這是相當於煎的燒烤法 —— 高溫烹調，烹煮時不加水，在質地柔軟的品項上創造香氣誘人的表面。但對於比較需要時間和溫和火候的食物，則以間接加熱較好。除了某些品項不太需要料理，最好還是混合兩種燒烤方式最好，直接加熱，可有風味；間接加熱，溫度可以平均。

熟度，完成時刻／ Done, doneness

判斷熟度是料理人需要學習的重要技巧，好比烤到何時才算完成？食物什麼時候離火？這些很少能依賴食譜的預測。因為這是功夫，永遠不可能絕對完美；而訓練判斷功力，廚師除了觀察每項食物，累積經驗，了解完成時間外，別無他法。有些肉的火候已是公認，就說烤香腸吧，溫度大約是150°F（66°C）。而溫度計此時就可派上用場。把整條烤肋排從溫度120°F（49°C）的烤箱中拿出，狀況不同，結果也不一樣，還需看烤箱有多熱，以及肉在放進去時有多冷。如果你覺得卡士達烤好了，而把它從烤箱裡拿出來，這時應該已經烤過頭了，因為食物有餘溫，在到達最後溫度前的那一刻，烤箱裡的卡士達就已經完成了。比起精瘦的烤物，燜燒料理對何時完成的容許範圍更廣，但如果廚師不小心，仍有燉過頭與燉不熟的可能。廚師應該用盡一切感知，判斷料理熟度。用觸感，學著壓壓看，判別肉是否熟透，這功夫只能熟能生巧。因為靜置是完成料理的重要過程，若說這道菜在還未離火

前就算燉好，倒不如說這鍋料理在靜置時才會完成。測量熟度有個方便的小道具，即一根細長的針，也稱作蛋糕熟度測量器（cake tester），把它插進肉和魚的中間，然後放在手腕或下唇下方皮膚上，由裡面是冷的、溫的，還是燙的來判別熟度。

裹粉╱ Dredge

指將整塊食物一致裹上乾粉。通常會把食材放進有裹粉的大碗裡，緊壓進粉中，確保層次均勻。裹粉裹用力點，麵衣也才容易沾附。

淋醬，清洗，澆頭╱ Dress, dressed, dressing

這三個字各有不同的意義。dress當動詞，是指將醬汁淋上菜餚，而另一個意思是清洗待燒的野味。若以dressed形容狀態，則表示沙拉已淋上油醋醬，或指魚已經拿掉內臟清洗過可以煮了，有時候乾淨紮好的雞，也可以此字形容。而dressing長期以來一直是沙拉淋醬的意思，但也可解釋為「澆頭」，是不用餡料時的另一選擇。為了清洗方便，餡料應該像填在火雞肚子裡的混合物，但如果你不想把混合物放在火雞肚子裡，而是分開煮再配著吃，這就是火雞的澆頭。

乾醃╱ Dry cure

所謂乾醃肉類，是在醃製過程中一直保持肉類乾燥的醃製法，以乾醃法製成的肉和香腸多半不煮，而是在吃之前才切成薄片，濃重強烈的風味天然自成（就像義式香腸薩拉米salami和義式火腿prosciutto）。在冷藏技術無處不在的年代之前，乾醃技術可確保一大群人的食物供應可有效利用。長久以來肉與香腸是乾醃法的醃製主力，做出的肉品滋味美妙。現在乾醃已被視為高段的工藝技法，肉和香腸進行乾醃時，幾乎第一步驟都是抹鹽，開始脫水程序，創造不適合細菌居住的環境，就不會帶來腐敗。通常醃製肉內也會加入亞硝酸鈉或硝酸鈉，防止肉毒桿菌中毒。

E

乾熱法╱ Dry heat

不用水的烹飪方法，包括煎炒、燒烤、炙燒、爐烤以及浸炸，大多
以350°F（177°C）以上的高溫烹調，就算有水分，但在這樣溫度下，
所有附加水分都會蒸發，所以是乾熱法（見Part1「5. **控溫**」對蒸燉類的
描述）。

抹烤料理╱ Dry rub

辛香料混合調味料，而提香蔬菜可加可不加，將此香料糊抹在肉或魚
的表面再送去燒烤，這是一種增添菜餚風味的料理方式。而以抹烤方
式處理的肉或魚必須本身就帶油脂，燒烤時，油才會滲入抹醬糊裡，
使更多抹醬沾附在肉上，風味分布更平均，也幫忙烤熟抹醬中的香料
（如果沒有油滲入一直乾燒，會燒焦的）。

乳化，乳化作用╱ Emulsify, emulsion

乳化作用發生在兩種無法自然相容的物質要混合為同質混合物時，或
更準確地說，要變成一物包住另一物的懸浮液時。乳化的意義在於將
兩種不同物質融合為同一混合物。料理中，最常見的乳化作用是水包
油的乳化，如美乃滋。而牛奶是一種不穩定的乳化液，除非經過均質
化，不然牛奶中的鮮奶油及脂肪可能會分離浮到表面。油醋醬多半也
經過乳化。還有臘腸和熱狗中發生的乳化作用，是油、蛋白質和水混
合後的變化，也是乳化的另一種形式。了解乳化的化學變化，對乳化
的產生、維持及修復是有用的，特別是當乳化液結構碎裂油水分離的
時候。好比水包油的乳化是無數微小油滴一個又一個地在乳化劑的作
用下散布在水中，而乳化劑可為蛋黃中的卵磷脂，當無數油分子受到
水的妨礙無法聚集在一起時，就是乳化液結構破碎油水分離的時候（諷
刺的是，油水分離其實是同一物質重新聚集的狀態）。（關於乳化的細節及圖示，請
看馬基書中的描述）。

F

酥皮料理／En croûte

法文字面的意義是「在脆皮中」，而 en croûte 則是以酥皮包餡的料理。酥皮多是油酥麵皮做的，基本上就是派皮。而包在酥皮裡的內餡有時會是整塊肉，例如把鮭魚包在派皮裡，就是鮭魚千層派（coulibiac）；把里肌牛肉包在酥皮裡，就是威靈頓牛肉派（Wellington）。要做酥皮料理，記得將尾端稍微鬆開，或是要戳一兩個蒸氣孔，這樣酥皮外層才會爽脆不會濕黏。

扇貝煎／Escallop

這個法文是指將肉切成薄片後再煎，有時還會裹粉再以平底鍋油煎。

燉湯，燉煮料理／Étouffée

法文術語，指燉湯或是用上蓋燉鍋做成的燉煮料理，常見於卡津料理。

內餡／Farce, farcir

farce 是法文的內餡，而 farcir 是填內餡的法文動詞。專業廚房在裝填餡料時多半會用此字而不會用英語的 stuffing（也是填餡料之意），例如廚師在替義大利餃包餡料時，此字就派上用場。Farce 在英語化之後成為 forcemeat（碎肉內餡），也是廚房常用的字。但很多人還是偏好使用法文，因為 farce 的法文發音優美高雅。

吊燒／Ficelle, à la

法式料理專有名詞，用繩子（la ficelle）將食物吊在火前燒烤，這種技巧多用在處理羔羊腿。吊燒比用烤箱烤肉要花更多工夫 —— 要時時澆油，且要注意吊燒食物的每一面都要烤得平均，勿烤過頭，烤成肉質乾柴。這項技法很可貴，因為火上燒肉，肉可擷取更多風味。

F

去骨、菲力／Filet, fillet

去骨的意思，也可指去骨的魚排或肉排。若單獨只說菲力，就是一塊里肌牛肉的意思，也就是菲力牛排。

最後擺盤／Finish

準備餐點的最後一道程序，目的要讓菜餚做最後及時的調整，使菜餚在上桌前更臻極致（通常最後一道工序是淋上醬汁，端上桌時奶油正好融化）。

燒／Fire

廚房術語「燒」就是烹煮的意思。當主廚或二廚已經將客人的點餐送去餐廳時，就是他們「燒了點菜單」(fire the order)的時刻。所謂的「火燒時間」(firing time)是指這道料理需要的烘烤時間，就像「舒芙蕾需要20分鐘的火燒時間」。

澆酒過火／Flambé

菜餚在上菜最後淋上酒，再放火燒掉的技巧。這只是作秀效果，對於餐點味道並不會有實質上的影響。

流動刻花／Flute, fluting

做出裝飾性的波狀花紋，多用在蘑菇刻化或糕點裝飾。用派皮切花器就可在麵團邊緣切出裝飾條紋。

泡沫／Foam

泡沫食物是前衛廚師的拿手絕活，開創先河的是西班牙名廚費朗‧阿德里亞，在21世紀初成為風尚。泡沫是有用的，就像咖啡上的奶泡，但是當泡沫作為食物主體而不是誘人裝飾時，就顯得有些花俏造作。泡沫可以簡單 —— 用手持攪拌器打出黏稠發泡的湯品或醬汁。泡沫也可以複雜 —— 如加入吉利丁打發成細緻液體。而餐廳通常用裝著笑氣

或二氧化碳的奶油發泡器將液體打成泡沫（這裝置和技巧價錢不貴，在家也很好用）。

乳沫成形法／Foaming method

將蛋打發再拌入麵糊的技巧，是一種蛋糕的發酵方法。先將蛋打發，再將麵粉、糖和調味拌入打發蛋液，烤後麵糊充滿柔軟蓬鬆的孔洞（見蛋糕Cake）。這個技巧的重點在於高段的「一次就緒」技術（mise en place）——也就是所有材料全部就定位（爐要熱，盤子要先上油，乾性食材先要過篩），所以蛋一打好，就立刻把乾性食材拌入，直接把蛋糕送到烤箱裡烤，盡可能維持氣泡。

拌合／Fold

將某個混合物或食材「輕輕」拌入另一個混合物或食材。輕輕地是此動作的關鍵。要拌合的食材多半十分細緻，稍不注意用力過猛食材就會扁塌受傷。就像做天使蛋糕時，乾性食材拌入打發的蛋白裡。還有些麵糊因為怕成品過硬，不需產生麵筋，所以需要輕輕拌合。

基礎，鍋底，底部／Fond

1. 意指基礎，而高湯就稱為料理基礎（le fond de cuisine）。也指卡在鍋底的碎肉、肉皮和收乾的湯汁，這些鍋底物洗下收汁後可做現點現做的醬底。無論是基礎或鍋底對廚房來說都很重要。2. fond也是底部，朝鮮薊的底部就是 fond de artichaut。

融化，起司火鍋／Fondue

法文的融化之意。用在蔬菜上，如tomato fondue或leeks fondue，是指番茄、青蒜經過長時間小火燉煮，已經燒到幾乎軟爛的程度。而「融化奶油」（beurre fondue）有兩個狀況，一是融化的奶油，或特指用乳化方式融化的奶油（見乳化奶油beurre monté）。而起司火鍋和巧克力火鍋

（cheese fondue / chocolate fondue）當然就是以食物沾著融化乳酪或巧克力來吃的料理。

法式蘑菇／ Forestière

法國經典料理，是一種以蘑菇為主菜或主要配菜的料理。

一叉即散／ Fork tender

用來說明熟度的詞。質地堅韌的肉經過燜燒或燉煮，必須達到一叉即散的熟度。也就是叉子插在肉裡沒有任何阻力，僅靠叉子重量就可把肉撥開，叉子一插就可撕開的軟爛程度。

強化／ Fortify

指增加風味或使味道更強烈的方法，一般都以額外添加達到強化風味的目的，就如醬汁中額外加入濃縮小牛高湯或濃縮紅酒，不然就以濃縮收汁的方法強化醬汁風味。

手感塑型／ Free-form

用手造型，而不用模型塑型。塔類點心通常需把麵團壓在圓盤上捏出花邊。

法式肋排切法／ French, Frenched

一種處理羊肋眼、豬大排的技術，基本上任何有突骨的肋排都可用此方式處理。肋骨和肋骨之間的肉及結締組織都要去除或剝掉，每根肋骨要刮得乾乾淨淨，只剩靠近肋眼的肉，或只留著骨節上面的大塊肉團。（有些屠夫會用細繩纏在每根骨頭上，然後使勁一拉，骨間的肉和結締組織一下就扯得乾乾淨淨）。這種做法只是為了美觀，對於烹調及味道毫無影響。法式肋排在烹煮時常包覆錫箔紙，所以不會燒焦變色。

裹漿油炸／Fritter

無論水果、魚或蔬菜，任何配料都可裹上麵糊或麵團再炸到酥脆。這是製作美味餐前小點和配菜裝飾的好方法，如果做成甜的，就是一道美味甜點。如果炸衣裡沒有內餡，就是甜甜圈；如果麵衣不用油炸，就是麵疙瘩。與大多數油炸食物一樣，裹上麵衣油炸的食物最好一炸好就趁熱吃，所以在油炸的同時就要準備擺盤。其實泡芙就是做油炸甜食的最好麵團。如果要使炸衣輕薄柔軟，可用低筋麵粉，或麵粉加入純澱粉（如玉米粉）也有一樣的效果。

飛捲／Frizzled

餐廳菜單上代替「炸」這個字的委婉語，幾乎都用在描述炸到捲的蔥絲裝飾。它的發音比fried好聽，可以應用在任何炸過的切絲蔬菜上。

霜飾／Frosting

見**霜飾**Icing。

炸／Fry

意指用油烹調，技術上，因為操作溫度高於沸點，算是一種乾熱法。然而這字很模糊，應該用油的類型做分類：如果油的用量少，只淹到物體的一半，算是「半煎炸」（pan-frying）；油完全蓋過物體，就是「深炸」（deep-frying）；所用油量只蓋到平底鍋底一層，較好的說法是「煎」（sauté）。

灌食／Gavage

為了養成肥肝，強迫餵食鴨與鵝的方法。

淋醬上色／ Glaçage

基本上 glaçage 原是甜品的霜飾或糖衣，但有些主廚用這個字表示替菜餚最後淋醬上色的工序。用來上色的淋醬需用以奶油或蛋黃為底的醬汁，淋在菜餚上後，在明火烤箱裡迅速烤一下，這盤菜就會看來透著一層光。

蜜汁醬燒／ Glaze

料理根莖類食物有時會用到醬蜜汁的方法，但必須了解蜜汁與拔絲是不一樣的菜色。醬蜜汁是在蔬菜料理的最後階段替食物醬上一層光澤。這是很好的技法，但似乎已退流行，也許是因為有人技巧運用不佳（所以食物味道不好）。要做好的蜜汁醬燒，首先要把蔬菜切成一致形狀（必須是甜味極高的蔬菜，如洋蔥、青蔥、胡蘿蔔、甜菜、蕪菁、防風草根），用一點水加上一小撮鹽、糖和奶油慢慢煨煮，在蔬菜還沒有煮透前，就把水分煮掉，這時鍋底只剩糖、鹽、奶油和蔬菜燒出的濃縮糖醬，將食材在鍋裡不斷推滾，就可裹上一層蜜汁。蜜汁蔬菜可以先在上菜前數小時預先做好，然後保溫（不是放在冰箱裡），等到要吃時，再熱一下就好。

焗烤／ Gratin, gratiné

一種菜色，也是　種料理方法，菜餚上層多半鋪上起司，經過明火噴燒或進烤箱烤到焦黃，乳酪就變成一層酥皮，這是讓柔軟濃郁的菜餚多加一層口感風味的方法。

煎板，鐵板燒／ Griddle

烹飪用的鐵板，表面是鑄鐵材質，可燒到極熱後溫度保持不變。鐵板燒也當作動詞用，是烹飪方式，食物直接在大鐵板上煎燒，煎板如果養鍋養得好，表面可有極佳的不沾效果。

燒烤／ Grill, grilling

一種絕佳的乾熱烹燒法，與其他料理法的不同處在於，燒烤發出的濃郁新風味是起於食物本身而不是外在添加，讓食物散發出複雜的煙燻味。食物燒烤的方式有三個基本選項：高溫或低溫；直接加熱或間接加熱；加蓋或不加蓋。以上問題取決於食材要烤多久，要用怎樣的火候來烤？如果食材軟嫩且不需要烤很久，就用直接加熱的方式讓外層很快發出香味（如牛排）。如果食物需要較長的燒烤時間（像雞腿或豬的肩胛肉），或用高溫一下就焦掉的食材（如香腸），就要用低溫燒烤。通常低溫燒烤最好的方式是透過間接加熱（將煤炭放在烤物周邊），或採直接間接合併的燒烤方式。如果使用間接加熱，最好蓋上烤爐蓋子，烤出的食物也會有較多炭烤味，有時逼出的肉油滴到煤炭上，蓋上蓋子也可控制冒出的焰火。如果逼出的肉油和肉汁很多（如烤全雞時），放個滴盤在烤雞下面也是不錯的主意。最好不要引起直接冒起的焰火，這種火會使食物有苦味，也許還會烤出致癌物亞硝胺。燃料可自由選擇，瓦斯、煤炭或木柴都好，端看個人喜好。

烤紋／ Grill marks

傳統上菱形交叉烤紋最受青睞，它讓食物充滿視覺吸引力，燒焦表面也真的會增加一些風味。如果居家料理人也想烤出漂亮烤紋，就要用十分燙的鑄鐵鍋，不然烤盤表面就要塗上很多油，且要非常非常燙。

絞，磨／ Grind

很多食材要用磨的或絞的，如絞肉和辛香料（當然咖啡豆也是）。肉一面絞一面磨，就產生很多熱，會讓肉在烹煮時肉油分離，所以要過絞的肉溫度一定要非常低。絞肉機是非常好用的工具，用途不只在處理肉類。蔬菜也可以磨，迅速萃取精華後用在高湯；培根也可以磨，磨出的培根泥煎一下，就是美味高雅的裝飾配菜。如果想從香料得到最多菁華，就先以小火烤一下，使用前再磨碎就可以了。磨香料最快最方便

的方法是用香料研磨器或咖啡研磨器，當然用磨缽搗碎也行（或一點一點慢慢用刀切）。做料理時，是否能輕鬆快速地磨出香料其實對做菜有影響，所以怎麼方便怎麼好吧！研磨器其實不貴，你可以買一個專門磨咖啡，一個專門對付香料。

硬球階段／ Hard ball stage

煮糖的特定溫度，糖漿煮到約250°F到260°F（121°C到127°C）時，冷卻後，糖就會變成硬球狀，就可做牛軋丁（nougatine，類似牛軋糖）、棉花糖、冰晶糖。

硬脆階段／ Hard crack stage

煮糖的特定溫度，大約在295°F到310°F（146°C到154°C）之間，再冷卻，就會變成硬脆的質地，可以做奶油糖、小脆餅、硬糖和太妃糖。

高級法式料理／ Haute cuisine

除了意指高級法式料理，也指應用在食物上的技巧層級。稱得上高級的法國食物一定是複雜、精緻、高雅的菜色，但對某些人來說，也是沉悶、老派、昂貴的代名詞。事實上，高級法式料理應該用來描述上好餐廳的食物及服務，是在高級餐廳享受到的最高級照料及食物展現成果。

聽／ Hearing

會聽食物發出的聲音是很重要的能力，重要的程度超出你的想像。就以燉煮蔬菜為例，請用心仔細聆聽蔬菜在奶油和水中發出的聲音，如果鍋中仍有水分，燉煮的聲音由溫和變劇烈，這就是蔬菜要焦糖化的時候。麵團有沒有揉勻，只要聽聽它碰撞大碗的聲音就知道，揉好的麵團聲音不一樣，這可以幫助你知道還要揉多久。總之，請注意食物在料理時發出的聲音。

火候，控溫／ Heat

火候是美食的關鍵，學問多多。食物不同，下鍋煎炒的火候就不同，家庭廚師往往分不清楚低溫是什麼情況，高溫又會如何？此時心中疑惑的廚師應該要考量食物的屬性及想要的結果為何。例如：外表需煎到上色焦香嗎？還是要慢慢把油逼出來讓肉軟嫩？手上的食材很難燒軟嗎（需用小火慢燉）？還是材料天生就很嫩（此類可用高溫）？爐上要用小火的食物是你需要在鍋中慢煎的食物，比如培根或香腸。而用大火的壞處常在於油會起煙或快要起煙，但好處卻是食物可焦香上色，另個效用則是讓食物在燉煮時不會沾鍋。當考慮要用何種火候，或懷疑食譜意思時，請用常識想想你的食物屬性。

熱燻法／ Hot smoke

一面烹熟食物，一面用煙熱燻的方法。熱燻的溫度並不高，控制在150°F到200°F（66°C到 93°C）之間，所以食物可以一面溫和均勻地受熱，一面沾染濃重的煙味。熱狗和培根多半以熱燻法製作（請與冷燻法 Cold smoke、**燻烤** Smoke roast 與**鍋燻法** Pan smoke 互相比較）。

水合／ Hydrate

見**再水合** Rehydrate。

冰水浴／ Ice bath

將大量冰塊放在水裡，以隔冰水降溫的方式迅速降低食物溫度。好的冰水浴大概需要同等份量的水和冰，且冰塊要多到無法浮在水面上。在備料程序中，若要停止蔬菜熟成，就將它浸在冰塊水裡冰鎮，若後續要料理則可再加熱。或要迅速降低熱湯溫度，也只需要將湯鍋放在冰塊水裡，攪動湯汁。用冰水降溫時，要記得不時晃動泡在冰塊水中的物體，這樣冰水才會繞著物體不停循環。

K
L

浸漬／ Infuse, infusion

一種不加實物卻取某物味道的方法，例如，想要有羅勒香味，則加入羅勒油，卻不加羅勒葉。通常香草油就是加入香草與辛香料浸漬的結果。或是熬湯時加入香料袋一起熬，高湯就能香氣充滿卻不見香料。而要做甜點時，帶甜味的提香蔬菜會泡在牛奶和鮮奶油中，拿掉時就是沾有香氣的牛奶或鮮奶油。

揉麵／ Knead

揉麵的目的在於形成麵筋，讓麵團具有彈性，以保持使麵團發酵的氣泡。揉麵可用機器代勞（此時多半稱作攪拌，而不叫揉麵），也可自己用手揉。若用機器揉麵，容易發生過度攪拌的情形，最後攪拌機拉斷麵包裡的麵筋結構，麵團變得又軟又塌 —— 麵團失去彈性，無論壓或拉都不會彈回 —— 這樣的麵團不會膨脹也烤不好。用手操作則很難發生過度揉麵的情形。

I

K
L

穿油條／ Lard

大塊瘦肉可用穿油針將油插到肉裡補充油分，就像烤大塊牛肉的時候，就會穿油條讓瘦肉多一些肥潤風味。

發麵法／ Leavener

任何讓麵團麵糊發酵膨大的方法 —— 也就是所有發麵的材料都可說是蓬鬆劑。食物類的材料就如蛋白，化學膨大劑就如泡打粉（小蘇打），利用微生物的可用酵母，機械方式的發麵可用攪打，或將餅乾麵團中的奶油和麵粉慢慢拌合，這也是一種起酥式的發麵方法。要選擇何種發麵方法，在於最後成品需要何種口感及風味。

勾芡／ Lié

法文的「被綁住，被牽絆，連結住」之意，用在料理上則是醬汁變濃稠

M

的意思，而工具通常是用芡水。有時會用在長串描述句中，如 jus de veau lié，意思是用芡水稠化的小牛高湯，可當醬汁使用。

低溫長時間烹調／
Low temperature long time，LTLT

一種烹飪法的簡縮語，意思是「低溫長時間烹調」或簡單寫成「低溫慢煮」（low and slow）。有些菜餚所需溫度低於300°F（149°C），甚至還有用到120°F（49°C）的極小火燉煮，這些菜色和燜燒料理多半屬於此種範疇。基本上，如果你的菜色需要入口即化的軟爛效果，多半需要低溫慢燉，燉煮時間則看溫度高低，由2到72小時不等。不管是蛋、魚、蔬菜或肉都可以用此類方式烹調，但效果各異，就像真空烹調法就是其中最著名的。

醃泡／ Macerate

食物藉由浸泡軟化分解或轉性，就像蔥泡在油醋醬裡可以降低刺鼻的辛辣味。而糖拌入成熟的莓果中果子就會出水，等汁一多，莓果就像泡在莓汁裡醃，等到軟化變甜就是風味宜人的醃莓子。

醃漬／ Marinade, marinate, marinating

一種備料方法，讓肉和蔬菜在料理前就先有味道。醃漬狀態分成乾醃與濕醃（乾醃法通常又叫乾擦法dry rub），醃料可加上提香蔬菜、油、水或酸。文獻上對醃漬的說法多半含混不清且有錯，就像一般多傳言堅硬的肉質無法以酸性或酒精軟化，這種已成定律的說法是錯的。酸和酒精的確可將肉塊外層的蛋白質變性，肉變成糊糊的就是證明（有些水果，如木瓜、鳳梨，因含有蛋白質消化酵素，也可以軟化肉質）。醃漬時加入酒會讓肉多一番風味，如果再加上提香蔬菜和鹽，就是最有效的醃漬材料。程序建議如下：一開始可加酒精使肉軟化，再用提香蔬菜淨泡使滷汁入味，再加鹽融化加強滲透（鹽在醃料裡扮演滲透角色，也具有調味功效），

L
M

冷卻之前，再將滷汁倒在肉上，醃一段時間後，味道才會滲入肉裡。相較而言，也許乾擦法是最有效的醃漬法，雖然它只用鹽和提香蔬菜做醃料，泡過提香蔬菜的重鹽水也很有用，這兩種方法都用鹽作滲透劑，讓味道進入肉裡。而油的功用在於使提香蔬菜泡出味道，卻沒有滲透肉質的作用，甚至還會阻礙味道滲入肉裡。而其他醃漬方式多半只能使肉的外層入味，但馬基認為，真空壓力可提高醃漬的效果，肉不但從放醃料的那一刻起開始入味，當空氣被抽走，滷汁衝進原本充滿氣體的空間，而肉就更入味了。在發明冰箱之前，醃漬似乎是最原始保存食物的方法，食物保存的目的，只要用酸和鹽就可輕易達成，但現今醃漬食物只單純為了美味。請注意不同醃漬方法對肉、魚產生的影響，還有時間的作用（時間長，效果並一定好），醃漬還是要看個人的口味。

測量／ Measure, measuring

有時候料理成功的關鍵在於準確測量食物（特別在做烘焙時），但有時也不一定。所以若遇到需要精確測量的狀況，一定要好好測量。也就是說，不要只依據容量，最精確的測量方式是將固體食材放在秤上秤重量，而液體食材則放在量筒中量體積。有些測量工具號稱是精品，就像瓷做的量匙或花樣酷炫的量杯，都有容量各異的毛病，能不用就不用，請堅持使用鐵製的測量工具。測量時也請觀察加入的量，所謂加入鍋中的2湯匙油到底有多少？量好1茶匙的鹽後，放在手心觀察體積，不久你的目測就會相當準確了。

磨／ Mill

用食物研磨器壓成泥的意思。食物研磨器可將澱粉類蔬菜和食物磨成滑順的果菜泥（見食物研磨器 food mill）。至於乾燥穀類，當然也有專用研磨工具，但當主廚要求將食物磨成泥時，多半優先用食物研磨器來磨。

剁成細末／ Mince

指將食材剁細，而真正的細末是將食材剁到很小很小變成無法辨認的碎末，但最重要的是，雖然無法辨認，卻有一致的形狀。剁碎的時候，下得刀越少越好，且細末不是碎塊，碎塊是用切的。就像你在麵包上抹上一層大蒜末或是紅蔥頭末，抹出形狀要一致，才是正港細末。

攪拌／ Mix

這個看似無聊，實際上卻是做料理最重要的動作，對備料有極大影響，甚至對於某些料理而言，所有的準備工作也只有攪拌而已。比如蛋糕的分類方式就是以攪拌法則做區分，放入油脂、蛋、糖、澱粉的混合順序就是蛋糕的分類原則。還有灌香腸用的絞肉也要攪拌，一方面混合調味料及液體配料，也幫助肉類蛋白質「肌球蛋白」（myosin）產生黏性，絞肉才會黏在一起不會散開。麵團是否好好攪拌是麵包成功的關鍵──拌得不夠，麵團不會產生彈性，發麵時氣泡撐不起來；拌得太久，反而斷筋失去彈性，變成軟塌一團，麵包就烤成扁塌不成形。無論攪拌工具是機器或手，無論食材內容是什麼，攪拌的方法在於持續，在於溫度，在於用湯匙或打蛋器劃過食材的方式，可能橢圓，可能劃8字，這些都會對食物造成影響。永遠都該留意正確的攪拌方式。

濕熱法／ Moist heat

烹煮食物的主要方法在藉由熱力，而濕熱法的定義在於烹煮溫度正好在水的沸點或低於沸點212°F（100°C）。燜燒、蒸與水波煮都屬濕熱法，堅硬肉塊需要長時間烹煮，軟嫩肉類需要快速調理，還有蔬菜都是濕熱法的應用範圍。而燜燒法用在肉質堅韌的羊肉和小牛肩肉，把食材放在湯水裡長時間燉煮，熬出結締組織，把肉煮到軟爛，不讓它們乾柴。而魚的料理方式可用蒸的或用水波煮。濕熱法可結合乾熱法成為一種烹調方式，就像燜燒，做法是先將肉過油上色，然後才放在燉湯裡燜燒。在烹飪學校，燜燒就是結合乾濕兩種方式的最佳例子。

攪拌融化／Mount

一面拌一面將油脂混入醬汁或備料中，通常醬汁以拌入奶油作為最後一道手續。（見乳化奶油 Beurre monté 對 monté au beurre 的說明）

滾刀／Oblique cut

這種刀工適合切長型蔬菜，最後出現的形狀會是不規則塊狀。例如，胡蘿蔔煮熟後若須隨盤端上一起食用，多半會切成滾刀塊，如此就有視覺上的複雜美感。滾刀塊的切法是將蔬菜先以對角斜切一刀，然後再滾到另一對角切一刀，然後再滾，以此類推。

用槳攪拌／Paddle

用攪拌器上的槳型攪拌棒混合麵糊或麵團。

拍壓式燒肉／Paillard

傳統上這道料理要用小牛肉或牛肉來做，部位可選牛里肌或內大腿肉，然後必須拍打成薄片再用火炙或網烤。但現在說到這個字已不限牛肉，可以指任何拍成薄片再燒烤的肉類。

半煎炸／Pan-fry

乾熱烹調法的一種，是深鍋油炸的另一版本，是以少油淺炸。半煎炸與煎在做法上並不相同，煎是指將食材放入薄薄一層油中烹調，而半煎炸用的油則要夠多，放到食材一半高才夠，但也不要多到蓋住食物。通常比較厚的食材才用到半煎炸，就像豬排，可確保食材表面在熱油中炸得香酥脆口。半煎炸時一定要提高警覺注意油溫，以免溫度太高引燃起煙（如果真的發生，趕快蓋住鍋子，再關火源，讓它冷卻）。

鐵扒烤肉／Pan grilling

這種烤肉需用到內附烤肉架的鑄鐵鍋，把肉放在燒得極燙的烤肉架

上，食材就會出現一道道網痕。這種烤鍋主要為了烤出誘人的網狀痕跡，與炭烤或木頭燒烤的風味無關。這種做法適合質地柔嫩只要略烤一下就好的食材，就像鮪魚或牛肉這種可以生食的東西才適合。

盤烤／ Pan-roast

這種料理技巧屬於乾熱法，多半用於餐廳，但也適用自家操作。用盤烤的食材多半是大塊的肉，像里肌肉或整隻整塊的食材。食材先在熱鍋裡過油上色，煎到表面焦香，然後連鍋一起放入熱烤箱，這樣的做法會比直接放入烤箱燒烤來得受熱均勻且速度快。

鍋燻／ Pan-smoke

如果你的抽油煙機功能不錯，也許可在自家廚房用煙燻鍋爐做個煙燻料理。煙燻鍋爐在許多廚具店都可買到，配上小小的烤盤和烤架就可以操作。自家鍋燻只適合不需要太多煙且燻後味道溫和的品項，如燻魚，在家燻培根就要考慮一下。煙燻其實是很強勁的烹調方法，如果豬肉烤好再煙燻，只要一點煙就能發揮很大作用。同樣地，因為火源直接（爐嘴直接加熱在木片或木屑上），燻鍋裡的溫度其實非常高，所以必須小心操作，若過猶不及，太多煙味和熱力一樣會毀了一盤好菜。

半蒸煮／ Pan-steam

蓋鍋半蒸煮是讓蔬菜快速熟成的方法。做法是先將鍋子燒熱，然後加入蔬菜，放入足可蒸熟蔬菜的水，再緊緊蓋上鍋子，燒一會兒就好。只有質地軟嫩、稍煮即可的蔬菜適用半蒸煮這種技巧，就像青嫩的四季豆或豌豆就很合適。半蒸煮時還可加入少量奶油讓蔬菜迅速沾上一層油亮。

紙包料理／ Papillote

en papillote 的意思是「用紙包住」，通常這張紙還只能用油面烘焙紙。

適用紙包料理的食材通常只有魚或其他細緻的肉類，用紙包起來後再送去蒸，目的是防止高溫傷害風味，所以若要添加風味則要事先包好，就像先將提香蔬菜、額外的香草、辛香料或甚至醃醬滷汁和食材一起包在紙內，有時也可先將食材煎過再封入紙袋裡。好處是這種烹調法基本上是無油料理（即使有時會放入調和奶油，但也只是增添香氣），所有味道封在紙裡，直到打開時香氣才撲鼻而來，這就是紙包料理上桌時戲劇性的一刻。比較麻煩的是掌握做好的時間，所以最好先按照食譜試做一遍，對於特別菜色的完成時間也好心理有個準備。紙包料理的食用方式也有講究 —— 為了讓客人享受到包裹裡瞬時騰升的香氣，紙包料理不是由侍者端上來擺盤再替你打開，就是擺上後讓客人自己打開。在這樣的情況下，盤上所有備料都應該全部準備好，不可上桌後還有配菜沒送來。

過水／ Parboil

先將水果蔬菜等食材在滾燙的水裡事先燙過，然後用水冰鎮，之後再全部煮熟。理由是事先將食材燙過可讓現點現做的料理操作簡單省時間。是一種預煮程序，就像有人做菜前會先將培根或雞皮裡的油逼出來的道理一樣。

預煮／ Parcook

先將食物預煮，目的是讓最後料理程序快速簡單。

農家菜／ Peasant style

當「農家」應用在食物上時，食材質地不是十分簡單就具有粗獷的味道。有人認為農家菜與質樸原味有關，有人則認為農家菜就是無可救藥的粗食，甚至有些上不了檯面的味道，還有人覺得農家菜必定製作隨便，應該能免就免。如果真的要用，最好改用「鄉村風」來形容你的菜色。

削皮／Peel

這好像已成定理，不管眼前料理的準備工作千百種，要使食物達到色香味俱全，水果蔬菜的皮就一定非削去不可。這件事在餐廳廚房司空見慣，但在家庭廚房就可不用講究。水果皮又韌又硬又沒味道，蔬菜的皮即使有營養，但通常很髒，所以在家做菜時請自己判斷，如果決定不將水果蔬菜去皮，請問問自己是否能忍受菜色較不美，口感較不佳。如果蔬菜水果要生食，則要注意衛生問題，但也不要小題大做，只要清洗乾淨蔬果，減少潛在的細菌感染，即使去皮的蔬果也要做到這番功夫（去皮的動作一樣會在果肉上留下細菌）。

重石，烘培石／Pie weights

盲烤派皮或塔皮時（也就是不填內餡，烤出派皮塔皮形狀叫做盲烤），為了要維持派皮形狀而特別製作的重石，使用十分方便，但是使用乾燥豆子，效果也一樣好，做法是在派皮上墊張錫箔紙或烘焙紙，再倒入豆子就行了。

板烤／Planks

食物放在木板上烤，食物就會帶著煙燻的木頭香氣，鮭魚就常常放在杉木板上燒烤。這是美國原住民的傳統美食，流行於美國西北太平洋沿岸。以前的做法是將魚釘在木板上，然後抓著木頭靠近火上燒。雖然這是很好的料理技巧，但要小心美食專賣店也會出現虛有其表的假杉木。

打水／Plump, plumping

乾燥的食材會加水使其還原，而打水就是上述「再水合」過程的通俗用詞。就像使用乾燥水果時也會用液體浸泡還原，只是會用酒或其他有味道的液體取代水。

水波煮／Poach

屬於「濕熱」烹調法（蒸煮法），食材放進湯汁用低於沸點212°F（100°C）的溫度慢燙，這是最溫和且火力最均勻的方法。水波煮不是用滾水燙，滾動的沸水會激起很多水泡傷害細緻食物，同時太高的溫度也會讓食物裡的水分蒸發，讓食物變柴，所以溫度最好控制在160°F到180°F（71°C到82°C）之間。水波煮分成「水波深煮」（deep-poach）和「水波淺煮」（shallow-poach）兩種類型。水波淺煮的技巧多半用在煮魚，將魚放在湯汁中燉燒，最後魚成為主菜，而剩下的少許湯汁會收成醬汁澆在菜餚上一起享用。而水波深煮中的海鮮料湯（court bouillon）只是做烹煮介質，當主菜吸收了湯中調香料、酸味及調味料的味道後，最後湯汁會棄之不用，這就是水波淺煮與水波深煮的差別。

悶燒，奶油焗燒／Poêlé

先在鍋中墊上調味蔬菜，放入食材，加上奶油，蓋上鍋蓋，慢慢焗出食材原汁，再利用原汁慢烤食材，這就是poêlé，有時也稱為奶油焗燒或奶油爐烤。

保存，醃漬／Preserve, preserved

用鹽或其他可轉換蛋白質的技巧（如煮過再乾燥）保存食物的方式，又稱醃漬。古早年代，醃漬食物攸關一族人的生命健康，但在今日，冷藏冰凍隨處可見，食物也不虞匱乏，醃漬食物就不再性命攸關了。但是我們仍然會醃漬食物，因為這些保存食物的技巧，不經千年也有百年之久，成果更在食物的美味。因為醃漬，造就了培根和火腿、薩拉米義式香腸、德國酸菜、韓國泡菜、煙燻鮭魚和油封鴨。實際上，烹煮就是保存食物的一種形式，料理過程殺死了造成食物腐敗的微生物，就連肉糜派也可視為加工食物，可謂食品商的特殊技法。無論豬肉或檸檬，只要是醃漬食物的技巧都該視為廚師的必備功夫。

R

大分切肉／ Primal cuts

切割出的主要肉塊，例如肩膀、肋排、脊骨肉、腿部，切出大塊肉後再分切成小塊的肉，就是「次分切肉」(subprimal cuts)。

加工處理／ Processed

所謂加工，現已成為模糊的語詞。可形容被農產公司過度加工的不良食物，像是添加過度的鹽、糖、防腐劑等，這些加工食品應該能免就免。但是食材若用食物處理機絞成菜泥時，也可說是一種加工形式。甚至加工食品其實就是醃漬食品，如培根或煙燻鮭魚。

發麵／ Proof

這個詞顯然衍生自「證明」(prove)，是麵包師傅放入的酵母菌活著的證明，所謂「發」(proof)是動詞，是麵團膨大的進行狀態，通常麵團揉揉塑形後，最後階段就是發麵。

濃縮／ Reduce, reduction

混合物以小火慢燉慢慢減少水量，如此湯汁風味就更集中，濃度也更稠。湯、醬、酒、醋需要濃縮的因素都為此。風味經過集中強化的液體稱為濃縮液。高湯醬汁在濃縮時，最好把鍋子一半拉離火源，如此，蛋白質和雜質會跑到鍋內溫度低的一邊，撈去浮沫就比較容易。請小心勿將肉底醬汁過份濃縮，煮到太稠的肉醬會變得黏黏的。萬一你還是把醬汁煮到過稠，請記得加水稀釋，而不是加高湯（因為水才是被煮掉的物質）。濃縮酒和醋的過程要極慢，不是把水分煮掉，而是以一種加快蒸發速度的溫度加熱，保持酒或醋的風味，液體也不會黏在鍋邊，燒焦了只讓濃縮液增加苦味。

回味，冰鎮／ Refresh

1. 在走味的菜餚或醬汁中加入新鮮食材回復原來的鮮味。例如以高湯

為底的醬汁走味了，只要再加入一些高湯和新鮮香草就能提鮮。2. 有些食譜將此字當成「冰鎮」的同義詞。所謂冰鎮是將煮熟的食物隔水降溫，以免繼續熟化。如此用法並不合理，請避免將此字當成冰鎮用，要說冰鎮就用 shock，這才是正確說法。

再水合，泡水復原／ Rehydrate

將乾燥食材放入液體中膨脹復原，通常泡開的速度越慢，食材狀況越好，尤其是豆類。乾燥水果則多用酒泡開，且常用到脹開（plumped）這個字。有些食材浸泡剩下的水分是很好的增味材料，最知名的應是泡乾香菇的水（請先用棉布或咖啡濾紙過濾後再使用）。

二次高湯／ Remouillage

為了物盡其用，使用已經在一次高湯中熬過的大骨再次熬製做成的高湯，通常是餐廳廚房才會準備的材料。當然，高湯味道已較淡，也多把這高湯加入一次高湯中濃縮。

熬油／ Render

小火將動物的固態油脂熬成液體，這個技巧多半用在熬豬油和鴨油。熬油時，要先放一湯匙水在鍋中，然後把板油放入，用小火慢熬，或是放入烤箱用低溫烤到所有油都逼出來、裡面的水分也全部蒸發。通常油塊切得越小（切成碎塊的最好），熬出的油越多越乾淨，過濾之後放涼即可。熬油的火力要越溫和越好，如果熬到一半水蒸發了，導致鍋內溫度太熱，豬油煮過頭黃掉，聞來就有烤味，到最後豬油不是焦掉就是帶苦味。熬出的油是重要的料理材料，例如油封就是將堅硬的肉放在油裡慢慢泡煮。熬出來的油煎炒也好，半煎炸或深炸都好。熬出的豬油（豬板油）在糕點製作上用處很多，最常見的就是用來起酥。

R

靜置／Rest

將食物拿出後先放一段時間，等稍微涼了才切開端上桌享用，多用於肉類。將煮熟的肉先放一下是很重要的，因為在靜置過程中溫度可達一致，肉汁也均勻散布到整塊肉（見**餘溫續煮** Carryover cooking）。有些大廚建議食物靜置的時間應與烹煮時間相同，但這只適用於某些小塊品項，但對於……就說雞吧，就需考慮，但靜置的重要性的確與烹煮的重要性相當，且肉塊越大越重要，越需要靜置久一些。但也有少數例外，就如魚不可放，多放只會讓汁液乾掉。麵包和義大利麵團就需要放一下，好讓麵筋鬆弛，麵團才容易塑形。義大利麵團通常放在冰箱靜置降溫，一方面可讓麵筋鬆弛，一方面也使酥皮結實。

冷藏發酵／Retard

糕點師傅的行話，是指降低麵團酵母菌的活動力，延緩發酵及發味時間，有專為冷藏發酵製作的機器，具有封閉、溫控、保冷功能，通常麵團就放在冷藏發酵機中完成[9]。

絲帶狀／Ribbon

用來描述蛋液濃稠度的詞彙，如做 sabayon 醬或做檸檬凝乳時，會將蛋液一面隔水加熱，一面攪打到熟。在攪打蛋黃和其他配料的過程中會打入空氣，蛋液就會越變越稠，慢慢從打蛋器上滑下一道絲帶狀蛋液。

發／Rise

指發麵，是麵團中的酵母得到食物後放出氣體，使麵團發酵具有風味。

燒烤／Roast

屬於料理方法中的「乾熱法」，食材多半沒有遮蓋放在溫度很高的烤箱中燒烤（食材不加蓋的目的是避免變成用蒸的），烤到鮮肉焦褐，蔬菜烤出焦糖，最後就是燒烤香氣彌漫、風味濃郁複雜的好菜。這種技巧多半用

R

在大塊肉或是全雞全鴨等禽類。

鹽醃法／Salt cured

見**醃漬**Cure（幾乎所有醃漬都與鹽有關）。

煎炒／Sauté

一種「乾熱」烹調法，原意是法文的「跳躍」，用在處理軟嫩的肉塊和其他不需事前軟化的蔬菜，加少量的油，一支平底鍋就能完成。煎炒需要高溫才能完成，鍋中食材外層會帶著一股香氣。食材不同，煎炒也有不同程度。例如鴨胸就要用小火慢煎把皮裡的油慢慢逼出來。在油及食材還沒有加入鍋子之前，就要將鍋子燒到適當的溫度，預熱鍋子也是煎炒的重要部分，就如挑選適當鍋具一樣重要，鍋子太大，食物會燒到乾柴或焦黑，太小的鍋子，食材擠在一堆，水分冒出太多就變成蒸的，而不會褐變。煎炒的技巧還包括過油上色，也就是利用鍋底使食物焦香的技法，褐變的食物蛋白質及糖類可洗鍋底後收汁，增加鍋中醬汁的風味。

秤重／Scale

幫食物食材秤重，例如，做法國麵包時，將麵團分成每份10盎司重，這時就需要秤重。

刮肉／Seam

或說剔骨，挖下肌肉與肌肉之間的結締組織，魚就適用這種技巧，讓最後盛盤的菜色精美細緻，鮪魚肉挖下後可做韃靼魚醬，或將羊腿分成各肌肉組成。

過油上色／Sear

用高溫將蛋白質煎到表面變色，質地焦脆，風味也更複雜（通常此處的蛋

白質是指肉，有時魚和貝類也適用）。過油上色的目的並不是「封住肉汁」，馬基早在1980年代就揭穿這項謠言（事實上，高溫反將肉汁逼出肉塊），過油的目的是讓肉中蛋白質在高溫作用下產生複雜風味，食材不但較好看，也與柔軟的食物內層形成口感上的對比。可將肉事先過油處理好，立刻冷卻，等要吃時再放進烤箱完成後續步驟（例如，當爐台空間要挪給另道現點現做的菜色時，如此操作就很方便，但須注意需將過好油的肉放回常溫才可接續後續步驟）。烹煮手法不乏溫度對蛋白質的影響，而過油可説是其中最神奇的應用手段了。

調味／Season

給予菜餚風味就是調味，而我們總用鹽來調味，所以這個字的意思也表示加鹽。當然調味也可用其他調味料增添食材風味，普通如新鮮現磨的黑胡椒或醋，也有不常用的，如灑上茴香粉或橘皮粉。

養鍋／Season（pans）

保養鐵鍋就要養鍋，基本上就是用一層油覆蓋鍋子多孔的表面，加熱，再讓它冷卻。鍋子只要養得好，鍋面幾乎不會沾黏。養鍋的程序為：先倒入油，需達鍋子2.5公分高，加熱燒到快要起煙的程度，立刻關火，油完全冷卻後才可倒掉（如果鍋內的油還沒有起煙，其實可以再次利用），接著用餐巾紙將鍋子抹乾淨。養鍋要維持，絕對不可以用清潔劑洗鍋，只可用水，有時可用鹽當成磨砂磨去髒污。無論出自何種因素，鍋子一直養不好，這時請用鋼刷球裡裡外外好好將鍋子刷一遍，讓鍋子完全乾淨後，再重新養鍋。

乾／Sec

法文的「乾」，乾醃香腸就會出現這個字，通常也與濃縮有關，特別是湯汁要快煮乾時，好比用紅酒煮紅蔥頭和香草，就要煮到乾，也就是鍋裡沒有滾來跑去的湯汁，但紅蔥頭和香草仍然要保持濕潤。

水波淺煮／ Shallow poach

一種濕熱烹煮法，用少量的液體烹煮食物，通常用在肉質較瘦的魚肉，現點現做。水波淺煮的標準程序如下：先選一個與食材差不多大的平底鍋，加入適當的液體（煮汁通常包括高湯、提香蔬菜、酸性食材），份量大約要到食材的一半高度，多半蓋上蓋子燉煮，所以暴露在水面上的食材也可藉著鍋內水氣煮熟。水波淺煮的另一特色是煮汁（cuisson）要加上調味、香草、提香蔬菜（不加也行）、融化的奶油，濃縮成醬汁，搭配主菜一起食用。

冰鎮／ Shock

食材放入冰水中不讓它繼續熟成，就像綠色蔬菜通常在鹽水汆燙後，就會立刻放入冰水中冰鎮。

起酥／ Shorten, shortening

在麵粉與水形成的麵團中，若其中蛋白質麵筋結成長鏈，則使麵團具有彈性，這樣的麵團烘焙後會有嚼勁，而起酥作用卻讓麵筋無法結成長鏈。將油放入水麵混合物中，油脂會「縮短」（short）使麵團柔軟的長鏈（法國長棍麵包缺乏軟Q有勁的口感，就以「酥脆」形容）。直到最近氫化蔬菜油成為最流行的起酥油，但用這種油就必須考慮反式脂肪的問題，蔬菜油經過某些程序後可在室溫下變成固態，而反式脂肪就是在這些程序中製作出的油脂。如果要買蔬菜做的起酥油，請選擇不具反式脂肪的品項。而奶油是做完美起酥的上好油，從豬背油熬出的豬油也是很好的起酥油，特別適合用在酥皮鹹點上。

撈浮沫／ Skim

湯汁液體的表面浮有雜質，而除去雜質的動作就叫撈浮沫，這是確保高湯醬汁風味乾淨的關鍵步驟，絕對必要。撈浮沫的動作要盡早做，最好在湯快要滾開還在冒小泡時就要開始撈，當湯還沒煮到味時，血水和蛋

白質就會凝結，和不要的雜質一起浮上湯面，還有烹煮再次精練的醬汁時，也需要不斷撈浮沫。撈浮沫最有效的工具是湯勺，先打圓圈將油脂和浮沫從中心趕到鍋邊，當集中在鍋邊時，浮沫就很容易撈掉。

煙燻／ Smoke, smoking

目的在讓食物多沾上一層香氣和顏色，就像馬基所寫的，燒木頭引燃的煙可做調味使用，因為其中某些成分與香料中的成分一樣。煙燻分為幾個不同類別，主要的分別還是在溫度。最常見的煙燻形式是醃漬食物的煙燻，就像煙燻培根、煙燻火腿或香腸，做法是將食物在溫度150°F到200°F（66°C到93°C）間的煙中慢燒，稱作「熱醺法」（hot smoking）。另一種為「冷燻法」（cold smoking），用在不想讓食物染有煙味時，就像鮭魚或乳酪這類食物，冷燻是指食物在低於90°F（32°C）的溫度下煙燻（溫度越低約好）。如果煙燻的溫度高於300°F（149°C），則是「燻烤法」（smoke raosting）。煙燻可以在廚房自做，但需要在爐台上燒一會兒時間（煙燻爐現在到處都買得到；如果想在自家爐上煙燻食物，最好家裡的通風設備要好）。煙燻的木材可選胡桃木和楓木這種質地較硬的木頭，用果樹也很好，如蘋果樹枝就是最好的煙燻材料（請勿用松木或其他質材軟的木頭，燒起來的煙帶著刺激樹脂味），或者就用茶來燻。煙燻是各種食材都適用的增香手段，用在魚、肉、乳製品、蔬菜或堅果上都很好，聰明使用就有好效果。

發煙點／ Smoke point

油開始冒煙燃燒的溫度。蔬菜油的發煙點大概在450°F（232°C），而動物油脂的發煙點在375°F（191°C）左右。（請參考麥基的書）。

燻烤／ Smoke roast

屬於乾熱烹調法，結合了高溫與煙燻，食物一面烤，一面燻，就將香味燻到肉裡。燻烤須在煙燻爐內達到300°F（149°C）的溫度或更高。這

S

項技術可在爐台上完成（用爐台適用的燻烤爐及好的通風設備），也可以使用傳統的燻烤爐，或用BBQ的烤爐燻烤。

軟球狀態／ Soft ball stage

煮糖的特殊溫度，將糖煮到大約240°F（116°C），立刻降溫，糖漿濃度會變成固體但有延展性。這樣的糖可用來做法奇軟糖（fudge）、岩漿內餡、帕林內果仁糖（praliné）、義式蛋白霜和奶油霜。

軟脆狀態／ Soft crack stage

煮糖的特定溫度，大約在280°F（138°C）左右，煮到軟脆狀態的糖可用來做太妃糖或其他有咬勁的糖。

真空烹調法／ Sous vide

法文是「在真空之下」的意思，也就是「以真空狀態密封在塑膠小袋中」，而食物就放在塑膠小袋中預備或烹煮。真空烹調法允許食物在極低的溫度下烹調，完成其他烹調法做不到的食物質地。在忙碌的餐廳廚房中，真空烹調法提供了一扇方便門，使食物精確地達到所需熟度，且可保存很長一段時間，無須擔心變質。但真空烹調法也有缺點，因為烹調的溫度很低，食物不帶過油或焦糖化的香氣，也沒有酥脆或不同層次的口感，但最後的關鍵還是在於廚師如何操作真空烹調。但對於廚師來說，這種烹飪法可能十分半淡，既沒有香氣，也沒有烹煮時熱鬧的聲音。但在餐廳裡，真空烹調法的說法兩極，一說是時尚潮流，一說此法具有爭議。原因之一在於安全考量，封存在塑膠袋中的食物長期處於厭氧低溫的環境令人疑慮，其他因素則在於烹調工藝，認為真空烹調法貶抑了烹飪工藝技術。

中種發酵法，廚用海綿／ Sponge

1.「中種發酵」是製作麵包時發酵麵團的一種方法，是二次發酵，先將

麵粉、水和全部酵母菌拌合在一起，讓麵團發酵數小時，之後再將發酵好的中種麵團（sponge）加入其他材料再次發酵。這技術可讓發酵時間增長，香味也就更濃。2. 廚房中，廚用海綿是細菌最多的東西，需要定期消毒，方法可用消毒水或用沸水煮開，不然就將濕海綿放入微波爐加熱，一下就全乾淨了。

標準沾粉程序／Standard breading procedure
見**裏粉** Breading。

蒸／Steam
屬於濕熱法，通常較溫和，火候一致，技術上也不會像其他高溫烹調法對食材造成衝擊，反而是較能保持自身原味的方法。蒸通常適用柔軟的肉塊或蔬菜，例如蒸魚就是常見的料理。

燉煮／Stew
屬於「濕熱」烹調法，用來烹調較硬的肉塊，但與燜燒法（braise）有些許不同。首先燉煮的食物需切成小塊，湯水要放得多，最後各式食材與湯料要一起上桌食用。其他操作方法則與燜燒法相同，小火慢煮，湯汁的最佳溫度不超過180°F（82°C），別讓湯汁煮到大滾（見**燜燒法** Braise）。燉煮就像燜燒，必須先將肉塊過油煎到有風味時再放入湯水裡煮，但也不一定總是如此，就像紅酒燉牛肉這道菜，肉塊就得先汆燙撈去雜質後再去燉。

快炒／Stir-fry
一種乾熱烹調法，特色是火力要高，炒的時間要短，通常適用於柔軟的肉和蔬菜。傳統的拌炒需用到中式炒鍋，且大多數的家庭廚房都無法達到快炒需要的火力，所以在家炒菜的風味多半很難達到專業炒具炒出來的風味。但你可用一個材質非常厚的平底鍋試試看，將火力開

S

到非常非常大，再加入料理油，食材少量多次地放，不要讓鍋子溫度一下降太多，如此做出的味道説不定很接近。

T

次分切肉／ Subprimal

將大分切肉（primal cut）切成較小的肉塊。大分切肉是初次切成的大塊肉，如動物的背脊或後腿部，而次分切就是將背脊肉再次切出細部，如腰肉和腰內肉。

出水／ Sweat

將蔬菜或魚骨用小火慢炒，炒到水分釋出卻不起褐變。蔬菜是我們最常用來出水的食材，如洋蔥，因為慢炒出水可以炒出香氣，卻不會炒出深色或強烈的焦糖香。要做高湯的肉和骨頭會送去烤，但如果在烤盤中放得太擠，就不會適當褐變，反而造成出水。

溫度調節／ Temper

1. 溫度調節的意義在於避免或防止溫度劇烈變化，最常見的例子就如蛋液的控溫調節。如果我們要將蛋與熱水混合，剛開始先將少量的熱水加入蛋裡，然後將蛋液倒回熱水使兩邊溫度平均，這樣的過程可以防止蛋液凝結。還有當我們從冰箱拿出鵝肝醬時，也需要溫度調節，讓鵝肝醬的溫度高一些，鵝乾變軟後去血管也比較容易。2. 調溫也是巧克力的製作程序，重複讓巧克力的溫度和緩上升再冷卻，如此當巧克力變成固態時，不但光澤閃耀，且有爽脆口感；而調溫失敗的巧克力最後會有粗渣子似的口感，還沾著一層石灰色白粉。調溫過的巧克力可用於正式備料，就如可替草莓裹上巧克力外衣，或做四喜小糕點（petit fours）、糖果、或蛋糕的外層塗料。

使肉軟化／ Tenderize（meat）

除了少數例外，使肉軟化的方法通常有兩種：一是機械式方法（用切的、

S
T

絞的、槌的），二是用濕熱法烹調。醃肉的程序並不會使肉軟化（但有些水果具有酵素可分解魚的蛋白質）。以刀工進行的肉質軟化程序基本上是破壞膠原蛋白長鏈；膠原蛋白由結締組織構成，具有堅韌的長鏈結構。破壞之後加入湯水烹煮，使膠原蛋白融化，同時也使肉中的蛋白質凝結變性。

稠化／ Thicken

見勾芡 Slury 及油糊 Roux，是我們常用來稠化湯汁的濃稠劑。當醬汁收汁時，也可以放入蔬菜泥、水果、堅果、麵包、蛋、香草等食材使醬汁濃稠。

時間／ Time

時間是重要大事，在廚房裡必須好好安排，不只是烹調時間的調配，更是利用時間的方式。無論要做什麼事，在廚房裡一分一秒都不可以浪費，也就是說，如果只有一小時，無論有五件事還是二十件事待完成，一小時全都要利用到。在這些時限中，我們不常想起時間壓力，而是關注時間用盡時的對應方式，這對於享受烹調樂趣及自在心情造成重大影響。一般而言，在最後時間如果完成度越好，你越有進步的可能。

　必須再次重申，只會看表操課，依照時間確定食物是否完成的廚師，無疑將自己逼入危險之地。若有人問：「這東西該煮多久？」永遠只要回答：「看情形！」當然也有標準作業時間，食譜上寫著 pilaf 燴炒飯需要 20 分鐘，但這是所能接受的最大計量（我們燙熟蝦子也不過幾分鐘，而不是小時計算）。但還是要靠自己的眼睛、觸感、味覺，及食物散發的香味及聲音，決定食物何時完成。

橢圓形果雕／ Tourner

將蔬菜切成橢圓球狀，通常像顆七面橄欖球。切出橢圓球的旋轉刀工

（Tourneéing）需要時間練習，而且要切成這種形狀比直截了當的刀工來得浪費。如果你先將蔬菜削皮，切下的廢料還有很多用途。市面上可買到特別設計的彎刀（tourné knives），如果以為有了它就可以把蔬菜切得漂亮，那可大錯特錯，只有勤加練習才可辦到。切成橢圓球狀的蔬果看來十分高雅，可用於細緻的菜色。

脱模／Unmold

從模具中將食材取出。當模具裡的東西被脂肪或膠質黏住時，最好將模具放在熱水裡，隔水加熱就容易將食物取出。

隔水加熱／Water bath

要做乳化奶油醬汁、卡士達、法式陶罐派，都需要溫和烹煮，這時可將烹煮容器放在熱水裡或熱水上隔水加熱，並確保水溫溫和，不可高於212˚F（100˚C）。而冷水浴用來迅速冷卻食物，無論是冷卻鍋中的湯汁還是冰鎮綠色蔬菜，都適用冷水浴。而冷水浴的另一項功能在使食物保持幾乎冷凍的低溫。冷水浴中至少應有50%的冰，不該只有一層冰浮在水的表面，也不該冰明顯比水多。

秤重／Weigh, weight

指食物或固態食材用重量計算，是最有效的測量方法（相較於用容量計算的方式）。而且就算對象是液體，如蜂蜜、鮮奶油、油等，即使相同的體積，重量也會不同（見測量 Measure）。

全熟／Well-done

描述肉類全熟狀態的溫度，一般多認為肉類溫度應該到達150˚F（66˚C）或更高才算全熟（必須註明燜燒肉類的熟成不在於是否達到全熟溫度，而是肉還在軟嫩狀態時就已經熟了）。（見肉類生熟溫度 Meat temperatures）

U

W

攪打／Whip, Whish

廚師可用手或食物攪拌器中的攪打配件來攪打食物，但絕對不是只將
食材混合如此簡單，攪打也是一種乳化、發泡的手段，也創造了厚度。

包裹食物，食物包材／Wrap, wrapper

一種料裡技巧。可用可食性的食材包裹食物，如萵苣葉、葡萄葉、玉
米餅、海藻、米紙、餛飩皮都是很好的包材。這是一種吸引人又美味
的享用食物方式，也是高明的食物包材技巧。包材也有不可食的，如
烘焙紙、香蕉葉，這類食物比較適合用蒸的方式烹調。

W

Part 5

Flavor & Texture

風味 & 口感

A

酸／Acid

調味工具裡，酸的力量僅次於鹽，通常以醋和檸檬的形式出現（但經常也可是其他果汁），加在菜餚中可增添清爽香氣也可平衡口味。它對食物的作用極廣（蘋果和朝鮮薊切開後，加點酸就可延緩氧化，也可使綠色植物變成褐色，烹煮紫色高麗菜時，酸也可使顏色加深固定）。它也廣泛應用在料理中，不管是蛋、豆類到其他蔬菜，廚師主要用酸來增添風味，只要少許，若隱若現甚至無需嘗到酸味，都具有效果。在做湯、醬汁或燉菜時，評估調整酸度的原則須出於調味的適當性（菜餚的甜味或鹹度也是一樣），而酸味只是調味的一環。酸是油醋醬中不可或缺的成分，也是最多用途的醬汁，無論是淋在沙拉上，或做成西班牙醋醃冷盤（spanish escabeche）都需用到油醋。廚房中，用酸的功夫可說是最重要的技巧。

彈牙／Al dente

形容食物有咬勁，通常指義大利麵或義式燉飯，但也是形容蔬菜的重要詞彙。「蔬菜煮得彈牙」是蔬菜咬起來有口感又有嚼勁。有些人偏好彈牙的蔬菜，而菜要煮到彈牙，絕不能過熟，全熟的蔬菜就不會有口感和嚼勁了。

香味／Aroma

重要的味覺成分，所以完成的菜是否香味撲鼻是料理非常重要的部分。香味也是做菜的某種工具和方式，更精確地說，使用你的嗅覺，感覺廚房內的香氣，也是料理的一部分。如果你正在烤大骨煮高湯，烤大骨的時間應該長到足以烤出有深度且豐富的香味，當你聞到烤雞或小牛骨架的完美香味時，料理就完成了。久而久之，你會開始分辨一些微妙的特殊香氣，無論是烤餅乾、烘堅果，還是烤一隻鳥，當菜完成，請判別它是否瀰漫特殊香氣，而香氣是否持久，你的嗅覺會幫助你成為更好的廚師。香氣也是快樂泉源，無法忽視只能正視它，享受它——享受裹了粉的肉在熱油裡冒出的焦香，享受排骨在燜燒數小時後的濃香。

提香蔬菜，提香料／ Aromatics（aromats）

廚房多簡稱為aromats（有時本書也會這樣稱呼）。提香料指的是有香味的
蔬菜和香草，如洋蔥、胡蘿蔔、芹菜（見調味蔬菜 Mirepoix），或像百里
香、巴西里、月桂葉、大蒜、胡椒粒（見香料袋 Sachet d'épices），也可是
檸檬草、薑，或是東方料理會用到的蔥。也許提香料還包括所有加在高
湯濃湯中可提香的材料（但並不是所有食材都有香味，也不該當作提香料，如甜
椒、蕪菁、節瓜都不是提香料）。我們只取提香蔬菜的甜味及香氣，一旦風
味散盡，這些提香蔬菜在做完料理後通常會拿掉丟棄。大量使用提香蔬
菜，菜餚的成果絕對不同，此事不言可喻，有它們在，才無損高湯與湯
品的美名；也讓普通的油煎蘑菇化腐朽為神奇，油煎蘑菇時，在滾燙的
油鍋中加上幾株百里香和幾瓣大蒜，你立刻會嘗到提香蔬菜的魔力。

月桂葉／ Bay leaf

地中海月桂葉是多用途的提香料，是高湯及燉湯調味的標準用料，也
是香料袋的標準成員（小布包裡裝著各種香料），食物學家馬基認為月桂充
滿「木質、花香、尤佳利和丁香」的味道，可增添風味的深度。而加州
山月桂（California bat）則是不同的植物，味道比月桂明顯而強烈，嘗來
也辛辣，甚至有點澀，通常買得到的加州月桂都是新鮮葉子，而月桂
葉則是新鮮的或乾貨都可以買到。同樣地，新鮮的月桂葉比乾燥的葉
子味道強烈。請注意它們的顏色（應該是深色而不是灰暗淡去的顏色），也要
注意香味 —— 一如所有香草和辛香料，時間一久，月桂的香味就淡了。

血／ Blood

血水可以是損害也可以是有用之物。在高湯或燉湯裡，血水變成要撈
掉的浮渣。通常在烹煮過程中，血水很快凝結浮到表面，但到了快煮
好時，血水可加在醬汁裡，一方面使湯汁濃稠也可增加風味（此法通常
用在煮禽鳥野味時，而燉野味的燉湯多是用血稠化的湯）。血是某些香腸的主要
材料，這種特殊的香腸十分細緻，質地像是卡士達醬，有著豐富濃郁

C
D

的風味，這種香腸叫做血腸。

香草束／ Bouquet garni

用廚用棉繩綁成一綑的提香蔬菜，就像香料袋，在貢獻香味之後，可方便從料理中拿掉。香草束通常包括巴西里、百里香、月桂葉、韭菜、芹菜和其他提香蔬菜。

芹菜根／ Celeriac

西芹的根，這種根莖類蔬菜是上好的提香料，通常磨成菜泥後就像馬鈴薯 —— 或是混著馬鈴薯一起食用。也可用烤的，用沸水或水波煮，甚或放在湯裡，風味絕佳。還可作為高湯或清湯的提香料，也是芳香撲鼻。

生的／ Cru

沒煮過的或未熟的。法式生火腿（jambon cru）就是沒有煮過的醃肉。cru 這個字真是有用的法文，比起沒煮過的（uncooked）或是沒熟的（raw），此字用來高雅許多。

膨鬆香Q的孔洞／ Crumb

烘焙者用此字形容麵包或蛋糕內部的口感。當麵包的內部充滿空氣，擁有一致圓形氣孔，泛出新鮮芬芳氣味，這就是有香Q澎鬆的孔洞。蛋糕也可用這個字形容，可說有細緻的孔洞、粗糙的孔洞、乾燥的孔洞。

乾燥香草及辛香料／ Dried herbs and spices

新鮮香草總喜歡拿來乾燥，是食物儲藏室裡不可或缺的品項，尤其對湯、燉湯和其他需要烹煮一段時間才會汁液充滿、釋放風味的備菜而言，乾燥香草的調味最到位（乾燥香草的味道向來被認為與新鮮香草釋放的味道不同）。有人說乾燥香草在一開始才有味道，居家廚房放的乾燥香草多半已聞來平淡無味，只淪落在香料架上年復一年待著。如果要買

一些不常使用的乾燥香草辛香料，聰明的方法是盡量買小包裝，如此就不容易走味。使用時，如果不確定上次何時用，放了多久，請記得看看狀況，聞聞香氣，嘗嘗味道，評斷一下新鮮度。乾燥香草和辛香料應該風味鮮明，而不是悶陳、走味、病厭厭，應該有一個鮮明的香味，如果聞不出來，吃起來也可能沒味了。請嘗嘗辛香料的味道 —— 如果已經沒有風味，就是到了該買新貨的時候了。

綜合香料／ Fines herbs

把義大利巴西里與龍蒿菜、山蘿蔔和蝦夷蔥以同等份量混在一起的香草束。龍蒿和山蘿蔔是屬於大茴香的香草，加上後味帶苦的巴西里和甜味似洋蔥的蝦夷蔥，無論加入哪道料理，由蛋到肉，從魚到醬汁，綜合香料都是高雅香氣的來源。香草容易種植，是廚房的絕佳支柱。

風味／ Flavor

這無疑是料理元素中最重要的關鍵，其他的料理元素還包括廚藝、熟度、調味、口感及擺盤，但這些元素最終都為了支持味道而存在。到頭來，食物好不好吃還是最重要的事。

乳酸／ Lactic acid

因為細菌發酵而存在於乳製品、麵團及肉類產品的酸，如優格、酸麵包、義式臘腸、泡菜或其他醃漬醬菜，可使食物產生獨特的酸香味，並保存食物。

味精／ Monosodium glutamate, MSG

較為人所知的名字是 MSG，成分是某種麩氨基酸，一種會產生「酯味」的胺基酸，而酯味是一種有深度的鮮味和高湯味。研究報告顯示，如果味精的原料是海藻，其實吃多了也沒有害處。雖然聰明使用味精可增添菜餚鮮味，但主廚們還是希望改用其他可達到同樣效果的食物，

包括魚湯、帕瑪森乳酪、香菇和番茄，這些食物富含麩氨酸、麩氨酸鹽及其他胺基酸，可增加食物鮮味。（見酯味 Umami）。

香草株／ Pluche

指整株帶著一點莖的香草束，多用在最後盤飾時畫龍點睛（比如放一株山蘿蔔）。

加點鹽和胡椒嘗一下，直到夠／ Salt and pepper to taste

見味覺 Taste。

適量的鹽／ Salt to taste

見試味道 To taste。

感覺／ Sense, senses

在廚房中感覺是最重要的工具，全神貫注，小心注意，看到的、聽到的、嘗到的、摸到的、聞到的，全都要記在心裡。仔細聽食物發出的聲音，烹煮各種不同食物時，聲音就像在唱歌。注意廚房彌漫的香氣、氣味的細微變化，有新鮮的味道、腐敗的臭味，不同熟度的食物氣味不同，還有燒焦的味道。還要注意食物的質地和彈性；沒熟的肉與過熟的肉感覺如何？麵團和還沒熟的番茄又如何？肉的顏色太白了嗎？沒煎好？還是煎得太焦？變得又黑又苦？醬汁濃縮好好還是焦化好？濃縮奶油時，奶泡要多大才好？在在都是廚房中的各項感覺，身為好廚師就該感覺得到。

聞味道／ Smell

做菜與用餐時最重要的感覺。除了極少數的例外，食物都需要香氣刺激，也是你燒好菜的第一個訊號。

T
U

味覺／ Taste

做菜時最重要的感覺，甚至可說整個料理生涯都與味覺習習相關。菜餚滋味更是廚師最重要的表現，廚房裡有句經典名言：「做菜首重味道。」可見料理過程一試再試食物味道有多重要。

質地，口感／ Texture

是料理做得成不成功的關鍵，在某些料理中，菜餚口感的因素甚至與味道一般重要，如卡士達、奶油湯、香煎鵝肝。

試味道／ To taste

很多食譜都指示「加點味道試一下」，此時多指在菜裡加點鹽和胡椒再試試味道。誠如所言，放在盤裡的東西各色各樣，要如何建議一個精準的調味，到最後，食譜只落得不切實際的壞名。所以倒不如靠廚師自己試味道，看看到底「調味食材」是否加得夠多。加一點，試試看，想一下，是不是還需要更多的鹽？是甜味不夠，還是酸氣不足？要多加點提香蔬菜？還是要多加一點有脂味的食材（如帕瑪森乾酪或魚露），以增加風味深度？要小心乾辣椒這種味道強烈的食材，因為影響太大，最好一面放，一面嘗嘗味道。總之，「做菜首重味道」，這是烹飪的金玉良言。

酯味，醍醐味／ Umami

一種結合了某種複雜風味的鹹味。原文來自日文，粗略地翻譯為美味的本質。如果不知道這是什麼味道，可先嘗一下新鮮不加味的美味番茄，再試一口加了鹽巴的同個番茄，就知道酯味的效果。很多食物都有酯味，也用在各色菜餚中作為調味，用來增加醍醐香氣，好比魚露、帕瑪森乾酪、番茄和蘑菇都有這樣的味道。

T
U

Part 6

TERM

Term & Others

術語 & 其他

現點現做／À la minute

上桌前立刻現做，意指迅速的預備工作。多用在需要一做就吃的醬汁
或小量的肉上。現點現做的醬汁多指食物已經在鍋中燒好，只需再加
入高湯或半釉汁的底醬，在鍋中稍作收汁即可裝盤食用的醬汁。奶油
通常被歸類在現點現做的醬汁類別中。現點現做的醬汁完成後，應該
保持最新鮮乾淨的狀態，不然易壞（見Part1「2. 醬汁」）。

全天份／All day

廚師的行話，意指收工為止全部的點餐。如果兩份牛排正在火上燒，
又有三份菜單正送進來，再加上另外四份還沒燒的牛排，則全天共有
九份牛排。這個字也可以擴大意義指「全部」，例如可說你全天做了多
少桌？或說我削了10個馬鈴薯當多非內焗烤馬鈴薯（dauphinoise）的材
料，因為要做法式馬鈴薯脆片（gaufrettes），又削了五個，所以全天份共
削了15個。

環境溫度，室溫／Ambient or room temperature

請注意廚房中的溫度，環境會影響食物。一直不停做菜會使廚房溫度
升高，香腸或其他鑲餡食物就容易破。周圍溫度也會影響麵團的攪拌
和發酵。處理奶油這種軟質的油脂要在冷房中處理較好，也可減緩不
斷做菜的升溫狀況。

抗氧化劑／Antioxidant

人體及細胞成分因為身體運作及老化之故會起氧化作用（oxidation），是
破壞身體機能的主要原因。防止氧化的分子（如DNA的氧化、血液細胞的
氧化、身體組織的氧化），稱為抗氧化劑。蔬菜水果富含抗氧化劑，巧克
力、咖啡和種子也是抗氧化劑的良好來源。而廚房中，此字泛指酸性
成分和某些用來防止切開水果或蔬菜變色的食材，如滴在蘋果上的檸
檬汁。

水產養殖／Aquaculture

水產養殖與魚類養殖有關，歷史可上溯千年，但自1960年代起才成為
國際化的工業。就像所有產業一般，水產養殖也有利有弊。它可能是
海洋魚類濫捕成災後，現代漁產的豐富來源。但水產養殖也會造成環
境污染和有毒魚類。比起野生的魚，通常養殖魚類的風味不足，肉質
也較不緊實。除了以上缺點，此工業仍具有極大潛在優勢，屬於剛起
步的產業，前景光明。

抗壞血酸／Ascorbic Acid

維他命C的另一種說法，是一種抗氧化劑，對身體很好，也可預防蔬
果氧化變黃。

膠，凍／Aspic

清澈高湯凝結後的結凍，多用在高級料理，可切塊或切碎後做成有鹹
味的裝飾。也是一種固定食材的工具，放入模型中結凍固定，放入切
碎的蔬菜就是蔬菜凍（vegetable terrine），放入蛋就是肉凍鑲蛋（oeuf en
gelée），放入豬肉就是豬頭肉凍（headcheese）。肉糜派（pâté en croute）
則是在麵皮和煮熟的碎肉間加了膠凍。食物塗上一層膠後外觀會如漆
般光亮。有些肉湯帶有豐富膠質，特別是牛蹄或豬皮熬成的湯，冷卻
後可以完全結凍。但其他像魚或蔬菜熬成的湯，就必須另加膠質才可
結凍。膠凍十分細緻，雖然可以成形但十分柔軟，時時有崩散的可
能。如果用陶鍋模型等容器裝入食材凝結成法國派（terrine），成品會比
較緊實，變成可以切片的凍狀。任何清澈的液體，如法式清湯、番茄
水（番茄過濾後的清汁）、清澈的蔬菜高湯，都可以做成膠或凍。自身沒有
含任何膠質的液體，如想結成細緻的膠凍，以下提供湯汁加膠質的大
致比例：如果要做可以切片的凍，一杯湯汁要加一茶匙的粉狀吉利丁，
如果不確定肉凍凝結後的硬度如何，可先倒幾茶匙在盤子裡，放到冰
箱快速冷凍，就可以評估它的硬度。

B

細菌／Bacteria

大部分細菌都無害,有些可使食物產生酸(如麵包、泡菜、優酪乳),有些是我們身體健康的依據,還有些細菌會讓我們生病,在某些情況下更會致命。細菌,無論好壞,在溫暖室溫下無處不生,只要一小群,也許蟄伏在冷藏雞胸肉裡,一旦放在室溫,就會如雨後春筍繁衍無數。因此,我們必須假設食物有許多細菌,對特定食物採取相應之道,比方冷藏食物,保持料理台面乾淨,讓細菌增生達危險界線的機會降到最低。廚房中細菌最多的地方應該是海綿,總是濕答答又放在室溫下的清洗工具。海綿應該定期煮沸,也可用漂白水清洗,或放入微波爐除濕。

居家飲食最容易造成問題的細菌是沙門氏菌、致命的大腸桿菌,以及會造成肉毒桿菌中毒的細菌。

其中,大腸桿菌是最危險的,存於消化道及牛隻的皮膚,若變成絞肉製成漢堡則會造成問題。但請注意,大腸桿菌並不會在肌肉內層孳生,這就是為什麼你可以把牛排只用高溫過火,下肚時仍鮮血淋漓生肉一塊,卻不會冒著大腸桿菌中毒的危險。但是若你把漢堡也用高溫過火,下肚時含血帶生,就可能引起大腸桿菌中毒。為了審慎起見,需把漢堡煮到內層溫度高達155°F(68°C),才可讓最容易受到細菌侵擾的幼童食用。

另外,水果及蔬菜也容易受到沙門氏菌和大腸桿菌污染,所以為了食物安全起見(也為了美味),要生吃任何蔬菜水果都需經過清洗,即使削了皮,放在冰箱一會就要吃。

肉毒桿菌會造成食物中毒,它是一種厭氧菌,只能在低酸性、無氧且溫暖的環境下生長,好比你放在食物櫃裡裝著橄欖油泡大蒜的罐子,去年夏天裝罐的豆子,或在室溫下沒有妥善醃製的香腸內部。但經過嚴格的消毒程序,肉毒桿菌中毒是可以預防的(居家維護就可做到),或在煙燻醃製的香腸中添加防止細菌生長的亞硝酸鈉和硝酸鈉。酸性的環境也不利細菌增生,鹽醃的香腸裡會有益生菌產生酸。若處在冰箱的溫度下(低於38°F／3°C),細菌也不會明顯生長。

　　想知道自然界特殊細菌的更多訊息，請上美國疾病管制預防中心（CDC）的網站查詢：http:// www.cdc.gov/ncidod/dbmd/diseaseifno。

發粉，泡打粉╱ Baking powder

發粉是一種化學發酵劑，以小蘇打粉為基底再添加某種酸性成分，加入液體混合後會釋放二氧化碳氣泡，可以用來發麵，有些麵團失去彈性無法像麵包麵團一樣長時間保持氣泡，發粉也可使它膨脹。發粉遇到熱的環境也會釋放氣體，比方在烹飪時，所以有「雙重作用」的說法。有些添加發粉的食品會有不自然的化學味，要避免這種味道產生，請小心衡量發粉的用量。有時候化學發酵劑可以被蛋白等自然發酵劑取代。

小蘇打粉╱ Baking soda

學名碳酸氫鈉（sodium bicarbonate），是一種化學發酵劑，遇酸可釋放氣體而使麵糊或沒有彈性的麵團快速蓬鬆 —— 也就是說，小蘇打必須和酸性物質結合才可作用。它就是使酪奶鬆餅鬆鬆軟軟而不會又扁又厚的東西。但是如果食物裡沒有足夠的酸性物質和小蘇打粉中和，沒有起作用的小蘇打粉會使食物帶有肥皂味和化學味，請斟酌小蘇打粉的用量。這種化學發酵劑也可以用蛋白這種天然發酵劑取代。對於麵粉蛋白質，小蘇打粉還會有第二種影響，可以軟化麵筋結構，增強梅納反應（Maillard reaction），降低焦糖作用所需的溫度。

小酒館╱ Bistro

意指某種餐廳風格，已是「休閒」（casual）的同義詞，除此之外別無用法。小酒館用於描述起源於19世紀初巴黎流行的某種餐廳形式。從古至今，小酒館供應經濟實惠的法式小菜，如三明治、蛋料理、湯、燉湯、烤物，都是能迅速做好且食材又不貴的菜餚（歸類為小酒館料理bistro cuisine）。

漂白水／ Bleach

要清洗砧板、流理台和海棉，有時用溫和的漂白水做消毒工具是不錯的方法。高樂氏漂白水（Clorox）建議，要做清理廚房的洗劑，用三茶匙的漂白水對上一加侖的水正好。漂白水是容易揮發的洗劑，所以少量調配，經常清理較好。

布倫，發，果粉，白霜／ Bloom

1. 布倫[1]，就是水解明膠（吉利丁）的別稱，形狀有粉狀和片狀，要使物體黏稠凝結成膠，布倫需先吸水，融化後再加入物體中。2. 作「發」解，有時主廚把辛香料或提香料泡在油裡，讓風味散發到油裡，這個動作也叫 bloom。3. 也作「果粉」，指生長在一些水果和蔬菜（如葡萄和甘藍菜）上的有益菌叢。4. 作「白霜」，是巧克力表面像粉筆灰的一層白色（即可可脂），多是因為巧克力沒有被適當保存而產生。

肉毒桿菌中毒／ Botulism

一種嚴重的食物中毒，由「梭狀肉毒桿菌」（Clostridium botulinum）產生的毒性導致。肉毒桿菌是厭氧菌，喜好溫暖低酸的環境，就像罐頭，裡面的食物泡在油裡又被罐子封住，或像大蒜，還有風乾或煙燻的香腸。為了避免發生肉毒桿菌中毒，罐頭製造要經嚴格消毒，食物也添加亞硝酸鹽。肉毒桿菌中毒需要以下重要環節，包括：有無肉毒桿菌孢子存在，是否在室溫狀態及無氧的環境。首先，肉毒桿菌孢子在土壤中普遍存在，雖不具毒性，也不容易殺死，但如果在室溫且無氧的環境中，就像在豆類罐頭或吊掛香腸上，孢子就會產生對自己無害的細菌，一遇到適當環境和時間，細菌就會增生釋放致命毒素，肉毒桿菌只有在高溫下才能消滅。（見細菌 Bacteria）

廚房分工／ Brigade

法國名廚艾斯可菲認為廚房工作是一種分工系統，將專業廚房以工作

[1] 奧斯卡·布倫（Oscar T. Bloom）發明明膠品質測定器，現以其名作為明膠別名，也以布倫數高低表示明膠的凝結能力。

責任組織編制，每一主廚專管一項工作，有人負責備料和烹魚（海鮮主廚），有人負責醬汁（醬汁主廚），一般備料則是助理廚師的工作，好讓工作更有效率。

辣椒素／ Capsaicin

一種化學物質，集中在辣椒內層白色的果肉上，是「辣」的來源。做菜時，若要降低辣度，可去除辣椒白肉和辣椒籽。如果要處理很多辣椒，戴上乳膠手套是個好方法，如此手指才不會沾上這個化學物質，也不會輕易碰上眼睛。如果醬汁做得太辣，可用不辣的辣椒另做一盤醬汁，然後兩盤混合，或者加入一點澱粉類食物（如馬鈴薯）或脂肪（奶油），就可降低辣度。

碳水化合物／ Carbohydrate

食物組成的大類，包括糖、澱粉、纖維素、果膠和樹脂。除了蛋白質和脂肪外，幾乎是我們吃下肚的所有東西。水果和蔬菜（其實是所有植物）主要由碳水化合物構成。人類將吃下肚的碳水化合物轉換成糖，進而產生能量。而纖維素（植物纖維fiber）是構成植物的主要物質，是我們無法消化的碳水化合物（想更深入了解，請參考馬基和大衛森的作品）。還有幾種碳水化合物可用來勾芡或是凝結液體，如馬鈴薯和海藻。

纖維素／ Cellulose

蔬菜的主要結構，又叫纖維（fiber），是我們無法消化的物質，但對我們消化道是有益的。很多精緻的菜餚多把纖維去掉，像是蔬菜醬汁和湯品多用圓形濾網濾掉纖維。

主廚／ Chef

主廚是領袖。法文中Chef de cuisine（英文作Chef-of-the-kitchen），就是廚房的頭頭。需擁有餐廳卻不再親手下廚的主廚應該稱為「餐廳經理

人」（chef-restaurateur）。行政主廚（Executive chef）通常指監督整間廚房或飲食機構的人。（見廚房分工 Brigade）

葉綠素／Chlorophyll

植物中的綠色色素，如菠菜、香菜、西洋菜等葉子，經過研磨、浸泡、小火慢煮及過濾，即可從葉子中分離濃縮出葉綠素。剩下的糊狀物可加進醬汁和其他備料中，呈現的顏色就是強烈的綠色。

膽固醇／Cholesterol

膽固醇常給人不好的聯想，因為血液中膽固醇的濃度過高被認為與心臟疾病有關。但重要的是，應區別血液中膽固醇和食物中膽固醇的差異。血液中高膽固醇的危險無庸置疑，但請記得，我們吃下肚食物（如蛋和肉類）的膽固醇並不一定會造成血液中膽固醇濃度升高；飽和脂肪酸才是罪魁禍首。確實說來，膽固醇是一種脂質，就是一種存在於細胞主要結構中與脂肪有關的物質。

乾淨／Clean

食物和廚房最重要的形容詞，也是最重要的動詞。人們總是追求乾淨的風味，乾淨也意謂最純粹的熟食味道，也是在味道搭配上層次和諧之意。說高湯風味乾淨，意指它們清澈新鮮；說醬汁味道乾淨，則是醬汁不但煮得好，濾得乾淨，配上主菜正好；若沒留意，則是渾濁、霉味、起塊，充滿油耗怪味的醬汁。

　　乾淨是廚房最重要的形容詞，是「總是要求乾淨」的大廚強加約制的共同守則：食物要乾淨，爐台要乾淨，工作檯要乾淨。料理之事特異迷人生動之處，就在如何將一團混亂又髒手的工作，亂中有序地整治成各色食物。

　　乾淨也是心智狀態，是廚師能力的展現，俗話說：「做事乾淨俐落」，乾淨俐落的廚師，不但外表看來乾淨，工作檯一定也擺放有序，

C

整齊劃一，工作十分有效率，凡事皆在掌控中，不會白費工夫。

肉毒桿菌感染／ Clostridium botulinum

見**肉毒桿菌中毒** Botulism。

膠原蛋白／ Collagen

維持肌肉結構及穩定度的蛋白質，形成皮膚、肌腱和軟骨的結締組織。在水中加熱後，結締組織會煮化分離，形成帶給高湯和醬汁濃度的明膠，如果濃度足夠就會產生肉膠，有時也叫肉凍。魚的膠原蛋白更細緻，容易煮化，在120°F到130°F（49°C到54°C）的溫度下就可融化，而肉的膠原蛋白，融解溫度在140°F（60°C）或更高（請參考馬基的書）。

廚師助理，幫廚／ Commis

助手與職員的法文，是專業廚房初入門的廚子，多用於高級的法國餐廳，較普遍的說法則是廚房助理（prep cook）。

思考力／ Common sense [2]

廚房裡有個寶貴的格言：「做菜憑感覺。」我們評量食物的外觀，我們接觸它，我們聽著鍋中冒起的滋滋聲，也聽著攪拌機裡攪拌棒和麵團的聲音，我們的嗅覺幫助我們判別食物大功告成的那一刻，只要在做菜，無處不是一場試驗。但思考也應納入五官感知內，意思是：請想想在五感之外，還有什麼事提醒你注意？你必須自己想清楚。思考力，就像你其他的感知一樣，打從出生就不平等，但是廚師可由不斷嘗試錯誤、簡單重複、留意冷熱效果及煮食所費時間、注意烹調工具的特性中加以發揮。要知道廚房之事，無事不看在眼裡，盡入眼簾之事，無不放在心上，這就是思考力之始。

[2] Common sense 一般譯作「常識」，算是錯誤的直譯，「這人一點 common sense 都沒有」，其實是指此人連想都不會想，沒有思考力。

結締組織／ Connective tissue

動物體內負責連結或支持其他器官的組織，形態包括骨頭、肌腱、軟骨。在廚師眼裡，結締組織半是祝福，半是為難。它十分珍貴，因為它富含膠原蛋白，是蛋白質豐富的來源，經過烹煮後膠原蛋白會化成膠質，賦予湯汁由細緻到堅實程度不等的濃度。因為結締組織是使肉質堅硬的原料，只有以超過一般肉類熟成的溫度燉煮才會軟爛，肉質較為結實的部位 —— 肩胛肉和腱子肉 —— 通常要在湯汁裡煮上數小時才可燒化（在低於212°F／100°C的溫度下），當結締組織貢獻了滿滿膠質與濃郁風味到湯汁，連湯帶料正好食用。

廚師／ Cook

做菜的人，但也包括做料理的主廚（見主廚Chef）。每位稱職的主廚都得從廚師幹起。廚師有男有女，各部門的領班廚師，也就是各部門的主廚。

鄉村風／ Country（style）

泛指粗獷的塊肉、扎實的質地、豪邁的風味、價錢平實的食材，例如鄉村肉派或鄉村麵包。當冠以鄉村之名時，很容易賦予料理某種期待，但雖名為鄉村，絕不是指沒有質感或隨便。

交叉污染／ Cross contamination

有兩種狀況，一是有害細菌由一種食物傳播到另一種食物，一是細菌由一個表面到另一個表面（如包裝盒到砧版）。在家用廚房中，避免交叉感染不但是常識，還是不可忽略的要件 —— 要徹底清洗砧板，勿在冰箱裡沙拉的上層放生肉。而在專業廚房中避免交叉感染已成為準則。

培養菌，培養物／ Culture

可指加入食物的活菌，也指培養活菌的發酵物，就像牛奶、香腸、麵

D

團，或啟動發酵的濃鹽水。加入有益菌株做出的成品包括法式酸奶油和優格。細菌以食物內的糖分維生，最後產生酸，這不僅給予食物迷人的嗆味，也幫助食物保存。

共舞／ Dance

專業廚師的行話，是個充滿感情的說法，當各個料理區配合得天衣無縫，就是廚師「共舞」的時刻。這是專業上的奇特快感，當廚師團隊你來我往，動作優雅，整齊畫一，就會激起這種奇怪的爽快情緒。

危險溫度區／ Danger zone

這是有關食品安全的術語，指在某個溫度區中，細菌不只存在，而且大量繁殖倍增。大多數細菌在冰箱的溫度下，活動力會急劇下降，也就是在40°F（4°C）以下生長緩慢，高於40°F（4°C）時繁殖速度倍增，大概在100°F（38°C）時達到繁殖高鋒，到了120°F（49°C）或更高溫度時，活動力稍退；若處於高於140°F（60°C）的溫度，細菌則無法存活太久。所以40°F（4°C）到140°F（60°C）是細菌污染和食品安全的危險溫度區，食物在此溫度下容易孳生有害細菌。這就是雞肉、雞腿、絞肉等食物，不應該在危險溫度範圍內擺放太久的原因。

變性／ Denature

廚房中用到此字，多半指蛋白質分子的變性。蛋白質分子緊密結合，熱或酸卻可對維持形狀的架構進行物理結構上的破壞，將蛋白質拆解為長鍊，長型的蛋白鏈可以不同方式重組與凝結，對食物可能有害也有益。這過程發生在澄清過程中，在蛋白霜、卡士達、肉塊與魚片中，只看廚師功力如何？蛋白質的變性與結果，馬基提供極為明確詳細的描述。

E

86 / Eighty-six [3]

餐廳廚房的俚語，起源已不可考，是某道菜已經無法供應之意。只要這家餐廳還上得了檯面，廚師不會端出菜單上86號的料理，此事攸關職業尊嚴。它也意指丟掉的東西、遭解雇的職員、放棄的想法。

乳化劑 / Emulsifier

防止兩種不相容液體分離的物質，但要使兩物發生乳化作用，還需給予足夠的機械力量，廚師則以打蛋器、攪拌器或食物處理機達到此目的。蛋黃中的卵磷脂就是乳化劑。芥末是安定劑，幫忙維持油醋醬的乳化作用。加入額外的澱粉和蛋白質也可以幫助穩定乳化（要知道乳化劑如何作用，請見馬基書中的完整敘述）。

酵素，酶 / Enzyme

存在於植物及動物中的特殊蛋白質，是各種不同化學作用的催化劑，與食物的各種好壞變化有關。它讓蘋果烏青，讓朝鮮薊發黑，讓四季豆發黃枯萎，也讓油脂起油耗。但也是酵素作用使肉熟成更柔軟，還使發酵過程活化，使食物芳香誘人。多半情況下，廚師希望抑制酵素作用，所以用低溫放慢酵素作用，以高溫鈍化酵素活動。但就像馬基所指出的，在酵素因熱鈍化前，隨著溫度升高，酵素會變得較有活力，所以對於易受酵素傷害的食材（如綠色蔬菜），烹煮的重點在於越快越好。酵素需要氧氣才可作用，所以高濃度的鹽和酸可抑制或放慢它們的活動——也就是創造一個低氧或充滿鹽和酸的環境，如此就可抑制酵素作用。

艾斯可菲 / Escoffier, Auguste

生於1846到1935年，是當時最知名的大廚。今日，艾斯可菲不是以他在歐洲各大飯店的烹飪工作為人紀念，而是以他1903年的傑作《料理指南》（Le Guide Culinaire）聞名，英文版出版時書名改為《現代烹飪藝

F

術完全指南》(*The Complete Guide to the Art of Modern Cookery*)。這是非凡傑作,包括5012道料理食譜,在個個層面已為流傳今日仍彌足珍貴的經典法國料理奠定基礎。

跑單或傳菜,跑單員或傳菜師傅／
Expedite, expediter

餐廳廚房用語,所謂跑單或傳菜是從用餐區收來訂單,排定廚房團隊的製作次序及上菜時間,並將做好的菜餚送到用餐區,而作此項工作的廚師稱為跑單員或傳菜師傅。

備料／ Fabricate

廚房術語,意思是把大塊食材切成小塊,或把食材準備好可以下鍋(通常簡稱為 feb 或 fabbed),就像料理魚和肉之前多要事前備料。

工廠養殖／ Factory raised

相當近期的養殖方式,指豬、雞等牲畜的豢養處理由大型農業事業體負責。這是一種大型養殖,通常暗示在這種不自然的環境中會養出品質不佳的動物。

農場養殖／ Farm raised

以傳統農場飼養技術飼養牲畜。有時也可稱為「人工飼養」(hand-raised)或「自由放牧」(free-range)。農場飼養多半將動物飼養在適合牠們生存的生態系統中,包括居住環境與餵養的食物,所以動物在存活時或屠宰前並無遭受超乎尋常的壓力。從事這行的人認為,農場養殖的牲畜較快樂,而肉類品質也較優良(請比較**工廠養殖** Factory raised,見**有機食品** Organic)。農場養殖也可適用於魚類養殖,但內涵卻少了些仁慈。隨著漁場越來越普遍,優缺點卻仍待評估。但在一般狀況下,野生魚類仍比養殖魚類受歡迎(見**水產養殖** Aquaculture)。

脂肪／Fat

食物四大基礎營養中的一類（其他還包括水、碳水化合物、蛋白質及其他）。脂肪在我們的飲食中無疑讓人愛恨交織，讓人體會極樂之境的是它，令人痛苦萬分的也是它。它是烹飪的基礎工具，在廚房我們用油做菜，無論它來自植物萃取（芥花油和玉米油），還是取自動物（牛油或豬油），都有燃點高不易分解的特質，故可將食物炸到酥脆。不同脂肪的風味品質皆有差異，所以挑選時也須考慮清楚──比起風味厚重的牛油，芥花油的味道中性、價錢不貴，也是一種選擇。並且，油脂可使麵團「起酥」，可使酥餅比麵包酥鬆。而豐郁濃厚的口感，就像油醋醬的油脂在蔬菜上發揮的作用，也像加在湯裡的鮮奶油、打進醬汁裡的奶油、沾上麵包的橄欖油。只要加上一點油脂，幾乎所有料理都會更有風味，更令人心滿意足。在此層面上，脂肪除了作為烹煮介質及食材外，還應視作某種調味。所以廚師在試味道時，就該問問自己，這道菜的油量是否恰如其分？無論烹煮或調味，油都該視為基本材料而不是特殊食材，也就是說，只要你確定油脂是必須的，就該毅然決然縮小範圍選擇油脂種類。（「我希望番茄醬汁可以更濃稠一些，油還要多一些──那，現在要放奶油還是橄欖油？」）

脂肪可分為「飽和脂肪」和「不飽和脂肪」兩大類。飽和脂肪主要來自動物，與健康息息相關，飽和脂肪含量越高的油脂在室溫下越硬──如鴨油在室溫下很軟，而飽和脂肪含量很高的牛油在室溫下就硬多了。不飽和脂肪則多來自植物（除了熱帶堅果的脂肪），在室溫下可以流動，對健康的威脅較少。除此之外，氫化油（乳瑪琳、植物酥油）在室溫下看來像固態穩定的油，卻是液態油經過加工而成，含有反式脂肪，對健康造成的傷害與飽和脂肪類似。總而言之，從精練的牛油到芥花油，所有自然脂肪都推薦使用，但是氫化油就不推薦。

請記住動物脂肪取的部位不同，品質也不同。就以豬為例，我們自豬頰肉取得豬頰油，從腎臟一帶取得豬板油，背部取得豬背油（除了肌肉脂肪之外），這些油脂的性質都不一樣。

　　大廚間流傳一則定律:「油脂就是風味」。請記得使我們肥胖的元凶不是脂肪,而是太多卡洛里。在廚房中,油脂是你最好的朋友。

發酵作用／Ferment, fermentation

由微生物進行的分子轉化,就像酵母菌或細菌的發酵作用,產生了人類所知最美好的食物及飲料。酵母菌以糖為食,就把糖變為酒精;醋酸菌以酒精為食,酒精就變成醋。乳酸菌若以乳品中的糖為食,則把乳品變為優格或法式酸奶油;乳酸菌若以麵團中的糖為食,則放出二氧化碳和酒精,使麵團發麵成為麵包,飄散的複雜香氣則來自麵團的酒精及相關副產品。細菌則以香腸內餡中的糖為食,醃製時,細菌產生防腐的酸,也使香腸帶有風味獨特的酸香。以上種種都是發酵的例子,因有發酵作用,我們才有酒、乳酪、發酵麵包、薩拉米香腸,以及種種數不清的發酵食品。

　　發酵食物,就是在半控制的狀態下讓微生物替食物增香也達到保存目的,如用鹽和水醃漬私房泡菜,培養自家老麵做麵包。但討厭的細菌、黴菌和酵母菌會使發酵不受控制,食物就會腐壞。

纖維／Fiber

蔬菜及種子內有某些成分無法被人體消化吸收,如纖維素,而纖維就是此成分的通稱。纖維對我們的消化器官很好,在一餐中攝取豐富的天然纖維是該保持的重要習慣。但廚師在做細緻菜餚時經常會將它去除,如菜泥需要過濾,而卡在圓錐型濾網上的雜質就是纖維。纖維支撐蔬菜結構,保存蔬菜中珍貴的顏色及風味,只是吃來無味且礙口。

精緻,費工(見Part1「8. 精妙之道」)／Finesse

1. 最佳廚房的重要概念,是廚藝執行、料理呈現及工藝技術上的精美、高雅、細緻。可指主廚行動及料理處理,也可指提升料理品質的

特殊廚藝技巧。法式廚房中，多用soigné（仔細照顧）來形容此概念。一般而言，使菜餚精緻的意義是做菜時投入格外的努力或行動，只要多花一點小功夫，卻可使料理傑出精美。2. 此字也作動詞用，表示備菜時有些料理工序需要特別注意（如紅酒奶油醬是個不好處理的醬汁，必須finesse，也就是多費工夫處理才會成功——內涵在於仔細關注，小心行動，確保醬汁完美乳化，具有高雅外觀）。

F

自由放牧／Free range

讓雞可以自由走動的飼養方式，而不是把雞關在狹小空間的工廠養殖。自由放牧的品質較高，所得肉質也比工廠養殖的禽類優良（工廠養殖的禽類即使沒有擠在籠裡，還是又臭又髒）。自由放牧並不等於有機飼養，也不保證雞隻可以隨意四處遊走，但通常表示飼主付出某種程度的關心在雞隻飼養問題上，所得的肉質口感和風味都較優良。最好的情況是讓雞隻可以覓食，如此不只活動提升肉質，也因為雜食而使雞肉風味更加美味複雜。

冷凍／Freeze, freezer, freezing

冰箱是了不起的保存工具，對這個現今大家視為理所當然的工具，完善利用與草率濫用只是一線之隔。首先，要冷凍的東西應該要包好，氧氣是冷凍的最大敵人，如果放久了，氧氣是造成食物凍燒（freezer burn，見下詞條解釋）的罪魁禍首。最好的包裝方式是真空包裝，只要有食物真空包裝機或類似產品就可將食物長期完好包存。但如果把食物放在冰箱置之不理，沒多久一樣會吸收臭味。一般說來，脂肪含量越高的食品（如奶油、培根、冰淇淋），冷凍時越需要包得好好，妥善照顧。新鮮麵包用錫箔紙包好，一樣可放冷凍。請記得在廚房放個隨時可用的簽字筆，把食物記上日期和品項。（別以為一個月後，你還會記得那塊包得密不透風的東西是什麼！）

凍燒／ Freezer burn

食物沒有包好暴露在冰箱擁擠的空氣中，因此脫水，這就是凍燒。被凍燒的食物會呈現乾枯變色，而且走味。如果你看到某些地方怪怪的，大概就已經凍壞了，請將食物牢牢包好。

菌類／ Fungus

一種簡單植物，當然也包括磨菇、益生菌和黴菌。

冷食廚房／ Garde manger

冷食廚房負責製作冷盤，包括手指點心、餐前小點、餅皮法國派或沙拉等。餐廳的廚房有負責冷食的工作檯，也有負責製作以上種種點心及其他冷盤的冷食廚師。

美食學／ Gastronomy

凡與食物、廚藝、餐飲相關的技藝、科學、藝術、社會學和美學，都屬美食學的範疇。

結凍／ Gel

指在流體或半流體中加入吉利丁或洋菜這類黏稠劑，液體因此凝結，成為固定形狀。結凍的優點要看用在何處，是液體只需要比較厚實的黏稠度，還是需要切開成片狀（如蔬菜凍就以高湯膠固定中間食材；見膠凍 Aspic）。

明膠，吉利丁，膠質／ Gelatin

1. 明膠是來自動物的蛋白質，又叫吉利丁，市面上販售的多是顆粒狀或透明片狀的吉利丁，可用來將流質或稀薄的鮮奶油凝結為不同程度的稠狀物，也可固定泡沫（見膠凍 Aspic）。吉利丁要先泡在水裡讓它脹大，經過再水化的過程，才可完全溶解。乾燥的吉利丁片要浸在水裡

讓它變軟，粉狀的吉利丁也會在水裡脹到原體積的三倍大。2. 當結締組織經過長時間加熱並給予適當水分後，組織裡的膠原蛋白就會融化成膠質，可使高湯及醬汁變濃稠。有些高湯所含的膠質濃到可以變硬結凍，如果希望高湯在不加吉利丁粉下就有如此濃度，可以加入具有豐富膠原蛋白的牛蹄或豬皮。如果這些都買不到，大多數堅韌的肉、關節和動物的腳（像雞腳和牛腱）都可提供額外的膠質。

鵝脖子／ Gooseneck

餐廳廚房的行話，指有突出長嘴的醬汁碟。

克／ Gram

1克相當於1/28盎司，28克等於1盎司。但為了統一，食譜慢慢將1盎司的分量改為25或30克。相較之下，公制的度量衡因有連貫及等值的特性，比較好用（比如50克鹽加入1000克水，即1公升，就是濃度5%的鹽水）。如果要在公制的克與美制的度量衡中選擇，請選用公制單位。

油污／ Grease

烹飪帶來最可惡的副產品。油污是從熱鍋升起飄在空中的油脂顆粒，碰到什麼沾什麼。油污與油脂不是同義詞，油脂是食物，油污是惡魔。

暫放／ Hold

讓食物暫放一下的意思是保存食物，但這種保存通常與做菜行為有關，或者有些食物經過部分烹煮後就原封不動放到熟透。擺放食物最好的情況是食物拿出來時與原來放進去的狀態沒差多少，這對某些食物來説十分容易。而有些食物烹煮後，往往要放很久才會拿出來食用，知道何種食物做好後可久放不壞，其實是餐廳大廚最重要的技巧，家庭料理人學會了也可蒙受其利，平日忙碌時方便備餐，也許週末假日還有晚餐宴會，暫放的食物就能派上用場。

均質化／ Homogenize

機械性地混合兩種不同液體，使之均勻散布。牛奶就是均質化的液體，所以牛奶脂質不會自我分離而浮到表面。

招待／ Hospitality

餐飲業的核心宗旨，字源來自拉丁文的「待客」。烹飪、清理、服務都來自同個概念，使賓至如歸，使賓客心滿意足。無論你是餐廳大廚或家中廚師，姑且不論料理帶來的個人歡愉，請將「料理總是為他人而做」這句話放在心裡。

千鳥格廚師褲／ Hound's-tooth check

千鳥格是傳統廚師褲的花紋，也許是因為可隱藏污漬的關係；有時也戲稱為「支票」（checks）。

氫化／ Hydrogenation

將氫強加入液態油裡的商用手法，可液態油在室溫下也可保持固態。氫化油含有反式脂肪，據信會讓血液中的膽固醇升高。

水耕／ Hydroponic

一種種植植物的方法，植物不生長在土裡，而是在溫度控制、營養豐富的水裡。好處是農作物可全年在室內生長，且天然無污染（因為不需受氣候影響），依照空間利用的角度來看，水耕的效率非常高，但水耕植物的味道通常很單調，植物果葉都缺乏得自土壤的複雜滋味。

雜質／ Impurity

所有想從湯汁液體中去除的東西都是雜質，如結塊的蛋白質、蔬菜纖維、脂肪、泡沫，也就是不利於味道質地的物質都可視為雜質。高湯、湯品或醬汁中的雜質可用撈浮沫或過濾法去除，這個動作應該從

烹煮一開始就做。

領導者／ Leader

見主廚 Chef。

卵磷脂／ Lecithin

這種分子在蛋黃中含量豐富，可使油和水形成奶油狀且均質化的乳化醬汁。它是一種乳化劑，馬基解釋，因為卵磷脂一端具脂溶性成分，另一端是水溶性的，所以脂溶性的一端可插入油滴，而突出的水溶性尾端則防止油滴與油滴碰觸結合（但乳化醬汁油水分離時，油滴互碰結合的情況就會發生）。

領班廚師／ Line cook

專業的廚師，經驗老道，在冷熱廚房的各工作台服務。在餐廳各階層中，他們是最有壓力，最需要體力且薪資與工酬最不相符的一群，以致領班廚師有自己特有的道德標準及次文化。他們是廚房的中流砥柱，在廚師領域中上好的人才極為稀有。

梅納反應／ Maillard reaction

主要指食物中蛋白質和碳水化合物的「褐變作用」（browning），而另一種褐變則是糖的「焦糖化作用」（caramelization），兩者略有不同。梅納反應的發生溫度約在230°F（110°C），比焦糖化的溫度約低了100°F（38°C）。會發生梅納作用的食物很多，能引發大量複雜香氣，如牛排焦香的外層、麵包的脆皮、烤雞金黃酥脆的外皮，以及烘得濃香誘人的巧克力豆或咖啡豆。通常一說到梅納反應，主廚會以焦糖化或焦糖化作用代替，儘管它們基本上是不同的作用。其他複雜的化學描述，請看馬基對梅納轉化反應的說明。

馬基／McGee

哈洛德・馬基（Harold McGee）是鉅著《食物與廚藝》（On food and cooking）的作者，此書前無古人後無來者，是本書的主要資料來源，詳盡說明食物的變化特性，是家庭廚師及專業大廚皆要珍惜的書籍。

肉類生熟溫度／Meat temperatures

一般而言，肉的溫度要達到120°F到130°F（52°C到55°C）才是一分熟的程度，140°F（60°C）是三分熟，150°F（65°C）是五分熟，而全熟的溫度還要再高。有關熟度溫度的標準，不同書籍有不同敘述，以上所列比大多數食譜記載的溫度都低。美國農業部門（USDA）基於肉品食用安全列出了建議溫度，但規定偏重安全層面，對於風味及營養，卻不在考量範圍（請參考美國農業部官網www.usda.gov）。如果你有安全上的顧慮，請遵從他們的規定。雖然我們多以顏色判別熟度，像是四分熟、全熟等等，但所謂熟度與實際肉類溫度有關，端看顏色無法得知。

五分熟和三到四分熟／
Medium and medium-rare

見肉類生熟溫度Meat temperatures。

公制單位／Metric measurements

到目前為止，公制單位是廚房最實用的度量衡單位，美國高級餐廳也常用。用公制單位的好處是配方比例容易分辨，食譜更容易記住，最好的例子是用途極廣的濃鹽水，比例是50公克的鹽加入1公升（1000毫升或1000克）的水，就是濃度5%的濃鹽水，這是十分清楚的數字表示法。相較於美式單位，同樣濃度5%的濃鹽水會這麼表示：1夸脱的水，或是32盎司的水，要加1.6盎司的鹽，才會得到相同濃度。經過四捨五入後，單位的代換口訣如下：25公克約等於1盎司，450公克約等於1磅，1杯容量等於250毫升。但請注意若將食譜記量加倍或乘以

M

三倍，口訣中的計量就有些小差距，當材料記量以倍數增加時，差距變大，食譜配方也就不準了。

一切就緒／ Mise en place

字面上來說是「就位」的意思，衍生到廚房術語就是準備動作是否完成，包括所有工具食材是否收集準備好，讓做菜動作一氣呵成。這個詞與線上廚師在晚餐服務前的組織工作有關（各台廚師通常就以 meez [4] 來稱呼這個概念，專責各自領域的準備工作）；一切就緒可指開始做義大利燉飯前，木匙、酒、高湯、米、鹽的準備動作。主廚生涯裡，「一切就緒」很重要，關係到行動效率和時間利用。廣義而言，這個詞通常與準備有關。完美做到「就位」代表著準備動作的最終狀態，包括食物工具在「物理位置上」是否就位，也包括「心理層次上」是否將工序細節從頭到尾思考到位。總之，每一步準備工作都做好了就是 mise en place。

分子廚藝／ Molecular gastronomy

1969 年法國科學家艾維‧提斯（Hervé This）創造的詞彙（之後並以「分子廚藝」為名發表專書），認為烹飪方式應著重食物在烹煮過程中的變化，而分子廚藝就是基於此項理論而發展出的料理方法。1990 年代提到分子廚藝，幾乎就想到西班牙大廚費朗‧阿德里亞（Ferran Adrià）的作品，他以超乎尋常的發泡手法、起膠方式、化學製品聞名於世，也引起眾多廚師追隨他的腳步從事分子廚藝。但是阿德里亞與其追隨者並不贊同這個名詞，認為分子廚藝無法描述他們的廚藝內涵。但此名詞仍然用來描述那些以非凡技巧創造新奇口感及特殊食用方式的大廚藝廚。

醋酸種菌／ Mother

醋酸發酵使用的種菌，細菌和醋酸發酵可將酒精由酒轉為酸，此時醋的表面會浮起一條條凝膠狀的物質，這就是種菌。種菌可留下加入酒中，如果步驟無誤，酒就會變成醋。過程其實十分簡單，只要將酒倒

[4] Meez 是 mise 的法文發音。

入一個大罐中，確定通風良好（酒還在瓶中時，不可將種菌先加入瓶子攪拌再倒入大罐，因為如果直接在瓶中攪拌種菌，某些揮發性的化學物質會殺死細菌），在罐中加入種菌後，蓋上紗布讓它可接觸空氣，再靜置二到四個月，就會變成醋。自釀的醋應該充滿水果香氣和誘人風味，品質可能遠超過店裡賣的。剩下的種菌可留下來倒入更多酒內，繼續釀下一批醋。

肌紅蛋白／Myoglobin
肌肉裡攜帶氧氣的蛋白質，是魚或肉類紅色的來源。有些鹽類，如亞硝酸鈉，可使氧氣聚集在肌紅蛋白內，所以烹煮過後使肉類保持鮮紅色，就像培根和火腿。

肌球蛋白／Myosin
肌肉中的主要蛋白質，是組成肌肉纖維的組合單位。經過搥打攪拌後會使肉起黏性，可讓肉糜、香腸或漢堡肉的口感緊實不散（特別是事先拌過鹽的肉，如此肌球蛋白就等於在鹽溶液裡作用）。

硝酸鹽和亞硝酸鹽／Nitrates and nitrites
自然界存在的化學成分，帶有鈉就是硝酸鈉及亞硝酸鈉，可用來醃製肉類。（見**硝酸鈉** Sodium nitrate、**亞硝酸納** Sodium nitrite、**硝酸鉀** Potassium nitrate）

新料理／Nouvelle cuisine
美食評論家高勒（Henri Gault）和米歐（Christian Millau）在1970年代中期創造的名詞（於1976年著有專書闡述）。「新料理」描述少數致力創新的法國大廚提倡的料理新理念，他們重新省思法國傳統高級料理支配下的料理世界，而以「新料理」重新定義料理的內涵。「新料理」強調縮減魚與蔬菜的烹調時間，改採清淡的醬汁，份量雖小，卻格外著重食材本身

原味的品質及藝術上的展現。新料理在美國成為一種潮流，卻很快飽受批評，認為新料理就是食材搭配古怪、份量少得可憐、價格卻高得嚇人的料理。然而，這理念卻正確規範廚師的烹飪態度，要求他們欣賞食物原味，進而以活力健康的方式表現原味的最佳品質，而此內涵成為美國最佳餐廳廚房的最高指導原則。

Omega-3 脂肪酸 / Omega-3 fatty acids

對身體健康有益的特殊脂肪酸，對大腦、眼睛、心臟、免疫系統和新陳代謝普遍有幫助。它存在於冷水魚的脂肪中（馬基解釋，這是一種接近0°C低溫時仍可保持液態的動物油脂），以及綠色蔬菜及某些種子中。

有機 / Organic

美國食品及藥物管理局（FDA）認為，「有機」的含義是：食物生長過程中沒有使用任何農藥、抗生素，且不經任何基因改造或放射線照射，這樣的食物才可以貼上有機的標籤。但是經由積極游說及數個有機農場的共同協定，加上維生產業科技在農業上的應用，許多業界人士相信，目前的農業企業已淡化官方的有機定義，使得「有機認證」已經不再具有意義。業界人士表示，比有機認證更重要的觀察重點是食物養殖方式是否自然且足以負擔，就如一樣是從乳牛身上取用的牛肉，吃草的乳牛就比養牛場吃玉米的牛要好；而豬肉就要來自農場飼養的豬隻，而不是擠爆的豬圈；蔬菜水果要買當地新鮮貨，而不是卡車千里迢迢從別的國家或地球另一端運來的。

滲透作用 / Osmosis

身體的基本結構有半透膜[5]，而滲透作用是指液體和固體通過細胞半透膜互相平衡的情況。這是廚師料理的好幫手，滲透作用主要結合鹽的力量，細胞壁的外側若有高濃度的鹽，則使細胞壁一邊的液體流向濃度高的一邊，以平衡鹽的濃度。這就是濃鹽水（以及醃汁中的某些味道）得

[5] 細胞膜或膀胱壁等都屬半透膜（semipermeable membrane），對不同物質具有選擇性通過的特性，也就是有些物質可通過半透膜，有些不可。

P

以穿透肌肉或蔬菜的原理。

盎司／ Ounce

重量計量單位，也是液體計量單位，分別液體盎司和計重盎司是重要的。以重量而言，1盎司等於1/16磅，約28公克；而液體盎司則是1/8杯或2大匙份量。

烤焙彈性／ Oven spring

麵包師傅用這個詞彙描述酵母麵團送進烤箱後，麵包在最初幾分鐘突然膨大的脹力。麵團受熱使酵母活性增強，釋放更多氣體，直到達到一定溫度後死亡，而烤箱熱氣會使已釋放在麵團中的氣體持續擴大，而烤焙彈性則加大。烤焙彈性是酵母菌發酵環境及麵團彈性好壞的表示，麵團會持續膨大直到溫度達138°F(59°C)，這是酵母菌熱死的溫度。

氧化作用／ Oxidation

字面上，是氧分子從另一個分子獲得電子的意思。氧化作用無時無刻不在發生，無論體內或體外，有好處也有壞處，長期放著的油脂會氧化，冰箱裡隨便包裹的肉類會氧化，倒在杯子裡的紅酒會氧化。但在廚房，這個字幾乎都用在描述水果蔬菜切面的褐鏽狀態，被刀切過的馬鈴薯如果暴露在空氣中會變成褐色，把馬鈴薯放進水中就可阻止表面接觸氧氣。蘋果具有加速氧化作用的酵素，可放進檸檬汁或任何酸性食材，它們會干擾酵素作用以減緩蘋果變成褐色。

食物儲藏室，冷食廚師／ Pantry

1. 要做一手好菜，在廚房收藏一些不容易壞的食物是件必要的事，特別是出於本能地喜歡什麼放什麼。好的食物儲藏室放有一些乾粉和豆類、基本的醋、油、調味料，以及幾種不同的番茄罐頭、新鮮辛香

料、乾燥香草。2. 也意指冷食廚師，主掌餐廳的冷食工作檯，負責沙拉、三明治和其他不需要煎炒煮炸用到火力的菜色。

巴氏殺菌法／ Pasteurize, pasteurization

將牛奶或果汁等液體加熱到足以殺菌的特定最低溫度，且持續一段時間讓病原體死亡，這種滅菌方式稱為巴氏殺菌法。這個程序可確保液體不會使人致病，且因為在加熱過程中也殺死了使食物腐敗的微生物，所以也有防腐的作用。還有一說，若將肉稍微煮過，讓肉脫生，這塊肉就可保存較長時間，原理也在此，也可說這塊肉經過了巴氏殺菌法。

果膠／ Pectin

存於水果蔬菜中的物質，可做水果蜜餞或果凍的接合劑。

菌膜／ Pellicle

廚房中的菌膜是指醃漬肉類時，肉的表面產生的一層黏膜，之後才會進行風乾，通常還會再冷藏。醃肉上有一層黏膜會比潮濕的表面更容易抓住煙燻的味道，所以在煙燻房醃漬大量物品時，請先讓它們產生菌膜。

完美／ Perfection

常言道：廚藝之事在於完美，所以廚師個個追求完美。但完美只是方向，而不是盡頭；它是理想，而不是實際的評判標準。對廚師而言，完美的基本重要性在於動力，在於驅策 —— 它是驅策你更努力工作，對料理每一步細節更小心注意的動力。

酸鹼值／ pH

pH是食物酸或鹼的程度，範圍由0到14，酸鹼值7被認為是中性，

數字遞減則酸性增加。食物的酸鹼值雖不需要如數家珍，有時卻很重要，就如風乾醃漬香腸時，香腸的pH值必須很低（也就是要夠酸），才可防止細菌孳生。一般來說，了解酸性或鹼性混合物如何影響食物成品是非常有用的。在微酸性的麵團內加入相反的鹼性粉類，麵團會發得很軟。而酸鹼互相作用的結果就會造成發酵。

針骨／ Pinbones

在「圓型」魚中藏有像針一樣的刺，就是針骨（魚肚刺），位置從腮開始向後延伸約 3/4 的魚排上都藏有刺。魚端上桌前，應該去除這些刺，特別是鮭魚這種大型魚類（這時尖嘴鉗就可派上用場，但特殊設計的去魚骨鉗也很好用）。

一撮／ Pinch

語義刻意含糊的術語，通常用於調味，是極少量的意思。請想想食譜上的指示，什麼東西該捏起一小撮？肉豆蔻？多半會要你捏起一小撮；而鹽則不會，通常是要你捏起三撮「指尖大小」的鹽。所以請自行判斷。

盛盤／ Plate

餐廳術語，意思是將食物放在盤上。食物烹煮好了才可以「盛盤」。

硝酸鉀／ Potassium nitrate

見**硝石** Saltpeter 和**醃漬鹽** Curing salt。

備菜，備菜工作／ Prep, prepped

1. 廚房簡略用語，意思是準備好該準備的。中心主旨請見**一切就緒** Mise en place。2. 傳統上，備菜工作是廚房團隊中最基礎低階的工作。

蛋白質／Protein

由胺基酸組成，是食物四大基本組成之一，也是最多變的。無論是藉由酸、鹽或經由火力，在各種料理過程中就可以看到蛋白質的變化，食物由生轉熟口感外觀上截然不同都是因為蛋白質的變性。就像蛋白由透明變成不透明；雞肉由粉紅鮮肉變成白而結實；熱牛奶加入酸後就成了可做乳酪的凝乳；濃高湯冷卻時會凝成高湯凍；稠密的濕麵團會成為濕潤鬆軟的麵包，以上都是蛋白質的凝固作用。在高溫下，蛋白質也會產生褐變，所以麵包上會有一層脆皮，煎過的肉或烤過的雞皮上有香酥的焦痕。蛋白質提供身體所需胺基酸，這些胺基酸也是食物香氣的來源（見酯味 Umami）。因為蛋白質是肌肉的主要構成物質，所以在專業廚房中，一說到蛋白質，就會直接指肉或魚。（想知道蛋白質分子的更多說明及圖示，請參考馬基的書）。

一分熟／Rare

見肉類生熟溫度 Meat temperatures。

凝乳酵素／Rennet

在反芻動物的胃及某些植物中可找到使牛奶凝結的酵素，通稱凝乳酵素，多用來做乳酪。但現在這種凝乳酶（chymosin）已多由基因工程培製。

硝石／Saltpeter

又名硝酸鉀，一度用於醃漬肉類（如培根、鹹肉、風乾香腸），但現今在美國已被亞硝酸納和硝酸鈉所取代，因為亞硝酸鹽類的效果比硝石穩定，但歐洲仍普遍使用硝石。

飽和脂肪／Saturated fat

見脂肪 Fat。

醬汁主廚／ Saucier

廚房裡負責醬汁的人，在傳統的廚房分工中，醬汁主廚被認為是最頂尖的職位，此概念表示偉大醬汁背後的高深技巧，以及醬汁在法國高級料理的重要性。

當季／ Season, seasonal

餐廳廚房採購各種食材，希望一年四季食材不虞匱乏，但家庭廚師就比較聰明，準備當季食材，依季節烹煮食物。這不只是春天做蘆筍、冬天吃硬節瓜的問題，還包括焗烤洋蔥湯是一月才會端上的菜色、而不會在八月上桌。烹煮當季食物，就是將風味達到最高點的食物端上桌，所以成品味道較好，對你也好，也可少花點時間在買菜的路上。隨季節烹煮食物，不但聰明，有風味，又健康，也對環境好，對餐廳廚師和家庭料理人都有好處。

做鞋的／ Shoemaker

廚房行話，指沒有才能的廚師。

慢食／ Slow Food

是一個國際組織，也是飲食運動，目的在保護好食物 —— 從耕種、製作、烹調、進食等各方面 —— 反對同質化的食物、財團主導的食物、高度加工的食物，以及當代飲食界漸成主流的速食。（詳情請看慢食組織的網站：www.slowfood.com）。而「慢食」已經變成與工匠和手工技藝相關的詞彙，也應用於工匠技術製造出的產品，以及出於這項理念而貫徹於料理的風格及態度。

S

硝酸鈉／ Sodium nitrate

醃漬用鹽，專用於乾醃香腸，預防肉毒桿菌中毒。肉毒桿菌容易在溫暖的環境下生成，只要亞硝酸鈉加上少量的硝酸鹽類，經過時間就形

成可防止細菌生成的亞硝酸鹽（見**亞硝酸納** Sodium nitrite）。

亞硝酸納／ Sodium nitrite

醃漬用鹽，加入6.25%亞硝酸鹽的鹽，可防止香腸和煙燻食物被肉毒桿菌污染，也可當作食物的增色和增味劑。加入豬肉一起醃，豬肉就帶有一股特殊的火腿味和豔紅的玫瑰色；加在雞肉和火雞裡，肉會呈現粉紅色且發出火腿味。因為市面上販賣亞硝酸納的廠牌眾多，一般通稱粉紅鹽，可用在培根、火腿、火腿肘子、加拿大培根、煙燻香腸的醃漬上。但對於亞硝酸納的疑慮不少，因為它與可能致癌的亞硝胺有關；大量食用則有毒性，甚至會致命（染成粉紅色的原因也在於避免有人誤食）。但一些研究指出，我們吃進去的亞硝酸鈉，造成危害的數量遠比我們老祖宗吃下肚的數量低。亞硝酸鹽和硝酸鹽雖是化學物質，但在許多蔬菜中就已存在，所以不須過於熱愛熱狗、培根這類加了亞硝酸鈉的食物，但也不必只吃進少量，就嚇得心驚膽跳或像犯了滔天大罪。

細心安排／ Soigné

法文，表示執行得既高雅又精緻。（見**精緻** Finesse）

副主廚／ Sous chef

字面上是在「主廚之下」的意思。在廚房位階中，副主廚算是第二號人物。

實習／ Stage, stagière

法文的「培訓期」或「試用期」，意思是以無償的短暫工作期，換取廚房中的訓練學習。正在實習的人稱為實習生（stagière），學徒的廚藝訓練階段，實習是很重要的。只要是好廚房，絕對有長串的學徒名單等著上門免費工作，以換取學習機會。

T

麵種，種菌／ Starter

通常指「老麵麵種」（sourdough starter），是麵粉加水混合後，因麵團自然發酵產生的天然酵母菌。除此之外，種菌也可以是做發酵產品時，加入食材使其發酵的活菌，就像優格。

風土／ Terrior

法文的「土地」之意，一開始用來說明某些葡萄酒的特定特色與某些產地的地理特質絕對相關。但至今，風土的意義已廣及某些地區特產的風味、菜色及食材，甚至是廚師的個性 —— 所以，任何出自當地特有的一切特質據傳皆受風土的影響。

物盡其用／ Total utilization

廚房利用食物的想法及實踐，實際意思是：「所有東西都不可以丟！」每樣食物都該物盡其用。物盡其用的例子有：你買了一支雞要烤，雞脖子、雞胗和雞小翅可拿來做醬汁，替醬汁增味，然後雞肝煎一下配上沙拉正好，烤雞剩下的骨架子可留下來熬高湯，熬好的高湯正好可做下次烤雞的湯料或醬底。很多菜色都出自物盡其用的概念，特別是臘肉鹹食店的東西，像是肉醬、肉糜和香腸都是源自「廢料利用」的概念。

觸感／ Touch

對廚師來說，「食物摸起來的感覺」是寶貴的感覺，也是需要學習的技巧。觸感主要用在判斷肉的熟度，先壓一下，試試肉的彈性。但與食物的碰觸對廚師來說也是快樂的來源，無論是手沿著大魚美麗身軀摸過去的感覺，還是新鮮現擀義大利麵時，停下來享受一下麵團的質感，都很美妙好玩。

食物中的毒／ Toxin

許多食物、植物及蔬菜中存在著有毒化合物，如馬鈴薯含有生物鹼，

U

某些核果的果心含有氰化物。某些情況下，食物中有毒化合物由微生物引起（如肉毒桿菌引起的肌肉性中毒）。食物中的毒多半不穩定，經由烹煮後毒性較不活潑，但也不一定。

反式脂肪／Trans fat

油在氫化過程中產生的脂肪，存在於乳瑪琳、植物酥油和很多加工食品中。據說反式脂肪會使血液中的膽固醇增加，營養學家及大廚們都建議避免攝取它。原則上，使用天然油脂總是比較好，像植物油、橄欖油、奶油、豬油，這些天然油脂總比含有反式脂肪的加工油要好得多，也請避免食用含有反式脂肪的過度加工食品。反式脂肪的溶點比其他脂肪高，用在糖霜這類不經烹煮的食品中，口中的油膩感較重。在食品工業中普遍認知反式脂肪的壞處，規定生產者必須在營養標籤中註明有無反式脂肪。也因為有更多人避免攝取反式脂肪，以前慣用反式脂肪製作食品的廠商也找到了代替固態不飽和脂肪的做法。反式脂肪也存在於天然食物中，牛奶及牛肉中就有微量的反式脂肪，營養學家認為不必太過在意這些天然反式脂肪，也無需像避免加工食物一樣避之唯恐不及。

旋毛蟲病／Trichinosis

經由食物傳染的疾病，病源來自豬或野禽的寄生蟲。目前市面上販售的豬隻已不再聽到有這種寄生蟲傳染，所以也不再需要將豬肉煮到全熟（見豬肉 pork）。相反的，較常引起旋毛蟲病的反而是野味，烹煮熊肉時才要小心。

不飽和脂肪／Unsaturated fat

見脂肪 Fat。

純素食者／Vegan

執著於素食主義的人，不吃任何動物，也不吃動物產生的食物，蛋、牛奶、乳酪，一概不碰。

素食者／Vegetarian

基本上不吃動物肉類的人。有各種類型：有不吃肉但吃魚的素食者，也有完全不吃動物肉，甚至動物相關產品的人，這種人稱為純素食者。

容量／Volume

見**測量**Measure。

冷藏室／Walk-in

可供人走入的冷藏室（與不能走入只能手拿的冷凍櫃有別）。

酵母／Yeast

市面上可以買到三種：新鮮壓縮酵母（通常壓成像2盎司重的蛋糕塊）、活性乾燥酵母、速發酵母。速發酵母的活性比乾燥酵母的活性強約25%。大多數烘焙師傅都用新鮮酵母，好處是可以冷藏（雖然有一些會因此失去活性），作用較為一致，有些人甚至認為新鮮酵母的味道較好。但是越來越多的烘焙師傅使用速發酵母，因為它比新鮮酵母更容易儲存，保存時間更久。如果要用乾燥酵母代替新鮮酵母，請用重量為新鮮酵母40%的乾燥酵母，或重量為33%的速發酵母。有些烘焙師傅喜歡用野生的酵母麵種，而不喜歡用市面上販售的酵母菌，因為野生菌種有更多複雜的風味，含有超過一種以上的酵母菌，如產酸菌，所以野生酵母不怕空氣中飄散著天然微生物，也讓麵粉在麵粉水中成長。發酵時間中，細菌釋放酸，而酵母菌釋放酒精及二氧化碳。野生酵母可忍耐酸的傷害，但市售的酵母菌則無法忍受。但如果發酵時間太長，野生酵母最終還是會被增生細菌產生的酸消滅。

V

W

Y

致謝

麥可‧帕德斯是第一個教我做菜的老師，領我一窺專業廚房堂奧。他教我如何品嘗高湯，教我如何對食物用鹽。當我想以簡馭繁走捷徑時，他告訴我，他更精於此道，而且班上的每個人都比我厲害，他的激將法的確起了作用。

更簡明扼要地說，他教會我如何舉一反三。

麥可‧帕德斯仍在美國廚藝學院執教，那也是我們初次見面的地方。我十分感激他，感謝他願意讀完所有詞彙並給予評論，不吝指教我，幫我加註，協助我更新並潤飾資訊。他的情義襄助、慷慨大度、能言善道，以及超過四分之一世紀專業廚師、主廚和老師的養成技藝與食品知識，對這本書有莫大幫助。

我在《大廚的誕生》一書完稿後數月，也是帕德斯和學生在廚藝學院學習烹調的時候，遇到了湯瑪斯‧凱勒。他早在三年前，也就是 1994 年，在納帕谷開了一家名叫「法國洗衣店」的餐廳。說我此生能遇到他是我運氣好的話，未免太小看了他對於我的意義。如果說帕德斯教我舉一反三，那麼我舉一反三的起點就是從凱勒開始的，凱勒直到今日都還是全世界最受人尊敬的大廚之一。他的廚藝示範如此博大精深，今昔皆然；他的烹飪手藝如此巧妙，細心且慧眼獨具，今昔皆然，以致要將他所傳授給我的或幫助我了解的，和我所知道的一切做分割，是根本無從分割起的。在我與他結識的十年間，透過書寫他及和他之間對寫作的討論往返，他教了我太多關於食物和廚藝的知識與見解，而迄今更重要的，是他教我在廚房中要如何眼觀四面，耳聽八方。

除了帕德斯和凱勒，我還要感謝以下這些大廚，他們都是我的朋友，也是我在寫作時，不時遇到需要蒐集資訊或求證時，可以徵詢意見的對象，包括：Brian Polcyn（密西根州米弗德市 Five Lakes Grill 餐廳主廚）；Dan Hugelier（任教於密西根州利沃納的 Schoolcraft College）；Grant Achatz 和 Curtis Duffy 芝 加 哥 的 Alinea 餐廳）；Michael Symon（任職克里夫蘭的 Lola 餐廳）；曼哈頓佩爾賽餐廳的 Rory Herrmann 和 Jonathan Benno；以及艾力克‧里佩爾（Le Bernardin 餐廳的主廚）。

當我在美國廚藝學院和帕德斯教學相長時，我也去上了大廚老師 Bob del Grosso 所開的「美食 101」課程。我運氣很好，因為他目前不教學生也不示範下廚了，這樣他就有空以科學家的精準和廚師的熱情，來校閱並評論我這本書。

我很感謝這些大廚們，不僅是他們對這本書的大力幫忙，也包括了他們對這項專業和廚藝的洞察和見識，總之，對其他更多我曾就教過，但無法一一列其大名的大廚們，我也同樣感謝。

寫成一本書要靠一個團隊的努力。我要感謝我的摯友兼經紀人 Elizabeth Kaplan、我在 Scribner 出版社的編輯 Beth Wareham，以及 Scribner 出版社的許多同仁，他們協助將我的手稿修訂成冊，包括 Kate Bittman 和 Virginia McRae。

最後，終於到最後了，我要謝謝我的太太 Donna 和一對兒女 Addison 和 James，沒有他們，這一切美好事物都不會發生。

參考書目

- Child, Julia, Louisette Bertholle, and Simone Beck, *Mastering the Art of French Cooking*. New York: Alfred A. Knopf, 1967.

- Culinary Institute of America, the, *The New Professional Chef*. New York: Van Nostrand Reinhold, 2006.

- Davidson, Alan. *The Oxford Companion to Food*. Oxford: Oxford University Press, 1999.

- De Temmerman, Geneviève, and Didier Chedorge. *The A-Z of French Food*. Arces: Scribo, 1988.

- Editors of Cook's Illustrated, the. *The New Best Recipe*. Brookline: America's test Kitchen, 2004.

- Escoffier, Auguste. Escoffier: *The Complete Guide to the Art of Modern Cookery*. Translated by H. j. Cracknell and R. J. Kaufmann. New York: Van Nostrand Reinhold, 1979.

- Hazan, Marcella. *Essentials of Classic of Italian Cooking*. New York: Alfred A. Knopf, 1995.

- Herbst, Sharon Tyler. *The French Laundry Cookbook*. New York: Artisan, 1999.

- McGee, *On Food and Cooking*: The Science and Lore of the Kitchen. New York: Scribner, 2004.

- Montagne, Prospet. *Larousse Gastronomique*. Edited by Jenifer Harvey Lang. New York: Crown Publishers, 1995.

- Pepin, Jacques. *La Methode*. New York : Times Books, 1979.
  ——. *La Technique*. New York: Quadrangle/The New York Times Book Co., 1976.

- Rombauer, Irma S., Marion Rombauer Becker, and Ethan Becker. *The All New All Purpose Joy of Cooking*. New York: Scribner, 1997.

- Strunk, William, Jr., and E. B. White. *The Elements of Style*. New York: Macmillan, 1979.

完美廚藝全書 一看就懂的1000個料理關鍵字

作　　者	邁可・魯曼（Michael Ruhlman）
譯　　者	潘昱均
主　　編	曹 慧
美術設計	Together Ltd.
封面設計	三人制創
社　　長	郭重興
發行人兼 出版總監	曾大福
總 編 輯	曹 慧
編輯出版	奇光出版
	E-mail: lumieres@bookrep.com.tw
發　　行	遠足文化事業股份有限公司
	www.bookrep.com.tw
	23141新北市新店區民權路108-4號8樓
	客服專線：0800-221029 傳真：(02) 86671065
	郵撥帳號：19504465 戶名：遠足文化事業股份有限公司
法律顧問	華洋法律事務所 蘇文生律師
印　　製	成陽印刷股份有限公司
二版一刷	2016年4月
定　　價	399元

國家圖書館出版品預行編目(CIP)資料

完美廚藝全書：一看就懂的1000個料理關鍵字 / 邁可.魯曼(Michael Ruhlman)
著；潘昱均譯. -- 二版. -- 新北市：奇光出版：遠足文化發行, 2016.04
　面；　公分.
譯自：The elements of cooking : translating the chef's craft for every kitchen
ISBN 978-986-92761-1-5(平裝)

1.烹飪

427　　　　　　　　　　　　　　　　　　　　　105003361

線上讀者回函